普通高等学校机械类专业系列教材

# 互换性与测量技术基础

- 主 编 万一品 贾洁
- 主 审 宋绪丁

西安电子科技大学出版社

## 内 容 简 介

本书是为了满足"互换性与技术测量"课程少学时教学计划安排的实际需要而编写的。本书的编写结合了近年来教育改革和国家一流本科课程建设成果，采用最新颁布的国家标准，将理论与实际应用紧密结合。

全书共 6 章。第 1 章统领全书，详细介绍了互换性与标准化等的基本概念；第 2～4 章从精度设计和国家标准基础知识储备出发，详细介绍了尺寸公差与配合、几何公差和表面粗糙度等相关内容；第 5 章详细介绍了几何特征量测量的基础内容；第 6 章从知识应用方面详细介绍了典型零部件的精度设计内容。

本书较为系统地介绍了互换性与测量技术的基础知识，突出基本概念，结合案例给出具体分析，并配备练习题，使学生加深对所学基础知识的理解，并学以致用。

本书可以作为高等院校机械和仪表类专业学生的教材或参考用书，也可以作为机械工程技术人员的参考用书。

**图书在版编目(CIP)数据**

互换性与测量技术基础 / 万一品，贾洁主编. --西安：西安电子科技大学出版社，2024.4 (2025.1 重印)

ISBN 978–7–5606–7121–5

Ⅰ.①互… Ⅱ.①万… ②贾… Ⅲ.①零部件—互换性 ②零部件—测量技术 Ⅳ.①TG801

中国国家版本馆 CIP 数据核字(2024)第 003383 号

策　划　秦志峰
责任编辑　雷鸿俊
出版发行　西安电子科技大学出版社(西安市太白南路 2 号)
电　话　(029) 88202421　88201467　　　邮　编　710071
网　址　www.xduph.com　　　　　　电子邮箱　xdupfxb001@163.com
经　销　新华书店
印刷单位　陕西天意印务有限责任公司
版　次　2024 年 4 月第 1 版　　2025 年 1 月第 2 次印刷
开　本　787 毫米×1092 毫米　1/16　印张 11.75
字　数　246 千字
定　价　29.00 元
ISBN　978–7–5606–7121–5
XDUP 7423001–2

***如有印装问题可调换***

# 前　言

"互换性与技术测量"课程是高等院校机械类、仪器仪表类和机电类各专业必修的主干技术基础课程之一，也是一门与机械工业发展紧密联系的基础课程。在长安大学和西安电子科技大学出版社的支持下，编者开始编写满足32学时教学需求的教材。

本书根据课程教学课时少的特点，加强基本概念、基本理论、基本方法和基本技能的培养，按照最新的国家标准和国际标准编写各章内容。本书的特点如下：

(1) 本书的编写目的是让学生通过关键核心知识的学习，掌握互换性与测量技术基础知识。

(2) 为了培养学生对基础知识的应用能力，本书的每一章节都有案例分析，帮助学生学以致用。

(3) 本书在内容上重视基础知识的讲述，严格遵循最新的国家标准和国际标准，尽量做到少而精，便于少课时的教学和学生自学。

(4) 本书突出基础知识和基本理论的科学性、系统性和实用性，加强对学生综合能力的培养，使学生在打好理论基础的同时，掌握解决实际问题的能力。

(5) 本书采用最新的国家标准，同时注重国际标准与国家标准的对比，使学生逐渐适应机械制造业的新要求。

感谢长安大学教务处、工程机械学院、都柏林国际交通学院给予本书编者的热情支持和帮助。

由于编者水平有限，书中难免会有疏漏和不妥之处，恳请广大读者批评指正。另，本书配套有《互换性与测量技术基础学习指导及习题集》，已由西安电子科技大学出版社于2021年12月出版，欢迎选购配套使用。

编　者

2023 年 12 月

# 目　录

# 第1章 绪 论

### 导读导学

【学习要求】

(1) 明确本课程的性质、研究对象与基本要求。

(2) 识别完全互换和不完全互换在工程实际中的具体应用。

【学习重点和难点】

(1) 本课程的研究对象、任务及要求。

(2) 掌握互换性和标准化的概念。

(3) 掌握优先数系与优先数的选用方法。

【学习目标】

(1) 理解互换性的含义及其种类。

(2) 理解标准化的作用。

(3) 掌握优先数的应用。

【相关标准】

GB/T 20000.1—2014《标准化工作指南 第1部分：标准化和相关活动的通用术语》

GB/T 321—2005《优先数和优先数系》

GB/T 17851—2022《产品几何技术规范(GPS) 几何公差基准与基准体系》

## 1.1 概 述

进行机械设计时，需要对机械设计过程(通常包括系统设计、参数设计、精度设计和工艺设计四个阶段)的方方面面制定相关标准，以满足互换性要求，使零件的加工误差控制在一定范围内。

### 1. 系统设计

系统设计是指确定机械的基本工作原理和总体布局，以保证总体方案的合理性与可实现性。机械系统设计主要是指对传动系统、位移、速度、加速度等进行的运动学设计(简称运动设计)。它主要涉及"机械原理"课程的相关知识。

### 2. 参数设计

参数设计是指根据产品的使用功能要求及系统设计的初步方案,通过强度准则、刚度准则和疲劳寿命校核,确定组成零件的结构和尺寸,即确定零件各组成要素的公称值。它主要涉及"机械设计"课程的相关知识。

### 3. 精度设计

精度设计是指根据机械的功能要求,依据相关国家标准的规定,正确地对机械零件的尺寸精度、几何精度和表面轮廓精度进行设计,并将它们正确地标注在零件图和装配图上。它主要涉及"互换性与技术测量"课程的相关知识。

### 4. 工艺设计

工艺设计是指根据前三个阶段设计所完成的零件图和装配图上所给出的各种技术要求,结合企业的实际生产能力,确定合理的加工工艺、装配工艺,并设计有关的工艺装备等。它主要涉及"机械制造技术基础"课程的相关知识。

"互换性与技术测量"课程是培养学生如何进行机械精度设计的一门专业技术基础课,该课程内容包含机械类、仪器仪表类和近机械类专业的学生进行生产实践和学习后续课程(如机械设计、毕业设计)所必须用到的技术基础知识,其目的是培养学生具有机械零件几何精度设计的能力,使学生掌握精度检测的基本知识,为学生进行机械设计奠定基础。

本课程旨在培养学生掌握产品精度设计和质量保证的基本理论、知识和技能,使学生具有一定的几何量精度设计和几何量误差检测的能力,为进一步应用国家标准和控制产品质量奠定基础。

# 1.2　基　本　概　念

## 1.2.1　误差和公差

### 1. 误差

1) 误差的概念

加工零件时,任何一种加工方法都不能把零件加工得绝对精确。一批零件的理想值(如尺寸、形状等)与真实值之间的差异被称为误差,误差也被称为加工误差。

从满足产品使用性能的要求来看,也不能要求一批相同规格的零件完全相同,而是根据使用要求的高低,允许存在一定的误差。

2) 误差的分类

误差通常可以分为下列几种。这里以圆柱表面工件图为例介绍这几种误差，如图 1-1 所示。

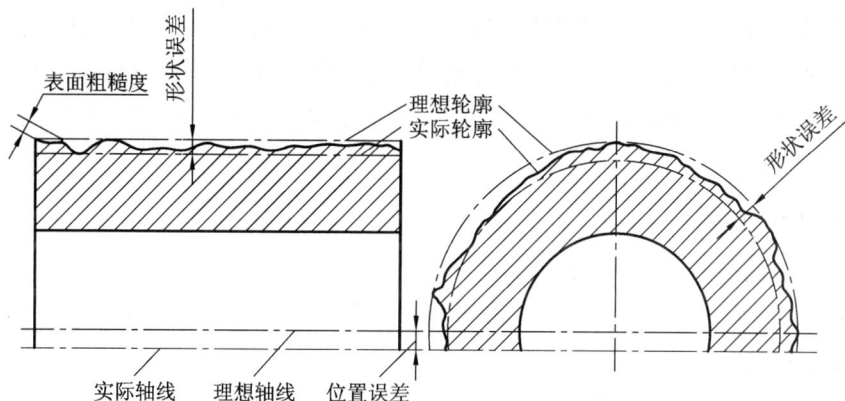

图 1-1 圆柱表面工件图

(1) 尺寸误差：加工后的零件，其实际尺寸与理想尺寸之差，如直径误差、孔距误差等。

(2) 形状误差：加工后零件的实际表面形状相对于其理想形状的差异(或偏离程度)，如圆度误差、直线度误差等。

(3) 位置误差：加工后零件的表面、轴线或对称平面之间的相互位置相对于其理想位置的差异(或偏离程度)，如同轴度误差、位置度误差等。

(4) 表面粗糙度：加工表面上具有的较小间距和峰谷所形成的微观几何形状误差。

**2. 公差**

1) 公差的定义

公差是指允许的零件尺寸、几何形状和相互位置误差的最大变动范围。公差用来限制加工误差，它是由设计人员根据产品使用性能要求给定的。

2) 公差规定的原则

在保证产品使用性能的前提下，应尽可能给出大的公差。公差反映了在制造精度和经济性上对一批零件的要求，并体现了加工难易程度。相同规格的零件，公差越小，加工越困难，生产成本就越高。公差值不能为零，且应是绝对值。

## 1.2.2 互换性

性能和成本是机械设计人员考虑的两大因素。但是，通常情况下，产品性能和生产成本呈正比例关系。产品性能越优异，生产成本越高，反之亦然。产品性能与生产成本之间的矛盾，是设计人员必须考虑的，而互换性(也可作互换)则是解决该矛盾的关键。

日常生活中经常遇到关于互换性的实例。例如自行车、手表等的零件坏了，换上一个相同规格的新零件，就能很好地满足使用要求。在机械工程领域，存在着大量的关于互换性的实例，例如螺母、螺栓和轴承。

### 1. 互换性的定义

互换性是指同一规格的一批零件，任取其一，不需要任何挑选和修理就能装在机器上，并满足使用功能所要求的性能。换句话说，零件所具有的不经任何挑选和修配便能在同规格范围内互相替换的特性称为互换性。互换性是机械制造行业中产品设计和制造的重要原则。

### 2. 互换性的作用

互换性在机械制造行业中的作用如下：

(1) 在设计方面，互换性有利于简化绘图，降低计算工作量，缩短设计周期，并且有利于计算机辅助设计的应用。

(2) 在制造方面，互换性有利于组织专业化生产，实现产品制造的自动化，从而降低生产成本。

(3) 在维护方面，互换性有利于零件在损坏后及时更换，从而减少了维修时间和费用，提高了机器的使用价值和寿命。

### 3. 互换性的分类

(1) 按照其互换程度，互换性可以分为完全互换和不完全互换两种。完全互换要求零件在装配时不进行挑选和辅助加工。不完全互换允许零件装配前进行挑选、调整或辅助加工。

(2) 按其互换参数的不同，互换性通常分为性能互换和空间互换。常见的力、刚度和硬度等力学参数的互换和电压、转速和亮度等物理参数的互换属于性能的互换。常见的尺寸、形状和表面纹理等几何参数的互换属于空间互换。本书只讨论包含几何参数的空间互换。

所谓几何参数，主要包括尺寸大小、宏观几何形状、微观几何形状以及相互的位置关系等。为了满足互换性的要求，最理想的情况是同规格零件的几何参数完全一致。但在生产实践中，由于各种因素的影响，这是不可能实现的，也是不必要的。实际上，只要零件的几何参数在规定的范围内，就能满足互换的要求。

### 4. 互换性的实现条件

1) 误差变动量(公差)

机械零件在加工过程中，加工误差(本书中也指几何参数误差)是不可避免的。不过，只要把零件的误差控制在允许的变动范围内，就能满足零件的互换性要求。设计者的任务就是合理地确定公差，并在图样上明确地标注出来。公差是实现互换性的前提，在满足功能要求的条件下，公差应该尽量规定得大一些，以获得最佳的技术经济效益。

零件的制造精度由加工误差体现，而误差由公差控制。对于同一尺寸，公差大者，允许的加工误差就大。换言之，若零件精度要求较低，容易加工，则制造成本较低；反之，则加工难，制造成本高。因此，合理确定零件的几何参数的公差是实现互换性的一个必备条件。

2) 技术测量措施的制定

已加工好的零件是否满足公差要求，要通过技术测量与检测来判断。如果只规定零件公差，而缺乏相应的检测措施，则不可能实现互换性生产。进行技术测量时，要正确地选择、使用测量工具，这是制造和检验的基本要求，也是必须掌握的技能。检测不仅用于评定零件合格与否，也常用于分析零件不合格的原因，以便及时调整生产工艺，预防废品产生。因此，技术测量措施的制定是实现互换性的另一个必备条件。

## 1.2.3 标准化与优先数系

为了实现互换性，零件的尺寸及其几何参数必须在规定的公差范围内。在组织生产时，必须采用一种手段，使各个分散、局部的生产部门和生产环节之间保持必要的技术统一，以形成一个统一的整体。这时，我们首先需要考虑标准化的问题。

### 1. 标准化

1) 标准化的定义

标准化是指对标准的制定、贯彻、执行的一系列过程，目标是获得最佳秩序和社会效益。

2) 标准和标准体系

通过标准化改革，我国构建了政府主导制定的标准和市场自主制定的标准协同发展、协调配套的新型标准体系。

该体系由五个层级的标准构成，分别是国家标准、行业标准、地方标准、团体标准和企业标准。其中国家标准、行业标准和地方标准属于政府主导制定的标准，团体标准和企业标准属于市场自主制定的标准。

(1) 国家标准。将需要在全国范围内统一的技术要求制定为国家标准。国家标准由国务院标准化行政主管部门统一制定发布。按照标准效力，国家标准分为强制性和推荐性两种。强制性国家标准由政府主导制定，主要作用是保障人身健康和生命财产安全、国家安全、生态环境安全等。强制性国家标准一经发布，必须执行。推荐性国家标准由政府组织制定，将其主要定位为基础通用、与强制性国家标准配套以及对行业发展起引领作用的标准。推荐性国家标准鼓励社会各方采用。

(2) 行业标准。没有相应的国家标准、需要在全国某个行业范围内统一的技术要求，可以将其制定为行业标准。行业标准由国务院各部委制定发布，发布后需到国务院标准化行政主管部门备案。行业标准属于推荐性标准。

(3) 地方标准。地方标准是指与地方自然条件、风俗习惯相关的特殊技术要求。地方标准由省级和设区的市级标准化行政主管部门制定发布，发布后需到国务院标准化行政主管部门备案。地方标准只在本行政区域内实施，也属于推荐性标准。

(4) 团体标准。团体标准由学会、协会、商会、联合会、产业技术联盟等合法注册的社会团体制定发布。凡是满足市场和创新需要的技术要求，都可以制定为团体标准。团体标准由本团体成员约定采用，或者按照本团体的规定供社会各方自愿采用。

(5) 企业标准。企业标准由企业根据需要自行制定，或者与其他企业联合制定。国家鼓励企业制定高于推荐性相关技术要求的企业标准。企业标准在企业内部使用，是企业对外提供的产品或服务涉及的标准，作为企业对市场和消费者的质量承诺。

3) 标准化的价值和意义

标准化是实现互换性的前提和基础。建立了标准，并且正确贯彻实施标准，就可以保证产品质量，缩短生产周期，便于开发新产品和协作配套设施，提高企业管理水平。标准化是组织现代化生产的重要手段之一，是实现专业化协作生产的必要前提，是科学管理的重要组成部分。现代化程度越高，对标准化的要求也越高。

**2. 优先数系**

1) 优先数系的定义

工程上各种技术参数的简化、协调和统一是标准化的一项重要内容。在制定产品设计方案和技术标准时，涉及很多技术参数，选定一个数值作为某产品的参数指标后，这个数值就会按照一定的规律进行参数传递。比如，生产中为了满足用户各种各样的需求，同一种产品的同一参数从小到大取不同值，就会形成不同规格的产品系列。

优先数系是一种科学的数值制度，它为产品系列的数值分级奠定了基础。工程技术上通常采用的优先数系(或称优先数系列)是一种十进制的几何级数。GB/T 321—2005 中规定以十进制等比数列为优先数系，数系每隔 5 项(10 项、20 项、40 项、80 项)，数值增加为原来的 10 倍，得到 R5、R10、R20、R40、R80 共 5 个优先数系列。其中，R5、R10、R20、R40 为基本系列，R80 为补充系列。5 种优先数系的公比如下：

对于 R5 优先数系：

$$公比\ q_5 = \sqrt[5]{10} \approx 1.5849 \approx 1.60$$

对于 R10 优先数系：

$$公比\ q_{10} = \sqrt[10]{10} \approx 1.2589 \approx 1.25$$

对于 R20 优先数系：

$$公比\ q_{20} = \sqrt[20]{10} \approx 1.1220 \approx 1.12$$

对于 R40 优先数系：

$$公比\ q_{40} = \sqrt[40]{10} \approx 1.0593 \approx 1.06$$

对于 R80 优先数系：

$$公比\ q_{80} = \sqrt[80]{10} \approx 1.0293 \approx 1.03$$

最常见的 R5 系列的优先数为

R5：1.00　1.60　2.50　4.00　6.30　10.00

如果一个产品设计要求的尺寸在 32 mm 到 55 mm 之间，通常选取该尺寸数值为 40 mm，因为 4 是 R5 系列的优先数。

如果想生产一套长度在 15 mm 和 300 mm 之间的钉子，那么 R5 系列的应用将产生 16 mm、25 mm、40 mm、63 mm、100 mm、160 mm 和 250 mm 长的钉子。如果需要进行更精细的划分，则在原始 R5 系列的数字后面再添加 5 个数字，最后得到 R10 系列的 11 个数字为

R10：1.00　1.25　1.60　2.00　2.50　3.15　4.00　5.00　6.30　8.00　10.00

如果需要更精细的级配，可以使用 R20、R40 和 R80 系列。

2) 优先数系的基本系列

优先数系的基本系列如表 1-1 所示。

**表 1-1　优先数系的基本系列**

| 优先数系列 | 优先数系列的项数 | | | | | | | | | | | | | | | |
|---|---|---|---|---|---|---|---|---|---|---|---|---|---|---|---|---|
| R5 | 1.00 | | | | | | | 1.60 | | | | | | | | |
| R10 | 1.00 | | | | 1.25 | | | 1.60 | | | | 2.00 | | | | |
| R20 | 1.00 | | 1.12 | | 1.25 | | 1.40 | | 1.60 | | 1.80 | | 2.00 | | 2.24 | |
| R40 | 1.00 | 1.06 | 1.12 | 1.18 | 1.25 | 1.32 | 1.40 | 1.50 | 1.60 | 1.70 | 1.80 | 1.90 | 2.00 | 2.12 | 2.24 | 2.35 |
| R5 | 2.50 | | | | | | | 4.00 | | | | | | | | |
| R10 | 2.50 | | | | 3.15 | | | 4.00 | | | | 5.00 | | | | |
| R20 | 2.50 | | 2.80 | | 3.15 | | 3.55 | | 4.00 | | 4.50 | | 5.00 | | 5.60 | |
| R40 | 2.50 | 2.65 | 2.80 | 3.00 | 3.15 | 3.35 | 3.55 | 3.75 | 4.00 | 4.25 | 4.50 | 4.75 | 5.00 | 5.30 | 5.60 | 6.00 |
| R5 | 6.30 | | | | | | | 10.0 | | | | | | | | |
| R10 | 6.30 | | | | 8.00 | | | 10.0 | | | | | | | | |
| R20 | 6.30 | | 7.10 | | 8.00 | | 9.00 | | 10.0 | | | | | | | |
| R40 | 6.30 | 6.70 | 7.10 | 7.50 | 8.00 | 8.50 | 9.00 | 9.50 | 10.0 | | | | | | | |

优先数系的应用广泛，适用于各种尺寸、参数的系列化以及质量指标的分级，对保证各种工业产品品种、规格的合理简化分档和协调具有重大的意义。国家标准规定的优先数分档合理、疏密均匀，有广泛的适用性。本书所涉及的有关标准，诸如尺寸分段、公差分级和表面粗糙度的参数系列等，基本上都采用优先数系。选用基本系列时，应遵循先疏后密的原则。当基本系列不能满足分级要求时，可以选用派生系列。派生系列指从基本系列中每隔几项选取一个优先数，组成的新的系列。派生系列的生成方法为

$$\mathrm{R}b/i = \sqrt[b]{10^i} = 10^{i/b} \tag{1-1}$$

式中，$b$ 为选取的基本系列(例如 $b = 40$，即选取的 R40 优先数系)，$i$ 为间隔项数($i$ 的取值

介于 0 和 $b$ 之间)。

经常使用的派生系列 R10/3,就是从基本系列 R10 中每逢 3 项取出 1 个优先数组成的。R10/3 系列为 1.00、2.00、4.00、8.00、16.00…。

### 1.2.4    测量精度

测量精度是指被测物的测量值与其真实值间的接近程度。从两个不同的角度来看,测量精度与测量误差(包括系统测量误差和随机测量误差)是相对应的两个概念。测量误差越大,测量精度越低;测量误差越小,测量精度越高。为了反映系统测量误差和随机测量误差对测量结果的不同影响,测量精度可分为以下几类:

#### 1. 测量精密度

测量精密度是指在规定条件下对相同或类似物体进行重复测量所获得的多个指示值或测量数值间的接近程度。测量精密度与随机测量误差成反比,与系统测量误差无关。

#### 2. 测量正确度

测量正确度是指无限次重复测量后得到的测量值的平均值与参考值之间的接近程度。测量正确度与系统测量误差成反比,与随机测量误差无关。

#### 3. 测量准确度

测量准确度是指被测量值与被测物真实量值之间的接近程度。测量准确度与系统测量误差和随机测量误差都成反比。

# 1.3    本课程的学习任务

本课程是机械类各专业及相关专业的一门重要专业基础课,在学习计划中起着联系基础课及其他专业基础课与专业课的桥梁作用,同时也是联系机械设计类课程与机械制造工艺类课程的纽带。

本课程的特点是:术语、符号、代号、图形、表格多;经验数据、定性解释多;公式推导少;实践性强;内容涉及面广,每一部分都具有独立的知识体系。

对于学习工程领域相关知识的学生,在完成本课程后应掌握以下内容:

(1) 明确理解互换性、标准化和测量技术的概念和作用。

(2) 熟悉本课程中所学的每个公差的基本内容,掌握相关的基本术语。

(3) 能够分析装配图中的配合特性和配合类型,并绘制尺寸公差带图。

(4) 在阅读单个零件图纸时,能够明确尺寸、形状、方向、位置、跳动和表面粗糙度的精度要求。能够计算极限尺寸,描述每个几何特征的形状、方向和位置要求,绘制不同公差原则下的动态公差图。

(5) 在绘制工程图(装配图和零件图)时，能够根据相关标准在图纸上正确标注相关精度要求。

根据国家标准，贯彻各类公差要求时都应遵循严格的原则性和法规性，而在应用时操作者又应具有很强的实践能力。因此，学生通过本课程的学习，仅能获得机械工程师应具备的互换性与测量技术基础知识与技能，而要获得更多的知识与技能，则需要在实际工作中总结和积累。

# 小 结

本章主要讲述了互换性和优先数系的概念，并围绕标准、标准化来讲述误差和公差之间的关系。互换性是实现现代化工业大生产的基础，标准化是实现互换性的前提，测量技术则是实现互换性的保证。互换性作为一根主线贯穿本书的所有章节。

### 1. 互换性

互换性，简单来说，就是同一规格的零件之间具有的能够互相替换的性能。

互换性是现代化机械工业生产的重要技术经济原则，在设计、制造和装配过程中必须遵守。

### 2. 标准与标准化

标准是实现互换性的前提，标准化是实现互换性的基础。标准化是制定、贯彻标准的全过程。只有按照一定的标准进行设计和制造，并按照相同的标准要求检测，才能真正实现互换性。

### 3. 优先数和优先数系

优先数和优先数系是对各种技术参数值进行简化、协调和统一的一种科学的数值制度。国家标准规定的优先数系是一系列十进制等比数列。

# 习 题 1

1-1 什么是互换性？互换性在机械制造中有何优势和意义？

1-2 零件在互换性方面的必备属性是什么？

1-3 什么是标准化？简要描述标准化与互换性的关系。

1-4 什么是优先数系？国家标准规定优先数系的目的和作用是什么？

1-5 简要描述学习本课程的主要目的。

1-6 首项为 10，分别写出 R5、R10、R20 的前 5 项优先数。

1-7 首项为 10，分别写出派生系列 R5/3、R10/3、R20/3 的前 5 项优先数。

# 第 2 章　尺寸公差与配合

◆ 导读导学

## 【学习要求】

(1) 明确公差、偏差的概念及相关换算关系。

(2) 明确标准公差的概念，会查标准公差表和孔、轴的基本偏差数值表。

(3) 会画尺寸公差带图。

(4) 理解间隙配合、过渡配合、过盈配合之间的区别，并能够进行配合公差的设计。

(5) 理解基孔制和基轴制的含义。

(6) 具备在图样上正确标注尺寸公差及配合公差的能力。

(7) 能够根据已知条件进行配合公差的一般计算与设计。

## 【学习重点和难点】

(1) 间隙配合、过渡配合和过盈配合的区别。

(2) 根据已知条件进行配合公差的一般计算与设计。

(3) 尺寸公差带图的绘制方法。

## 【学习目标】

(1) 理解有关尺寸公差与配合基础知识的相关概念。

(2) 理解间隙配合、过渡配合和过盈配合的区别。

(3) 掌握尺寸公差带图的绘制方法。

(4) 掌握在图样上标注尺寸公差、配合公差的方法。

(5) 能够进行简单的配合公差设计。

## 【相关标准】

GB/T 1800.1—2020《产品几何技术规范(GPS)　线性尺寸公差 ISO 代号体系　第 1 部分：公差、偏差和配合的基础》

GB/T 1800.2—2020《产品几何技术规范(GPS)　线性尺寸公差 ISO 代号体系　第 2 部分：标准公差带代号和孔、轴的极限偏差表》

GB/T 1804—2000《一般公差　未注公差的线性和角度尺寸的公差》

GB/T 4458.5—2003《机械制图　尺寸公差与配合注法》

GB/T 17851—2022《产品几何技术规范(GPS)　几何公差、基准和基准体系》

# 2.1　概　　述

工程设计中，如何实现齿轮孔和轴径的配合要求？如何在保证轮缘和轮毂的固定连接的前提下传递较大的转矩？上述问题的解决，需要在精度设计阶段，合理设计孔和轴的(尺寸)公差，实现合理的配合关系。

尺寸公差与配合是机械精度设计中重要的基础标准，适用于圆柱体内、外表面的结合，也适用于其他结合中由单一尺寸确定的部分，例如键结合中的键与键槽宽，花键结合中的外径、内径，键与键槽宽，等等。

公差主要反映机器零件适用要求与制造要求的矛盾，配合则反映组成机器的零件之间的关系。为实现机械产品零件的互换性，需要合理设计尺寸精度，并将配合公差和尺寸公差正确地标注在装配图和零件图上。按照零件图上尺寸精度要求加工好的零件，需要测量其实际尺寸，计算出尺寸误差。要求尺寸误差在规定的尺寸公差范围内，以保证零件尺寸精度合格，从而实现零件加工和装配的互换性。

零件在几何尺寸方面具有互换性，需要在允许范围内对其进行几何尺寸的设计，也就是说，根据机器的传动精度、性能和配合要求，考虑加工工艺性和加工制造成本，进行尺寸精度的设计。在此过程中，必须按照标准化的有关规定，遵守相关的国家标准所规定的精度参数要求。

为适应科学技术的飞速发展，满足国际贸易、技术和经济交流的需要，国家市场监督管理总局和国家标准化管理委员会联合颁布了尺寸公差与配合的相关标准。本章主要阐述公差与配合相关的国家标准的构成规律和特征。

# 2.2　基本术语及定义

## 2.2.1　孔和轴的尺寸

### 1. 孔和轴

在装配关系中，存在两个尺寸特征，具有包容特征的是孔，具有被包容特征的是轴。广义上理解，孔和轴既可以是圆柱形的，也可以是非圆柱形的。

孔通常指零件的圆柱形的内尺寸要素，也可指非圆柱形的内尺寸要素。

轴通常指零件的圆柱形的外尺寸要素，也可指非圆柱形的外尺寸要素。

如图 2-1 所示，尺寸 $D_1$、$D_2$、$D_3$、$D_4$、$D_5$、$D_6$ 为孔，尺寸 $d_1$、$d_2$、$d_3$、$d_4$ 为轴。

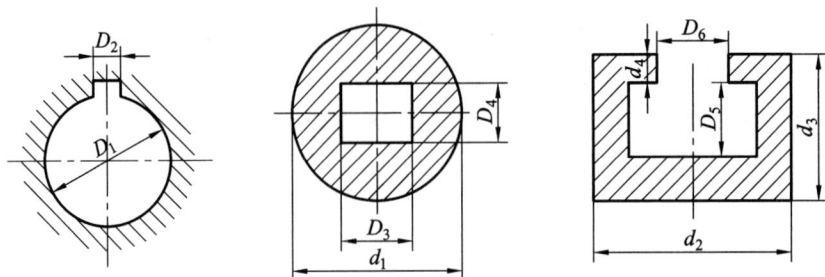

图 2-1　孔和轴

对于孔和轴的定义，可以这样理解：

(1) 从加工过程的角度来看，孔的尺寸随着加工余量的切除，由小变大；轴的尺寸随着加工余量的切除，由大变小。

(2) 从测量的角度来看，孔是内尺寸测量；轴是外尺寸测量。

(3) 从装配的关系角度来看，孔是包容面，如轴承内圈的内径、轴上键槽的键宽等；轴是被包容面，如轴承外圈的外径、平键的宽度等。

### 2. 尺寸

尺寸是指用特定单位表示线性尺寸值的数值。例如直径、长度、宽度、高度、深度等均为尺寸。通常尺寸的单位是 mm，以 mm 为单位时，可以只写数值不写单位。当以其他单位表示尺寸时，必须注明相应的尺寸单位。

#### 1) 公称尺寸

公称尺寸也被称为基本尺寸。公称尺寸是指由图样规范确定的理想要素尺寸。公称尺寸是设计者通过计算或根据经验来确定的尺寸。孔的公称尺寸用大写字母 $D$ 表示，轴的公称尺寸用小写字母 $d$ 表示。

#### 2) 实际尺寸

实际尺寸是指通过测量获得的局部尺寸。由于误差的影响，零件同一表面不同位置测得的实际尺寸是不相同的。孔和轴的实际尺寸分别用 $D_a$ 和 $d_a$ 表示。

由于加工误差的存在，按照同一图样要求加工的一批零件，其实际尺寸各不相同。对于同一零件，若测量位置不同或测量方向不同，其实际尺寸也不一定相同，如图 2-2 所示。

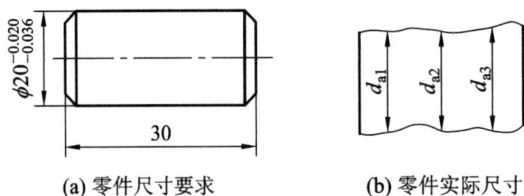

(a) 零件尺寸要求　　(b) 零件实际尺寸

图 2-2　实际尺寸示例

#### 3) 极限尺寸

极限尺寸是指尺寸要素允许的尺寸的两个极限值，实际尺寸应介于极限尺寸的两个极限值之间，极限尺寸包括上极限尺寸和下极限尺寸。

(1) 上极限尺寸：尺寸要素允许的最大尺寸。孔和轴的上极限尺寸分别用 $D_{max}$ 和 $d_{max}$ 表示。

(2) 下极限尺寸：尺寸要素允许的最小尺寸。孔和轴的下极限尺寸分别用 $D_{min}$ 和 $d_{min}$ 表示。

一般情况下，零件任意一处的实际尺寸是不能超过上、下极限尺寸所限定的范围的，若超出极限尺寸范围，对应的零件尺寸是不合格的。极限尺寸被用来控制实际尺寸。

**例 2-1**　某箱体上装配孔的内径尺寸标注为 $\phi 20(\pm 0.005)$ mm，分析尺寸标注的含义。

**解**：公称尺寸 $D = 20$ mm

上极限尺寸 $D_{max} = 20.005$ mm

下极限尺寸 $D_{min} = 19.995$ mm

**例 2-2**　某齿轮轴的外径尺寸标注为 $\phi 20(\pm 0.003)$ mm，分析尺寸标注的含义。

**解**：公称尺寸 $d = 20$ mm

上极限尺寸 $d_{max} = 20.003$ mm

下极限尺寸 $d_{min} = 19.997$ mm

## 2.2.2　偏差与公差的计算

### 1. 偏差的计算

某一尺寸减其公称尺寸所得的代数差，称为(尺寸)偏差。这里的"某一尺寸"是指所提取的实际组成要素的局部尺寸或极限尺寸。根据"某一尺寸"的不同，偏差可分为实际偏差和极限偏差。

(1) 实际偏差：所提取的实际组成要素的局部尺寸减其公称尺寸所得的代数差。孔和轴的实际偏差分别用符号 $E_a$ 和 $e_a$ 表示，用公式表示为

$$E_a = D_a - D \tag{2-1}$$

$$e_a = d_a - d \tag{2-2}$$

(2) 极限偏差包括上极限偏差和下极限偏差。

① 上极限偏差：上极限尺寸减其公称尺寸所得的代数差。孔和轴的上极限偏差分别用符号 ES 和 es 表示。

② 下极限偏差：下极限尺寸减其公称尺寸所得的代数差。孔和轴的下极限偏差分别用符号 EI 和 ei 表示。孔、轴的上、下极限偏差分别用以下公式表示：

$$ES = D_{max} - D \tag{2-3}$$

$$EI = D_{min} - D \tag{2-4}$$

$$es = d_{max} - d \tag{2-5}$$

$$ei = d_{min} - d \tag{2-6}$$

上、下极限偏差值可能为正值、负值或零。由于上极限尺寸总是大于下极限尺寸，所

以上极限偏差总是大于下极限偏差。极限偏差用于限制实际偏差，加工后合格零件孔和轴的偏差分别满足下述表达式：

$$\text{EI} \leqslant E_a \leqslant \text{ES} \tag{2-7}$$

$$\text{ei} \leqslant e_a \leqslant \text{es} \tag{2-8}$$

计算或标注偏差时，非零极限偏差数值前必须加注"+"号或"-"号。偏差数值为零时，"0"不能省略。国家标准规定，在技术文件上标注极限偏差时，上极限偏差标注在公称尺寸右上角，下极限偏差标注在公称尺寸右下角，如 $\phi 30^{+0.025}_{-0.009}$，$\phi 50^{+0.020}_{0}$。当上、下极限偏差数值相等、符号相反时，可简化标注为 $\phi 20 \pm 0.005$。

### 2. 公差的计算

公差可简称为尺寸公差，计算公差时，一般用上极限尺寸减去下极限尺寸，或上极限偏差减去下极限偏差。孔和轴的公差分别用 $T_D$ 和 $T_d$ 表示，其计算公式为

$$T_D = |D_{max} - D_{min}| = |\text{ES} - \text{EI}| \tag{2-9}$$

$$T_d = |d_{max} - d_{min}| = |\text{es} - \text{ei}| \tag{2-10}$$

公差是一个没有符号的绝对值，且不能为零。公差与极限偏差是两个不同的概念，两者之间既有联系又有区别，两者都是设计时给定的，我们从以下三个方面介绍它们的差别。

(1) 数值方面：极限偏差是代数值，正、负或零都有实际意义；公差是误差的允许变动范围，加工中误差一直存在，所以公差数值为不为零的正值。

(2) 作用方面：极限偏差控制实际偏差，是判断零件尺寸是否合格的依据；公差则是控制一批零件实际尺寸的差异程度的量。

(3) 工艺方面：考虑某一具体的尺寸，极限偏差是调整机床以确定切削刀具与零件相对位置的依据；公差反映的是加工的难易程度，是制定加工工艺，选择机床、刀具、夹具和量具的主要依据。

公称尺寸、极限尺寸、极限偏差和公差之间的关系如图 2-3 所示。

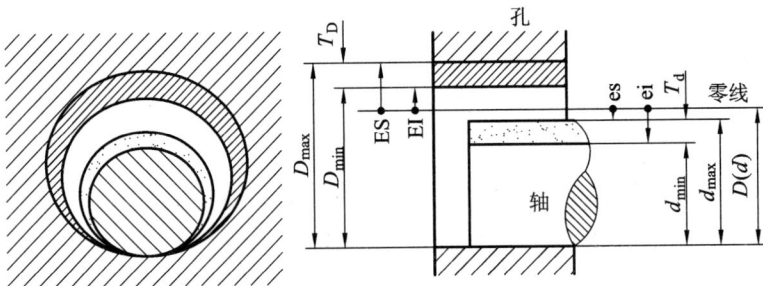

图 2-3    公称尺寸、极限尺寸、极限偏差和公差之间的关系

### 3. 公差带图

为了形象地表达孔和轴的公差和偏差，习惯用图的形式描述孔和轴尺寸之间的关系。

由于公差和偏差的数值与公称尺寸数值相比差别很大，不方便用同一比例表示，故采用孔、轴的公差及其配合图解(尺寸公差带图，简称公差带图)表示。

公差带图是指能直观表示出公称尺寸、极限偏差、公差以及孔与轴配合关系的图解，如图 2-4 所示。公差带图包含零线和公差带。

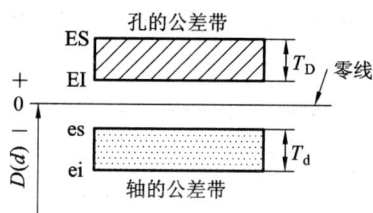

图 2-4　公差带图

(1) 零线。在公差带图中，表示公称尺寸的一条直线称为零线，以其为基准确定偏差和公差。正偏差区域位于零线的上方，负偏差区域位于零线的下方。画公差带图时，应标注零线、公称尺寸数值和符号"+、0、−"。

(2) 公差带。在公差带图中，由代表上、下极限偏差或上、下极限尺寸的两条直线所限定的一个区域，称为公差带。公差带有两个基本参数，即公差带大小与公差带位置。公差带大小由标准公差确定，公差带位置由基本偏差确定(该部分内容具体在 2.3 节介绍)。

标准公差：国家标准在极限配合制中，用以确定公差带大小的任一公差值。

基本偏差：国家标准在极限配合制中，用以确定公差带相对零线位置的那个极限偏差。基本偏差可以是上极限偏差或下极限偏差，一般为靠近零线的那个偏差。

公差带图有两种绘制方法。第一种方法是，公称尺寸和极限偏差均采用 mm 为单位，此时单位 mm 均省略不写。第二种方法是，公称尺寸标注单位为 mm，而极限偏差以 μm 为单位。

**例 2-3**　已知孔、轴的公称尺寸均为 25 mm，$D_{max} = 25.021$ mm，$D_{min} = 25.000$ mm，$d_{max} = 24.980$ mm，$d_{min} = 24.967$ mm。

(1) 求孔与轴的极限偏差和公差；(2) 画出尺寸公差带图。

**解**：(1) 根据式(2-3)～式(2-6)可得：

孔的上极限偏差：

$$ES = D_{max} - D = 25.021 - 25 = +0.021 \text{ mm}$$

孔的下极限偏差：

$$EI = D_{min} - D = 25 - 25 = 0$$

轴的上极限偏差：

$$es = d_{max} - d = 24.980 - 25 = -0.020 \text{ mm}$$

轴的下极限偏差：

$$ei = d_{min} - d = 24.967 - 25 = -0.033 \text{ mm}$$

根据式(2-9)～式(2-10)可得：

孔的公差：

$$T_D = |D_{max} - D_{min}| = |ES - EI| = 0.021 \text{ mm}$$

轴的公差：

$$T_d = |d_{max} - d_{min}| = |es - ei| = 0.013 \text{ mm}$$

孔、轴的尺寸公差带图如图 2-5 所示。

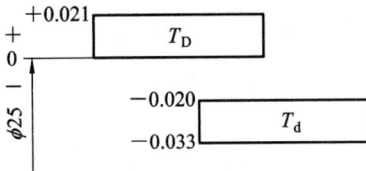

图 2-5　尺寸公差带图

### 2.2.3　配合种类与基准制

#### 1. 配合

配合是指公称尺寸相同的，相互结合的孔、轴公差带之间的关系。形成配合要有两个基本条件：一是孔和轴的公称尺寸必须相同，二是具有包容或被包容的特征，即孔与轴的结合。配合是指一批孔、轴的装配关系，而不是指单个孔和单个轴的装配关系，所以一般用公差带相对位置关系来反映。

#### 2. 间隙和过盈

孔的尺寸减去相配合的轴的尺寸所得的代数差，为正时称为间隙，用 $X$ 来表示，为负时称为过盈，用 $Y$ 来表示。过盈就是负的间隙，间隙就是负的过盈。间隙大小决定两相配件相对运动的活动程度，过盈大小则决定两相配件连接的牢固程度。

#### 3. 配合种类

根据孔和轴的公差带的相对位置关系，可将配合分为间隙配合、过盈配合和过渡配合三种，如图 2-6 所示。

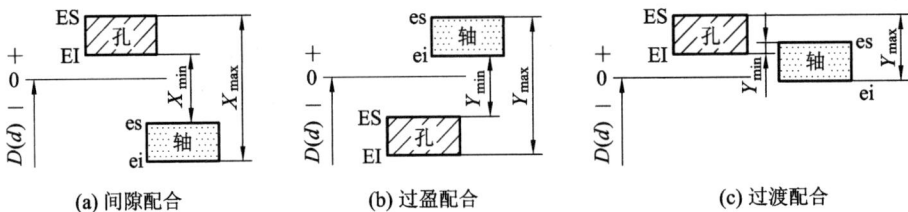

(a) 间隙配合　　　(b) 过盈配合　　　(c) 过渡配合

图 2-6　配合示意图

1) 间隙配合

间隙配合是指具有间隙(包括最小间隙等于零)的配合。间隙配合中孔的公差带在轴的公差带之上，如图 2-6(a)所示。

在间隙配合中，孔和轴各有两个极限尺寸，因而间隙也有最大间隙和最小间隙。间隙配合的性质用最大间隙代数量和最小间隙代数量来表示，有时也用平均间隙来表示。

孔的上极限尺寸与轴的下极限尺寸之差，称为最大间隙 $X_{max}$；孔的下极限尺寸与轴的上极限尺寸之差，称为最小间隙 $X_{min}$；最大间隙和最小间隙的平均值称为平均间隙 $X_{av}$。即

$$X_{max} = D_{max} - d_{min} = (D + ES) - (d + ei) = ES - ei \qquad (2\text{-}11)$$

$$X_{min} = D_{min} - d_{max} = (D + EI) - (d + es) = EI - es \qquad (2\text{-}12)$$

$$X_{av} = \frac{X_{max} + X_{min}}{2} \qquad (2\text{-}13)$$

间隙值的前面必须标注正号(+)。

2) 过盈配合

过盈配合是指具有过盈(包括最小过盈等于零)的配合。过盈配合中孔的公差带在轴的公差带之下，如图 2-6(b)所示。

在过盈配合中，孔和轴各有两个极限尺寸，因而过盈也有最大过盈和最小过盈。过盈配合的性质用最大过盈代数量和最小过盈代数量来表示，有时也用平均过盈来表示。

孔的下极限尺寸与轴的上极限尺寸之差，称为最大过盈 $Y_{max}$；孔的上极限尺寸与轴的下极限尺寸之差，称为最小过盈 $Y_{min}$；最大过盈和最小过盈的平均值称为平均过盈 $Y_{av}$。

$$Y_{max} = D_{min} - d_{max} = (D + EI) - (d + es) = EI - es \qquad (2\text{-}14)$$

$$Y_{min} = D_{max} - d_{min} = (D + ES) - (d + ei) = ES - ei \qquad (2\text{-}15)$$

$$Y_{av} = \frac{Y_{max} + Y_{min}}{2} \qquad (2\text{-}16)$$

过盈值的前面必须标注负号(-)。

3) 过渡配合

过渡配合是指可能具有间隙或过盈性质的配合。过渡配合中孔的公差带和轴的公差带相互交叠，如图 2-6(c)所示。

过渡配合的性质用最大间隙代数量和最大过盈代数量来表示。最大间隙和最大过盈的平均值是间隙还是过盈取决于平均值的符号，平均值为正时是平均间隙，为负时是平均过盈。

4) 配合公差

组成配合的孔、轴公差之和，是允许间隙或过盈的变动量，称为配合公差，用 $T_f$ 表示。对于间隙配合，配合公差等于最大间隙与最小间隙之差的绝对值，即间隙公差；对于过盈配合，配合公差等于最小过盈与最大过盈之差的绝对值，即过盈公差；对于过渡配合，配合公差等于最大间隙与最大过盈之差的绝对值。计算公式如下：

间隙配合：

$$T_f = |X_{max} - X_{min}| \tag{2-17}$$

过盈配合：

$$T_f = |Y_{min} - Y_{max}| \tag{2-18}$$

过渡配合：

$$T_f = |X_{max} - Y_{max}| \tag{2-19}$$

用极限偏差表示上述式中的 $X_{max}$、$X_{min}$、$Y_{max}$ 和 $Y_{min}$，可以得到

$$T_f = |X_{max}(Y_{min}) - X_{min}(Y_{max})| = |(ES - ei) - (EI - es)|$$
$$= |(ES - EI) + (es - ei)|$$
$$= T_D + T_d \tag{2-20}$$

即三种配合类型的配合公差公式相同：

配合公差等于相互配合的孔和轴的公差之和，配合精度取决于孔和轴的精度，与配合类别无关。在设计时，通常先根据工程中对间隙和过盈的使用要求得到配合公差，然后将配合公差合理分配为孔和轴的公差。

如果要提高配合精度，则必须减小相配合的孔、轴的公差，这将增加制造难度，提高生产成本。因此，设计时要综合考虑使用性能要求和工艺条件，合理选取公差值，提高经济效益。

**例2-4**  (1) 计算孔 $\phi30_0^{+0.033}$ 与轴 $\phi30_{-0.041}^{-0.020}$ 配合的 $X_{max}$、$X_{min}$、$X_{av}$ 和 $T_f$。

(2) 计算孔 $\phi30_0^{+0.033}$ 与轴 $\phi30_{+0.048}^{+0.069}$ 配合的 $Y_{max}$、$Y_{min}$、$Y_{av}$ 和 $T_f$；

(3) 计算孔 $\phi30_0^{+0.033}$ 与轴 $\phi30_{-0.008}^{+0.013}$ 配合的 $X_{max}$、$Y_{max}$、$X_{av}$ 和 $T_f$；

(4) 画出上述孔与轴配合的公差带图。

**解：** (1) 由式(2-11)～式(2-13)和式(2-20)可知：

$$X_{max} = ES - ei = (+0.033) - (-0.041) = +0.074$$

$$X_{min} = EI - es = 0 - (-0.020) = +0.020$$

$$X_{av} = \frac{X_{max} + X_{min}}{2} = \frac{(+0.074) + (+0.020)}{2} = +0.047$$

$$T_f = T_D + T_d = |(ES - EI) + (es - ei)| = 0.054$$

(2) 由式(2-14)～式(2-16)和式(2-20)可知：

$$Y_{max} = EI - es = 0 - (+0.069) = -0.069$$

$$Y_{min} = ES - ei = (+0.033) - (+0.048) = -0.015$$

$$Y_{av} = \frac{Y_{max} + Y_{min}}{2} = \frac{(-0.069) + (-0.015)}{2} = -0.042$$

$$T_f = T_D + T_d = |(ES - EI) + (es - ei)| = 0.054$$

(3) 由式(2-11)、式(2-14)、式(2-13)和式(2-20)可知：

$$X_{max} = ES - ei = (+0.033) - (-0.008) = +0.041$$

$$Y_{max} = EI - es = 0 - (+0.013) = -0.013$$

$$X_{av} = \frac{X_{max} + X_{min}}{2} = \frac{(+0.041) + (-0.013)}{2} = +0.014$$

$$T_f = T_D + T_d = \left| (ES - EI) + (es - ei) \right| = 0.054$$

(4) 题(1)~(3)的配合分别为间隙配合、过盈配合和过渡配合，相应的，各个孔与轴配合的公差带图如图 2-7 所示。

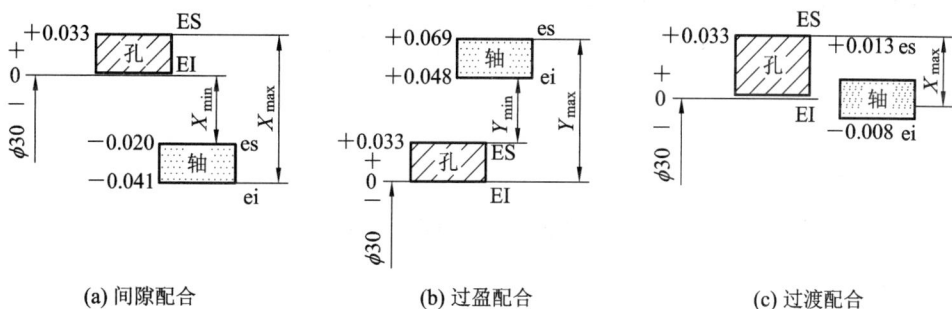

(a) 间隙配合      (b) 过盈配合      (c) 过渡配合

图 2-7　公差带图

### 4. 配合制

配合制是指同一极限制的孔和轴组成配合的一种制度，也称为基准制。配合制以两个相互配合的零件中的一个作为基准件，并使其公差带位置固定，通过改变另一个零件(非基准件)的公差带位置来形成各种配合。国标中规定了两种等效的配合制：基孔制配合和基轴制配合。

基孔制配合是指选择基本偏差为一定的孔的公差带，将其与不同基本偏差的轴的公差带形成各种配合的一种制度。基孔制配合中的孔为基准孔，其代号为 H。基孔制配合中孔的下极限尺寸与公称尺寸相等，孔的下极限偏差(EI)为零，如图 2-8(a)所示。

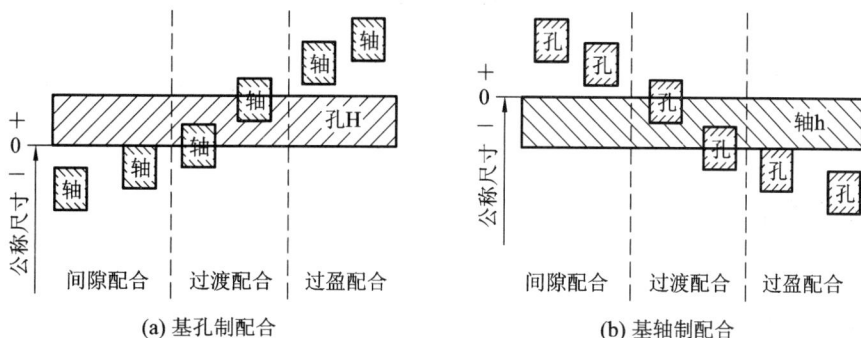

(a) 基孔制配合      (b) 基轴制配合

图 2-8　基准制示意图

基轴制配合是指选择基本偏差为一定的轴的公差带，将其与不同基本偏差的孔的公差带形成各种配合的一种制度。基轴制配合中的轴为基准轴，其代号为 h。基轴制配合中轴的上极限尺寸与公称尺寸相等，轴的上极限偏差(es)为零，如图 2-8(b)所示。

**例 2-5**　已知某配合中孔和轴的公称尺寸为 25 mm，$X_{\max} = +0.013$ mm，$Y_{\max} = -0.021$ mm，$T_d = 0.013$ mm，因结构需要采用基轴制配合。求孔与轴的极限偏差和配合公差，并画出公差带图。

**解：**由题意可知，采用基轴制配合，轴的基本偏差为上极限偏差，即 es = 0。

因为 $T_d = 0.013$ mm，所以轴的下极限偏差为

$$ei = es - T_d = -0.013 \text{ mm}$$

因为 $X_{\max} = ES - ei$，$Y_{\max} = EI - es$，所以孔的上极限偏差为

$$ES = X_{\max} + ei = +0.013 + (-0.013) = 0$$

孔的下极限偏差为

$$EI = Y_{\max} + es = -0.021 + 0 = -0.021 \text{ mm}$$

孔的公差为

$$T_D = |ES - EI| = 0.021 \text{ mm}$$

孔和轴的配合公差为

$$T_f = T_D + T_d = 0.021 + 0.013 = 0.034 \text{ mm}$$

孔、轴的尺寸公差带图如图 2-9 所示。

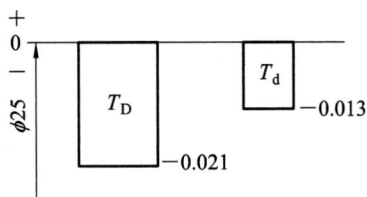

图 2-9　尺寸公差带图

# 2.3　公差与配合的标准

国家标准是按标准公差系列(公差带大小或公差数值)标准化和基本偏差系列(公差带位置)标准化的原则制定的。

## 2.3.1　标准公差系列

标准公差是国家标准规定的用以确定公差带大小的任一公差值，由公差等级和公称尺寸共同决定。标准公差数值确定公差带的大小，即公差带垂直于零线方向的高度。标准公差系列由三项内容组成：标准公差等级、标准公差因子和公称尺寸分段。

### 1. 标准公差等级

标准公差等级是确定尺寸精确程度的等级。不同零件或零件上不同部位的尺寸，对精确程度的要求往往不同。

根据公差等级系数的不同，国家标准规定 0～500 mm 尺寸段标准公差分为 20 个等级，即 IT01，IT0，IT1，IT2，…，IT18；500～3150 mm 尺寸段标准公差分为 18 个等级，即 IT1，IT2，…，IT18。其中，IT 表示标准公差，阿拉伯数字表示标准公差等级。从 IT01 到 IT18，标准公差等级依次降低，标准公差数值依次增大。属于同一等级的公差，对于所有的尺寸段，虽然标准公差数值不同，但应视为同等精度。

### 2. 标准公差因子

标准公差因子是指随公称尺寸的变化来计算标准公差的一个基本单位，该单位是公称尺寸的函数，是制定标准公差数值的基础，又称为公差单位。

生产实践和实验统计分析表明，如果公称尺寸相同的一批零件，加工方法和生产条件不同，则产生的误差不同；如果公称尺寸不同，而加工方法和生产条件相同，则产生的误差也不同。由于公差是用来控制误差的，所以制定公差的基础，就是从误差产生的规律出发，由实验统计得到公差的计算表达式：

$$T = ai = af(D) \tag{2-21}$$

式中，$a$ 为公差等级系数；$i$ 为标准公差因子，单位为 μm，也称为公差单位，$i = f(D)$，$D$ 为公称尺寸值(由公称尺寸所在尺寸段首尾尺寸的几何平均值计算，即 $D = \sqrt{D_n \times D_{n-1}}$)，单位为 mm。

由此可见，公差值的标准化，就是确定标准公差因子 $i$、公差等级系数 $a$ 和公称尺寸所在尺寸段首尾尺寸的几何平均值 $D$ 的过程。

标准公差因子 $i(I)$ 是计算标准公差值的基本单位，也是制定标准公差系列的基础。生产实践以及专门的科学实验和统计分析表明，标准公差因子与零件尺寸之间有一定的关系。

公称尺寸值小于或等于 500 mm 时，标准公差因子 $i$ 的计算式为

$$i = 0.45\sqrt[3]{D} + 0.001D \tag{2-22}$$

式中，等号后第一项反映加工误差与公称尺寸间的关系，其变化可用抛物线表示；第二项反映测量误差与公称尺寸间的关系，呈线性关系，它主要考虑温度变化引起的测量误差。

公称尺寸值在 500～3150 mm 时，标准公差因子 $I$ 的计算式为

$$I = 0.004D + 2.1 \tag{2-23}$$

式(2-23)表明，对大尺寸而言，零件的误差主要是由温度变化引起的测量误差，它与公称尺寸间呈线性关系。

国家标准规定的标准公差是由公差等级系数和标准公差因子的乘积值决定的。在公称尺寸一定的情况下，公差等级系数是决定标准公差值的唯一参数。

不同公差等级下的标准公差值的计算公式如表 2-1 所示。

#### 表 2-1　各级公差等级下标准公差值的计算公式

| 公差等级 | 公称尺寸/mm | | 公差等级 | 公称尺寸/mm | |
|---|---|---|---|---|---|
| | >0～500 | >500～3150 | | >0～500 | >500～3150 |
| IT01 | $0.3 + 0.008D$ | 不存在 | IT9 | $40i$ | $40I$ |
| IT0 | $0.5 + 0.012D$ | | IT10 | $64i$ | $64I$ |
| IT1 | $0.8 + 0.020D$ | $2I$ | IT11 | $100i$ | $100I$ |
| IT2 | $(\text{IT1})\left(\dfrac{\text{IT5}}{\text{IT1}}\right)^{1/4}$ | $2.7I$ | IT12 | $160i$ | $160I$ |
| IT3 | $(\text{IT1})\left(\dfrac{\text{IT5}}{\text{IT1}}\right)^{1/2}$ | $3.7I$ | IT13 | $250i$ | $250I$ |
| IT4 | $(\text{IT1})\left(\dfrac{\text{IT5}}{\text{IT1}}\right)^{3/4}$ | $5I$ | IT14 | $400i$ | $400I$ |
| IT5 | $7i$ | $7I$ | IT15 | $640i$ | $640I$ |
| IT6 | $10i$ | $10I$ | IT16 | $1000i$ | $1000I$ |
| IT7 | $16i$ | $16I$ | IT17 | $1600i$ | $1600I$ |
| IT8 | $25i$ | $25I$ | IT18 | $2500i$ | $2500I$ |

从表 2-1 可知，对于 IT6～IT18 的公差等级系数 $a$ 的取值，按照优先数系 R5 的公比 1.6 增加，每隔 5 项数值增大 10 倍。IT5 的 $a$ 值继承旧公差标准，因此仍为 7。

对于高精度的 IT01、IT0、IT1，主要考虑测量误差，因此其标准公差与零件公称尺寸呈线性关系，三个公差等级的标准公差计算公式之间的常数和系数均按照优先数系的基本系列 R5 的公比 1.6 增加。IT2、IT3、IT4 的标准公差，以一定公比的几何级数插入 IT1 和 IT5 之间，该系列的公比为 $(\text{IT5}/\text{IT1})^{1/4}$。

由此可见，国家标准中各级公差之间的分布规律性很强，便于向高、低两端延伸。

### 3. 公称尺寸分段

按照标准公差的计算公式，对于每个公差等级，利用每个公称尺寸都可计算得到一个相应的公差值。但在生产中公称尺寸很多，这样编制的公差表格将会极为庞大，给生产实际带来麻烦，也不利于公差值的标准化和系列化。为了减少公差数目，简化公差表格，使之便于应用，国家标准对公称尺寸进行了分段。

在标准公差和基本偏差的计算中，一律根据公称尺寸所属分段尺寸的首尾两项的几何平均值确定公称尺寸，计算标准公差和基本偏差。公称尺寸等于尺寸分段(大于 $D_n$～$D_{n-1}$)的首尾两项的几何平均值，此时有 $D = (D_n \cdot D_{n-1})^{1/2}$，但对于小于等于 3 mm 的尺寸段，即 $D \leqslant 3$ 时，$D = (1 \times 3)^{1/2} = 1.732$ mm。由标准公差数值构成的表格为标准公差数值表，如表 2-2 所示。

表 2-2　标准公差数值表

| 公称尺寸 | | 标准公差等级 | | | | | | | | | | | | | | | | | | |
| --- | --- | --- | --- | --- | --- | --- | --- | --- | --- | --- | --- | --- | --- | --- | --- | --- | --- | --- | --- | --- |
| | | 标准公差/μm | | | | | | | | | | | | 标准公差/mm | | | | | | |
| > | ≤ | IT01 | IT0 | IT1 | IT2 | IT3 | IT4 | IT5 | IT6 | IT7 | IT8 | IT9 | IT10 | IT11 | IT12 | IT13 | IT14 | IT15 | IT16 | IT17 | IT18 |
| | 3 | 0.3 | 0.5 | 0.8 | 1.2 | 2 | 3 | 4 | 6 | 10 | 14 | 25 | 40 | 60 | 0.1 | 0.14 | 0.25 | 0.4 | 0.6 | 1 | 1.4 |
| 3 | 6 | 0.4 | 0.6 | 1 | 1.5 | 2.5 | 4 | 5 | 8 | 12 | 18 | 30 | 48 | 75 | 0.12 | 0.18 | 0.3 | 0.48 | 0.75 | 1.2 | 1.8 |
| 6 | 10 | 0.4 | 0.6 | 1 | 1.5 | 2.5 | 4 | 6 | 9 | 15 | 22 | 36 | 58 | 90 | 0.15 | 0.22 | 0.36 | 0.58 | 0.9 | 1.5 | 2.2 |
| 10 | 18 | 0.5 | 0.8 | 1.2 | 2 | 3 | 5 | 8 | 11 | 18 | 27 | 43 | 70 | 110 | 0.18 | 0.27 | 0.43 | 0.7 | 1.1 | 1.8 | 2.7 |
| 18 | 30 | 0.6 | 1 | 1.5 | 2.5 | 4 | 6 | 9 | 13 | 21 | 33 | 52 | 84 | 130 | 0.21 | 0.33 | 0.52 | 0.84 | 1.3 | 2.1 | 3.3 |
| 30 | 50 | 0.6 | 1 | 1.5 | 2.5 | 4 | 7 | 11 | 16 | 25 | 39 | 62 | 100 | 160 | 0.25 | 0.39 | 0.62 | 1 | 1.6 | 2.5 | 3.9 |
| 50 | 80 | 0.8 | 1.2 | 2 | 3 | 5 | 8 | 13 | 19 | 30 | 46 | 74 | 120 | 190 | 0.3 | 0.46 | 0.74 | 1.2 | 1.9 | 3 | 4.6 |
| 80 | 120 | 1 | 1.5 | 2.5 | 4 | 6 | 10 | 15 | 22 | 35 | 54 | 87 | 140 | 220 | 0.35 | 0.54 | 0.87 | 1.4 | 2.2 | 3.5 | 5.4 |
| 120 | 180 | 1.2 | 2 | 3.5 | 5 | 8 | 12 | 18 | 25 | 40 | 63 | 100 | 160 | 250 | 0.4 | 0.63 | 1 | 1.6 | 2.5 | 4 | 6.3 |
| 180 | 250 | 2 | 3 | 4.5 | 7 | 10 | 14 | 20 | 29 | 46 | 72 | 115 | 185 | 290 | 0.46 | 0.72 | 1.15 | 1.85 | 2.9 | 4.6 | 7.2 |
| 250 | 315 | 2.5 | 4 | 6 | 8 | 12 | 16 | 23 | 32 | 52 | 81 | 130 | 210 | 320 | 0.52 | 0.81 | 1.3 | 2.1 | 3.2 | 5.2 | 8.1 |
| 315 | 400 | 3 | 5 | 7 | 9 | 13 | 18 | 25 | 36 | 57 | 89 | 140 | 230 | 360 | 0.57 | 0.89 | 1.4 | 2.3 | 3.6 | 5.7 | 8.9 |
| 400 | 500 | 4 | 6 | 8 | 10 | 15 | 20 | 27 | 40 | 63 | 97 | 155 | 250 | 400 | 0.63 | 0.97 | 1.55 | 2.5 | 4 | 6.3 | 9.7 |
| 500 | 630 | — | — | 9 | 11 | 16 | 22 | 32 | 44 | 70 | 110 | 175 | 280 | 440 | 0.7 | 1.1 | 1.75 | 2.8 | 4.4 | 7 | 11 |
| 630 | 800 | — | — | 10 | 13 | 18 | 25 | 36 | 50 | 80 | 125 | 200 | 320 | 500 | 0.8 | 1.25 | 2 | 3.2 | 5 | 8 | 12.5 |
| 800 | 1000 | — | — | 11 | 15 | 21 | 28 | 40 | 56 | 90 | 140 | 230 | 360 | 560 | 0.9 | 1.4 | 2.3 | 3.6 | 5.6 | 9 | 14 |
| 1000 | 1250 | — | — | 13 | 18 | 24 | 33 | 47 | 66 | 105 | 165 | 260 | 420 | 660 | 1.05 | 1.65 | 2.6 | 4.2 | 6.6 | 10.5 | 16.5 |
| 1250 | 1600 | — | — | 15 | 21 | 29 | 39 | 55 | 78 | 125 | 195 | 310 | 500 | 780 | 1.25 | 1.95 | 3.1 | 5 | 7.8 | 12.5 | 19.5 |
| 1600 | 2000 | — | — | 18 | 25 | 35 | 46 | 65 | 92 | 150 | 230 | 370 | 600 | 920 | 1.5 | 2.3 | 3.7 | 6 | 9.2 | 15 | 23 |
| 2000 | 2500 | — | — | 22 | 30 | 41 | 55 | 78 | 110 | 175 | 280 | 440 | 700 | 1110 | 1.75 | 2.8 | 4.4 | 7 | 11 | 17.5 | 28 |
| 2500 | 3150 | — | — | 26 | 36 | 50 | 38 | 96 | 135 | 210 | 330 | 540 | 860 | 1350 | 2.1 | 3.3 | 5.4 | 8.6 | 13.5 | 21 | 33 |

由表 2-2 可知，相同的公称尺寸段内，其公差数值的大小能够反映公差等级的高低，即：公差数值越大，则公差等级越低；公差数值越小，则公差等级越高。公称尺寸所在尺寸段不相同时，公差数值不能反映公差等级的高低。公差等级越高，越难加工；公差等级越低，越容易加工。另外，标准公差等级 IT01 和 IT0 在工业中很少用到，表中所列标准公差数值仅供学习参考。

**例 2-6**　已知轴 1 的公称尺寸为 100 mm，轴 2 的公称尺寸为 8 mm，轴 1 的标准公差值为 35 μm，轴 2 的标准公差值为 22 μm。确定两轴的加工难易程度。

**解**：查表 2-2，轴 1 的公称尺寸属于尺寸分段 80～120 mm 之间，其公差值为 35 μm，故轴 1 的标准公差等级为 IT7。轴 2 的公称尺寸属于尺寸分段 6～10 mm 之间，其公差值为 22 μm，故轴 2 的标准公差等级为 IT8。所以，轴 1 比轴 2 的公差等级高，即精度要求高，因此轴 1 比轴 2 难加工。

**例 2-7**　已知公称尺寸为 20 mm，求 IT7 和 IT8 的公差值。

**解**：20 mm 在 18～30 mm 的尺寸段内

$$D = (18 \times 30)^{1/2} = 23.24 \text{ mm}$$

由式(2-22)求得的标准公差因子为

$$i = 0.45D^{1/3} + 0.001D = 0.45 \times (23.24)^{1/3} + 0.001 \times 23.24 = 1.31 \text{ μm}$$

由表 2-1 查得 IT7 = 16$i$，IT8 = 25$i$，即

$$IT7 = 16i = 16 \times 1.31 = 20.96 \text{ μm} \approx 21 \text{ μm}$$

$$IT8 = 25i = 25 \times 1.31 = 32.75 \text{ μm} \approx 33 \text{ μm}$$

也可以直接从表 2-2 中查取数值。

## 2.3.2　基本偏差系列

基本偏差用来确定零件公差带相对零线位置的上极限偏差或下极限偏差，一般为靠近零线的偏差。基本偏差是决定公差带位置的参数，它是公差带位置标准化的唯一指标。

### 1. 基本偏差代号

国标规定了孔和轴各有 28 种基本偏差，这些基本偏差构成了基本偏差系列。基本偏差的代号用拉丁字母表示，大写表示孔，小写表示轴。26 个字母中去掉了 5 个易与其他参数混淆的字母：I(i)、L(l)、O(o)、Q(q)、W(w)，为满足某些配合的需要，又增加了 7 个双写字母：CD(cd)、EF(ef)、FG(fg)、JS(js)、ZA(za)、ZB(zb)、ZC(zc)，即得孔、轴各 28 个基本偏差代号，如图 2-10 所示。

### 2. 基本偏差特点

1) 孔的基本偏差的主要特点

A 到 G：公差带在零线上方，基本偏差为下极限偏差 EI，基本偏差为正值。

H：公差带在零线上方，基本偏差为下极限偏差 EI，EI = 0，此时孔为基准孔。

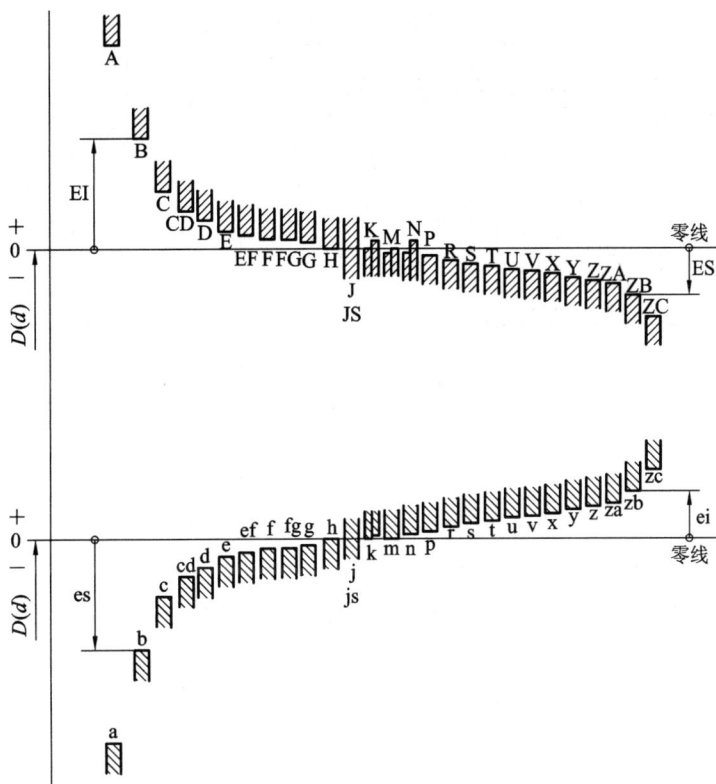

图 2-10　孔、轴的基本偏差系列

JS：公差带完全对称于零线，基本偏差可以是上极限偏差，也可以是下极限偏差，基本偏差的绝对值为公差值的一半。

J 到 ZC：公差带在零线下方，基本偏差为上极限偏差 ES，基本偏差多为负值。

2）轴的基本偏差的主要特点

a 到 g：公差带在零线下方，基本偏差为上极限偏差 es，基本偏差为负值。

h：公差带在零线下方，基本偏差为上极限偏差 es，es = 0，此时轴为基准轴。

js：公差带完全对称于零线，基本偏差可以是上极限偏差，也可以是下极限偏差，基本偏差的绝对值为公差值的一半。

j 到 zc：公差带在零线上方，基本偏差为下极限偏差 ei，基本偏差多为正值。

**3. 基本偏差数值**

1）轴的基本偏差数值

轴的基本偏差数值是在基孔制配合下，通过计算确定的。根据不同的配合要求，在大量生产实践经验的基础上，通过统计分析确定了基本偏差的计算方程。在进行设计时，一般不需要计算基本偏差数值，而是通过查表的方式直接获取。轴的基本偏差通过查表获得，轴的另一个偏差，即另一个极限偏差，根据轴的基本偏差和标准公差计算获得。轴的基本偏差数值表如表 2-3 所示。

## 表 2-3　轴的基本偏差数值表

| 公称尺寸/mm | $a^1$ | $b^1$ | c | cd | d | e | ef | f | fg | g | h | $js^2$ | j | | | k | |
|---|---|---|---|---|---|---|---|---|---|---|---|---|---|---|---|---|---|
| | 上极限偏差(es) | | | | | | | | | | | | 下极限偏差(ei) | | | | |
| | 适用所有公差等级 | | | | | | | | | | | | 5,6 | 7 | 8 | 4~7 | ≤3 或 >7 |
| ≤3 | −270 | −140 | −60 | −34 | −20 | −14 | −10 | −6 | −4 | −2 | 0 | | −2 | −4 | −6 | 0 | 0 |
| >3~6 | −270 | −140 | −70 | −46 | −30 | −20 | −14 | −10 | −6 | −4 | 0 | | −2 | −5 | | +1 | 0 |
| >6~10 | −280 | −150 | −80 | −56 | −40 | −25 | −18 | −13 | −8 | −5 | 0 | | −2 | −5 | | +1 | 0 |
| >10~14 | −290 | −150 | −95 | | −50 | −32 | | −16 | | −6 | 0 | | −3 | −6 | | +1 | 0 |
| >14~18 | | | | | | | | | | | | | | | | | |
| >18~24 | −300 | −160 | −110 | | −65 | −40 | | −20 | | −7 | 0 | | −4 | −8 | | +2 | 0 |
| >24~30 | | | | | | | | | | | | | | | | | |
| >30~40 | −310 | −170 | −120 | | −80 | −50 | | −25 | | −9 | 0 | | −5 | −10 | | +2 | 0 |
| >40~50 | −320 | −180 | −130 | | | | | | | | | | | | | | |
| >50~65 | −340 | −190 | −140 | | −100 | −60 | | −30 | | −10 | 0 | | −7 | −12 | | +2 | 0 |
| >65~80 | −360 | −200 | −150 | | | | | | | | | | | | | | |
| >80~100 | −380 | −220 | −170 | | −120 | −72 | | −36 | | −12 | 0 | | −9 | −15 | | +3 | 0 |
| >100~120 | −410 | −240 | −180 | | | | | | | | | | | | | | |
| >120~140 | −460 | −260 | −200 | | −145 | −85 | | −43 | | −14 | 0 | | −11 | −18 | | +3 | 0 |
| >140~160 | −520 | −280 | −210 | | | | | | | | | | | | | | |
| >160~180 | −580 | −310 | −230 | | | | | | | | | | | | | | |
| >180~200 | −660 | −340 | −240 | | −170 | −100 | | −50 | | −15 | 0 | | −13 | −21 | | +4 | 0 |
| >200~225 | −740 | −380 | −260 | | | | | | | | | $\pm\dfrac{IT_n}{2}$ | | | | | |
| >225~250 | −820 | −420 | −280 | | | | | | | | | | | | | | |
| >250~280 | −920 | −480 | −300 | | −190 | −110 | | −56 | | −17 | 0 | | −16 | −26 | | +4 | 0 |
| >280~315 | −1050 | −540 | −330 | | | | | | | | | | | | | | |
| >315~355 | −1200 | −600 | −360 | | −210 | −125 | | −62 | | −18 | 0 | | −18 | −28 | | +4 | 0 |
| >355~400 | −1350 | −680 | −400 | | | | | | | | | | | | | | |
| >400~450 | −1500 | −760 | −440 | | −230 | −135 | | −68 | | −20 | 0 | | −20 | −32 | | +5 | 0 |
| >450~500 | −1650 | −840 | −480 | | | | | | | | | | | | | | |
| >500~560 | | | | | −260 | −145 | | −76 | | −22 | 0 | | | | | | 0 |
| >560~630 | | | | | | | | | | | | | | | | | |
| >630~710 | | | | | −390 | −160 | | −80 | | −24 | 0 | | | | | | 0 |
| >710~800 | | | | | | | | | | | | | | | | | |
| >800~900 | | | | | −320 | −170 | | −86 | | −26 | 0 | | | | | | 0 |
| >900~1000 | | | | | | | | | | | | | | | | | |
| >1000~1120 | | | | | −350 | −195 | | −98 | | −28 | 0 | | | | | | 0 |
| >1120~1250 | | | | | | | | | | | | | | | | | |
| >1250~1400 | | | | | −390 | −220 | | −110 | | −30 | 0 | | | | | | 0 |
| >1400~1600 | | | | | | | | | | | | | | | | | |
| >1600~1800 | | | | | −430 | −240 | | −120 | | −32 | 0 | | | | | | 0 |
| >1800~2000 | | | | | | | | | | | | | | | | | |
| >2000~2240 | | | | | −480 | −260 | | −130 | | −34 | 0 | | | | | | 0 |
| >2240~2500 | | | | | | | | | | | | | | | | | |
| >2500~2800 | | | | | −520 | −290 | | −145 | | −38 | 0 | | | | | | 0 |
| >2800~3150 | | | | | | | | | | | | | | | | | |

| m | n | p | r | s | t | u | v | x | y | z | za | zb | zc |
|---|---|---|---|---|---|---|---|---|---|---|---|---|---|
| 下极限偏差(ei) | | | | | | | | | | | | | |
| 适用所有公差等级 | | | | | | | | | | | | | |
| +2 | +4 | +6 | +10 | +14 |  | +18 |  | +20 |  | +26 | +32 | +40 | +80 |
| +4 | +8 | +12 | +15 | +19 |  | +23 |  | +28 |  | +35 | +42 | +50 | +90 |
| +6 | +10 | +15 | +19 | +23 |  | +28 |  | +34 |  | +42 | +52 | +67 | +97 |
| +7 | +12 | +18 | +23 | +28 |  | +33 |  | +40 |  | +50 | +64 | +90 | +130 |
|  |  |  |  |  |  | +39 |  | +45 |  | +60 | +77 | +108 | +150 |
| +8 | +15 | +22 | +28 | +35 |  | +41 | +47 | +54 | +63 | +73 | +98 | +136 | +188 |
|  |  |  |  |  | +41 | +48 | +55 | +64 | +75 | +88 | +118 | +160 | +218 |
| +9 | +17 | +26 | +34 | +43 | +48 | +60 | +68 | +80 | +94 | +112 | +148 | +200 | +274 |
|  |  |  |  |  | +54 | +70 | +81 | +97 | +114 | +136 | +180 | +242 | +325 |
| +11 | +20 | +32 | +41 | +53 | +66 | +87 | +102 | +122 | +144 | +172 | +226 | +300 | +405 |
|  |  |  | +43 | +59 | +75 | +102 | +120 | +146 | +174 | +210 | +274 | +360 | +480 |
| +13 | +23 | +37 | +51 | +71 | +91 | +124 | +146 | +178 | +214 | +258 | +335 | +445 | +585 |
|  |  |  | +54 | +79 | +104 | +144 | +172 | +210 | +254 | +310 | +400 | +525 | +690 |
| +15 | +27 | +43 | +63 | +92 | +122 | +170 | +202 | +248 | +300 | +365 | +470 | +620 | +800 |
|  |  |  | +65 | +100 | +134 | +190 | +228 | +280 | +340 | +415 | +535 | +700 | +900 |
|  |  |  | +68 | +108 | +146 | +210 | +252 | +310 | +380 | +465 | +600 | +780 | +1000 |
| +17 | +31 | +50 | +77 | +122 | +166 | +236 | +284 | +350 | +425 | +520 | +670 | +880 | +1150 |
|  |  |  | +80 | +130 | +180 | +258 | +310 | +385 | +470 | +575 | +740 | +960 | +1250 |
|  |  |  | +84 | +140 | +196 | +284 | +340 | +425 | +520 | +640 | +820 | +1050 | +1350 |
| +20 | +34 | +56 | +94 | +158 | +218 | +315 | +385 | +475 | +580 | +710 | +920 | +1200 | +1550 |
|  |  |  | +98 | +170 | +240 | +350 | +425 | +525 | +650 | +790 | +1000 | +1300 | +1700 |
| +21 | +37 | +62 | +108 | +190 | +268 | +390 | +475 | +590 | +730 | +900 | +1150 | +1500 | +1900 |
|  |  |  | +114 | +208 | +294 | +435 | +530 | +660 | +820 | +1000 | +1300 | +1650 | +2100 |
| +23 | +40 | +68 | +126 | +232 | +330 | +490 | +595 | +740 | +920 | +1100 | +1450 | +1850 | +2400 |
|  |  |  | +132 | +252 | +360 | +540 | +660 | +820 | +1000 | +1250 | +1600 | +2100 | +2600 |
| +26 | +44 | +78 | +150 | +280 | +400 | +600 |  |  |  |  |  |  |  |
|  |  |  | +155 | +310 | +450 | +660 |  |  |  |  |  |  |  |
| +30 | +50 | +88 | +175 | +340 | +500 | +740 |  |  |  |  |  |  |  |
|  |  |  | +185 | +380 | +560 | +840 |  |  |  |  |  |  |  |
| +34 | +56 | +100 | +210 | +430 | +620 | +940 |  |  |  |  |  |  |  |
|  |  |  | +220 | +473 | +680 | +1050 |  |  |  |  |  |  |  |
| +40 | +66 | +120 | +250 | +520 | +780 | +1150 |  |  |  |  |  |  |  |
|  |  |  | +260 | +580 | +840 | +1300 |  |  |  |  |  |  |  |
| +48 | +78 | +140 | +300 | +640 | +960 | +1450 |  |  |  |  |  |  |  |
|  |  |  | +330 | +720 | +1050 | +1600 |  |  |  |  |  |  |  |
| +58 | +92 | +170 | +370 | +820 | +1200 | +1850 |  |  |  |  |  |  |  |
|  |  |  | +400 | +920 | +1350 | +2000 |  |  |  |  |  |  |  |
| +68 | +110 | +195 | +440 | +1000 | +1500 | +2300 |  |  |  |  |  |  |  |
|  |  |  | +460 | +1100 | +1650 | +2500 |  |  |  |  |  |  |  |
| +76 | +135 | +240 | +550 | +1250 | +1900 | +2900 |  |  |  |  |  |  |  |
|  |  |  | +580 | +1400 | +2100 | +3200 |  |  |  |  |  |  |  |

1. 公称尺寸小于或等于 1 mm 时，不使用基本偏差 a 和 b。

2. 对于公差等级 js7 至 js11，如果 IT 值为奇数，则该值 $= \pm\dfrac{IT_n - 1}{2}$。

2) 孔的基本偏差数值

孔的基本偏差数值可由轴的基本偏差换算得到，也可通过查表 2-4 获得。

换算基于国家标准的两条原则(即工艺等价和同名配合)进行。

① 工艺等价：标准的基孔制和基轴制配合中，应保证孔和轴的工艺等价，即孔和轴的加工难易程度相当。

② 同名配合：用同一字母表示孔和轴的基本偏差所组成的公差带，按照基孔制形成的配合和按照基轴制形成的配合称为同名配合。满足工艺等价的同名配合，其配合性质相同，即配合种类相同且极限间隙量或极限过盈量相等。

根据上述原则，孔的基本偏差按以下两种规则(即通用规则和特殊规则)换算，如图 2-11 所示。

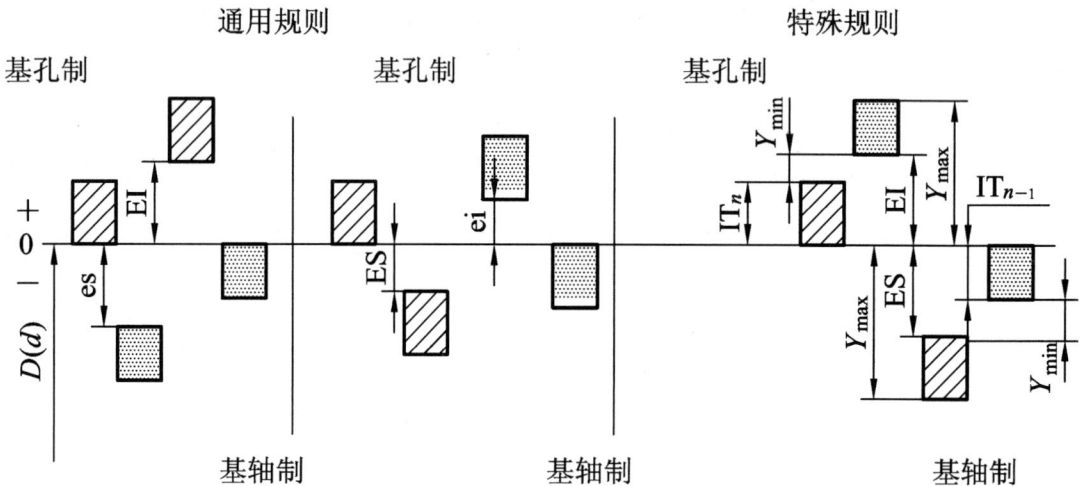

图 2-11　孔的基本偏差换算规则

(1) 通用规则。通用规则是指用同一字母表示的孔、轴的基本偏差的绝对值相等，符号相反。孔的基本偏差是轴的基本偏差相对于零线的倒影，因此通用规则又称为倒影规则。通用规则适用于以下情况：

① 对于 A～H，因孔的基本偏差 EI 与对应轴的基本偏差 es 的绝对值都等于最小间隙，故孔的换算原则为

$$EI = -es$$

② 对于 K～ZC，标准公差大于 IT8 的 K、M、N 和大于 IT7 的 P～ZC，孔的换算原则为

$$ES = -ei$$

注意：对于标准公差大于 IT8、公称尺寸大于 3 mm 的 N，孔的基本偏差 ES = 0。

(2) 特殊规则。特殊规则是指用同一字母表示孔、轴基本偏差时，孔的基本偏差 ES 和轴的基本偏差 ei 符号相反，而绝对值相差一个 $\Delta$ 值。

因为在较高的公差等级中，同一公差等级的孔比轴难加工，因而常采用比轴低一级的孔配合，即异级配合，并要求两种配合制所形成的配合性质相同。

基孔制配合时，有

$$Y_{\min} = ES - ei = +IT_n - ei$$

基轴制配合时，有

$$Y_{\min} = ES - ei = ES - (-IT_{n-1})$$

要求具有相同的配合性质，故有

$$+IT_n - ei = ES - (-IT_{n-1})$$

由此得出孔的基本偏差为

$$ES = -ei + \Delta$$

$$\Delta = IT_n - IT_{n-1}$$

其中，$IT_n$ 为某一级孔的标准公差，$IT_{n-1}$ 为比某一级孔高一级的轴的标准公差。

特殊规则适用于以下情况：公称尺寸大于 3 mm，且标准公差等级≤IT8 的 J、K、M、N 和标准公差等级≤IT7 的 P～ZC。

注意：对于公称尺寸在 3～500 mm 之间，标准公差等级>IT8 的 N，孔的基本偏差 ES = 0。

3) 孔、轴的另一个极限偏差

确定孔、轴的基本偏差之后，其另外一个极限偏差可以根据孔、轴基本偏差和标准公差计算得来。

(1) 孔的另一个极限偏差：

① 对于 A～H：

$$ES = EI + T_D \tag{2-24}$$

② 对于 J～ZC：

$$EI = ES - T_D \tag{2-25}$$

(2) 轴的另一个极限偏差：

① 对于 a～h：

$$ei = es - T_d \tag{2-26}$$

② 对于 j～zc：

$$es = ei + T_d \tag{2-27}$$

## 表 2-4　孔的基本偏差数值表

| 公称尺寸/mm | A¹ | B¹ | C | CD | D | E | EF | F | FG | G | H | JS² | J 6 | J 7 | J 8 | K ≤8 | K >8 | M ≤8 | M >8 |
|---|---|---|---|---|---|---|---|---|---|---|---|---|---|---|---|---|---|---|---|
| | 下极限偏差(EI) | | | | | | | | | | | | 上极限偏差(ES) | | | | | | |
| | 适用所有公差等级 | | | | | | | | | | | | 6 | 7 | 8 | ≤8 | >8 | ≤8 | >8 |
| ≤3 | +270 | +140 | +60 | +34 | +20 | +14 | +10 | +6 | +4 | +2 | 0 | | +2 | +4 | +6 | 0 | 0 | -2 | -2 |
| >3~6 | +270 | +140 | +70 | +46 | +30 | +20 | +14 | +10 | +6 | +4 | 0 | | +5 | +6 | +10 | -1+Δ | | -4+Δ | -4 |
| >6~10 | +280 | +150 | +80 | +56 | +40 | +25 | +18 | +13 | +8 | +5 | 0 | | +5 | +8 | +12 | -1+Δ | | -6+Δ | -6 |
| >10~14 | +290 | +150 | +95 | | +50 | +32 | | +16 | | +6 | 0 | | +6 | +10 | +15 | -1+Δ | | -7+Δ | -7 |
| >14~18 | +290 | +150 | +95 | | +50 | +32 | | +16 | | +6 | 0 | | +6 | +10 | +15 | -1+Δ | | -7+Δ | -7 |
| >18~24 | +300 | +160 | +110 | | +65 | +40 | | +20 | | +7 | 0 | | +8 | +12 | +20 | -2+Δ | | -8+Δ | -8 |
| >24~30 | +300 | +160 | +110 | | +65 | +40 | | +20 | | +7 | 0 | | +8 | +12 | +20 | -2+Δ | | -8+Δ | -8 |
| >30~40 | +310 | +170 | +120 | | +80 | +50 | | +25 | | +9 | 0 | | +10 | +14 | +24 | -2+Δ | | -9+Δ | -9 |
| >40~50 | +320 | +180 | +130 | | +80 | +50 | | +25 | | +9 | 0 | | +10 | +14 | +24 | -2+Δ | | -9+Δ | -9 |
| >50~65 | +340 | +190 | +140 | | +100 | +60 | | +30 | | +10 | 0 | | +13 | +18 | +28 | -2+Δ | | -11+Δ | -11 |
| >65~80 | +360 | +200 | +150 | | +100 | +60 | | +30 | | +10 | 0 | | +13 | +18 | +28 | -2+Δ | | -11+Δ | -11 |
| >80~100 | +380 | +220 | +170 | | +120 | +72 | | +36 | | +12 | 0 | | +16 | +22 | +34 | -3+Δ | | -13+Δ | -13 |
| >100~120 | +410 | +240 | +180 | | +120 | +72 | | +36 | | +12 | 0 | | +16 | +22 | +34 | -3+Δ | | -13+Δ | -13 |
| >120~140 | +460 | +260 | +200 | | +145 | +85 | | +43 | | +14 | 0 | | +18 | +26 | +41 | -3+Δ | | -15+Δ | -15 |
| >140~160 | +520 | +280 | +210 | | +145 | +85 | | +43 | | +14 | 0 | | +18 | +26 | +41 | -3+Δ | | -15+Δ | -15 |
| >160~180 | +580 | +310 | +230 | | +145 | +85 | | +43 | | +14 | 0 | | +18 | +26 | +41 | -3+Δ | | -15+Δ | -15 |
| >180~200 | +660 | +340 | +240 | | +170 | +100 | | +50 | | +15 | 0 | | +22 | +30 | +47 | -4+Δ | | -17+Δ | -17 |
| >200~225 | +740 | +380 | +260 | | +170 | +100 | | +50 | | +15 | 0 | | +22 | +30 | +47 | -4+Δ | | -17+Δ | -17 |
| >225~250 | +820 | +420 | +280 | | +170 | +100 | | +50 | | +15 | 0 | | +22 | +30 | +47 | -4+Δ | | -17+Δ | -17 |
| >250~280 | +920 | +480 | +300 | | +190 | +110 | | +56 | | +17 | 0 | | +25 | +36 | +55 | -4+Δ | | -20+Δ | -20 |
| >280~315 | +1050 | +540 | +330 | | +190 | +110 | | +56 | | +17 | 0 | $\pm\dfrac{IT_n}{2}$ | +25 | +36 | +55 | -4+Δ | | -20+Δ | -20 |
| >315~355 | +1200 | +600 | +360 | | +210 | +125 | | +62 | | +18 | 0 | | +29 | +39 | +60 | -4+Δ | | -21+Δ | -21 |
| >355~400 | +1350 | +680 | +400 | | +210 | +125 | | +62 | | +18 | 0 | | +29 | +39 | +60 | -4+Δ | | -21+Δ | -21 |
| >400~450 | +1500 | +760 | +440 | | +230 | +135 | | +68 | | +20 | 0 | | +33 | +43 | +66 | -5+Δ | | -23+Δ | -23 |
| >450~500 | +1650 | +840 | +480 | | +230 | +135 | | +68 | | +20 | 0 | | +33 | +43 | +66 | -5+Δ | | -23+Δ | -23 |
| >500~560 | | | | | +260 | +145 | | +76 | | +22 | 0 | | | | | 0 | | -26 | |
| >560~630 | | | | | +260 | +145 | | +76 | | +22 | 0 | | | | | 0 | | -26 | |
| >630~710 | | | | | +390 | +160 | | +80 | | +24 | 0 | | | | | 0 | | -30 | |
| >710~800 | | | | | +390 | +160 | | +80 | | +24 | 0 | | | | | 0 | | -30 | |
| >800~900 | | | | | +320 | +170 | | +86 | | +26 | 0 | | | | | 0 | | -34 | |
| >900~1000 | | | | | +320 | +170 | | +86 | | +26 | 0 | | | | | 0 | | -34 | |
| >1000~1120 | | | | | +350 | +195 | | +98 | | +28 | 0 | | | | | 0 | | -40 | |
| >1120~1250 | | | | | +350 | +195 | | +98 | | +28 | 0 | | | | | 0 | | -40 | |
| >1250~1400 | | | | | +390 | +220 | | +110 | | +30 | 0 | | | | | 0 | | -48 | |
| >1400~1600 | | | | | +390 | +220 | | +110 | | +30 | 0 | | | | | 0 | | -48 | |
| >1600~1800 | | | | | +430 | +240 | | +120 | | +32 | 0 | | | | | 0 | | -58 | |
| >1800~2000 | | | | | +430 | +240 | | +120 | | +32 | 0 | | | | | 0 | | -58 | |
| >2000~2240 | | | | | +480 | +260 | | +130 | | +34 | 0 | | | | | 0 | | -68 | |
| >2240~2500 | | | | | +480 | +260 | | +130 | | +34 | 0 | | | | | 0 | | -68 | |
| >2500~2800 | | | | | +520 | +290 | | +145 | | +38 | 0 | | | | | 0 | | -76 | |
| >2800~3150 | | | | | +520 | +290 | | +145 | | +38 | 0 | | | | | 0 | | -76 | |

| N ≤8 | N >8 | P~ZC ≤7 | P | R | S | T | U | V | X | Y | Z | ZA | ZB | ZC | IT3 | IT4 | IT5 | IT6 | IT7 | IT8 |
|---|---|---|---|---|---|---|---|---|---|---|---|---|---|---|---|---|---|---|---|---|
| | | 上极限偏差(ES) | | | | | | | | | | | | | Δ值 | | | | | |
| -4 | | | -6 | -10 | -14 | | -18 | | -20 | | -26 | -32 | -40 | -80 | 0 | | | | | |
| -8+Δ | 0 | | -12 | -15 | -19 | | -23 | | -28 | | -35 | -42 | -50 | -90 | 1 | 1.5 | 1 | 3 | 4 | 6 |
| -10+Δ | 0 | | -15 | -19 | -23 | | -28 | | -34 | | -42 | -52 | -67 | -97 | 1 | 1.5 | 2 | 3 | 6 | 7 |
| -12+Δ | 0 | | -18 | -23 | -28 | | -33 | | -40 | | -50 | -64 | -90 | -130 | 1 | 2 | 3 | 3 | 7 | 9 |
| | | | | | | | | -39 | -45 | | -60 | -77 | -108 | -150 | | | | | | |
| -15+Δ | 0 | | -22 | -28 | -35 | | -41 | -47 | -54 | -63 | -73 | -98 | -136 | -188 | 1.5 | 2 | 3 | 4 | 8 | 12 |
| | | | | | | -41 | -48 | -55 | -64 | -75 | -88 | -118 | -160 | -218 | | | | | | |
| -17+Δ | 0 | | -26 | -34 | -43 | -48 | -60 | -68 | -80 | -94 | -112 | -148 | -200 | -274 | 1.5 | 3 | 4 | 5 | 9 | 14 |
| | | | | | | -54 | -70 | -81 | -97 | -114 | -136 | -180 | -242 | -325 | | | | | | |
| -20+Δ | 0 | IT7 以上等级的数值增加Δ | -32 | -41 | -53 | -66 | -87 | -102 | -122 | -144 | -172 | -226 | -300 | -405 | 2 | 3 | 5 | 6 | 11 | 16 |
| | | | | -43 | -59 | -75 | -102 | -120 | -146 | -174 | -210 | -274 | -360 | -480 | | | | | | |
| -23+Δ | 0 | | -37 | -51 | -71 | -91 | -124 | -146 | -178 | -214 | -258 | -335 | -445 | -585 | 2 | 4 | 5 | 7 | 13 | 19 |
| | | | | -54 | -79 | -104 | -144 | -172 | -210 | -254 | -310 | -400 | -525 | -690 | | | | | | |
| -27+Δ | 0 | | -43 | -63 | -92 | -122 | -170 | -202 | -248 | -300 | -365 | -470 | -620 | -800 | 3 | 4 | 6 | 7 | 15 | 23 |
| | | | | -65 | -100 | -134 | -190 | -228 | -280 | -340 | -415 | -535 | -700 | -900 | | | | | | |
| | | | | -68 | -108 | -146 | -210 | -252 | -310 | -380 | -465 | -600 | -780 | -1000 | | | | | | |
| -31+Δ | 0 | | -50 | -77 | -122 | -166 | -236 | -284 | -350 | -425 | -520 | -670 | -880 | -1150 | 3 | 4 | 6 | 9 | 17 | 26 |
| | | | | -80 | -130 | -180 | -258 | -310 | -385 | -470 | -575 | -740 | -960 | -1250 | | | | | | |
| | | | | -84 | -140 | -196 | -284 | -340 | -425 | -520 | -640 | -820 | -1050 | -1350 | | | | | | |
| -34+Δ | 0 | | -56 | -94 | -158 | -218 | -315 | -385 | -475 | -580 | -710 | -920 | -1200 | -1550 | 4 | 4 | 7 | 9 | 20 | 29 |
| | | | | -98 | -170 | -240 | -350 | -425 | -525 | -650 | -790 | -1000 | -1300 | -1700 | | | | | | |
| -37+Δ | 0 | | -62 | -108 | -190 | -268 | -390 | -475 | -590 | -730 | -900 | -1150 | -1500 | -1900 | 4 | 5 | 7 | 11 | 21 | 32 |
| | | | | -114 | -208 | -294 | -435 | -530 | -660 | -820 | -1000 | -1300 | -1650 | -2100 | | | | | | |
| -40+Δ | 0 | | -68 | -126 | -232 | -330 | -490 | -595 | -740 | -920 | -1100 | -1450 | -1850 | -2400 | 5 | 5 | 7 | 13 | 23 | 34 |
| | | | | -132 | -252 | -360 | -540 | -660 | -820 | -1000 | -1250 | -1600 | -2100 | -2600 | | | | | | |
| -44 | | | -78 | -150 | -280 | -400 | -600 | | | | | | | | | | | | | |
| | | | | -155 | -310 | -450 | -660 | | | | | | | | | | | | | |
| -50 | | | -88 | -175 | -340 | -500 | -740 | | | | | | | | | | | | | |
| | | | | -185 | -380 | -560 | -840 | | | | | | | | | | | | | |
| -56 | | | -100 | -210 | -430 | -620 | -940 | | | | | | | | | | | | | |
| | | | | -220 | -473 | -680 | -1050 | | | | | | | | | | | | | |
| -66 | | | -120 | -250 | -520 | -780 | -1150 | | | | | | | | | | | | | |
| | | | | -260 | -580 | -840 | -1300 | | | | | | | | | | | | | |
| -78 | | | -140 | -300 | -640 | -960 | -1450 | | | | | | | | | | | | | |
| | | | | -330 | -720 | -1050 | -1600 | | | | | | | | | | | | | |
| -92 | | | -170 | -370 | -820 | -1200 | -1850 | | | | | | | | | | | | | |
| | | | | -400 | -920 | -1350 | -2000 | | | | | | | | | | | | | |
| -110 | | | -195 | -440 | -1000 | -1500 | -2300 | | | | | | | | | | | | | |
| | | | | -460 | -1100 | -1650 | -2500 | | | | | | | | | | | | | |
| -135 | | | -240 | -550 | -1250 | -1900 | -2900 | | | | | | | | | | | | | |
| | | | | -580 | -1400 | -2100 | -3200 | | | | | | | | | | | | | |

1. 对于所有等级的基本偏差 A 和 B，以及 IT8 以上等级的基本偏差 N，不得将其用于小于或等于 1 mm 的公称尺寸。

2. 对于公差等级 JS7 至 JS11，如果 IT 值为奇数，则该值 $=\pm\dfrac{IT_n-1}{2}$。

**例 2-8**　查表确定 $\phi30H8/f7$ 和 $\phi30F8/h7$ 配合中孔、轴的极限偏差，计算两对配合的极限间隙，并绘制公差带图。

**解：** (1) 查表确定 $\phi30H8/f7$ 配合中的孔与轴的极限偏差：

公称尺寸 $\phi30$ 属于 $>18\sim30$ mm 尺寸段，由表 2-2 得

$$IT7 = 21 \ \mu m, \quad IT8 = 33 \ \mu m$$

对于基准孔 H8 的 $EI = 0$，有

$$ES = EI + IT8 = +33 \ \mu m$$

对于 f7，查表 2-3 得 $es = -20 \ \mu m$，有

$$ei = es - IT7 = -20 - 21 = -41 \ \mu m$$

由此可得：

$$\phi30H8 = \phi30^{+0.033}_{0}, \quad \phi30f7 = \phi30^{-0.020}_{-0.041}$$

(2) 查表确定 $\phi30F8/h7$ 配合中孔与轴的极限偏差：

对于 F8，由表 2-4 得 $EI = +20 \ \mu m$，有

$$ES = EI + IT8 = +20 + 33 = +53 \ \mu m$$

对于基准轴 h7 的 $es = 0$，有

$$ei = es - IT7 = -21 \ \mu m$$

由此可得：

$$\phi30F8 = \phi30^{+0.053}_{+0.020}, \quad \phi30h7 = \phi30^{0}_{-0.021}$$

(3) 计算 $\phi30H8/f7$ 和 $\phi30F8/h7$ 配合的极限间隙：

对于 $\phi30H8/f7$，有

$$X_{max} = ES - ei = +33 - (-41) = +74 \ \mu m$$

$$X_{min} = EI - es = 0 - (-20) = +20 \ \mu m$$

对于 $\phi30F8/h7$，有

$$X'_{max} = ES - ei = +53 - (-21) = +74 \ \mu m$$

$$X'_{min} = EI - es = +20 - 0 = +20 \ \mu m$$

(4) 用上面计算的极限偏差和极限间隙值绘制公差带图，如图 2-12 所示。

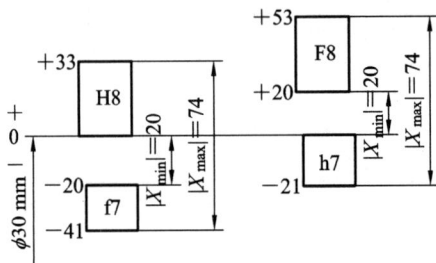

图 2-12　$\phi30H8/f7$ 和 $\phi30F8/h7$ 的公差带图

由上述计算和图 2-12 可见，$\phi30H8/f7$ 和 $\phi30F8/h7$ 两对配合的最大间隙和最小间隙均相等，即配合性质相同。

**例 2-9**　$\phi20$ 在 $>18\sim30$ mm 尺寸段，已知 IT6 $=$ 13 μm，IT7 $=$ 21 μm，$\phi20k6$ 的基本偏差是下极限偏差，且 ei $=$ +2 μm。试不用查表法，确定 $\phi20H7/k6$ 和 $\phi20K7/h6$ 两种配合的孔、轴极限偏差，计算极限间隙或过盈，并绘制公差带图。

**解**：要求解极限偏差，就必须知道标准公差和基本偏差。这里，标准公差是已知的，所以求出两个配合的 4 个基本偏差就行了。

(1) 确定 $\phi20H7/k6$：

从基准孔 $\phi20H7$ 开始，计算 7 级基准孔的基本偏差。由 EI $=$ 0，ES $=$ EI + IT7 $=$ +21 μm 可知，基准孔的极限偏差为 $\phi20^{+0.021}_{0}$。

对于 $\phi20k6$，已知 ei $=$ +2 μm，则

$$es = ei + IT6 = +2 + 13 = +15 \ \mu m$$

所以轴的极限偏差为 $\phi20^{+0.015}_{+0.002}$，配合代号为 $\phi20\dfrac{H7(^{+0.021}_{0})}{k6(^{+0.015}_{+0.002})}$。

得出结论：公差带交叠，过渡配合。

确定极限间隙或过盈：

$$X_{max} = ES - ei = +0.021 - (+0.002) = +0.019 \ mm$$

$$Y_{max} = EI - es = 0 - (+0.015) = -0.015 \ mm$$

(2) 确定 $\phi20K7/h6$：

从基准轴 $\phi20h6$ 开始，计算 6 级基准轴的基本偏差。由 es $=$ 0，ei $=$ es − IT6 $=$ −0.013 mm 可知，基准轴的极限偏差为 $\phi20^{0}_{-0.013}$。

$\phi20K7$ 是 7 级孔，属于过渡配合，它的标准公差小于 8 级，故与该孔对应轴 k7 的基本偏差符号相反，绝对值相差一个 $\varDelta$ 值。由于基本偏差与公差等级无关，故孔 K7 的基本偏差与轴 k6 的基本偏差一样。

K7 的基本偏差为上极限偏差，则有

$$\varDelta = IT7 - IT6 = 21 - 13 = 8 \ \mu m$$

k6 的基本偏差是下极限偏差，且 ei $=$ +2 μm，所以 K7 的基本偏差为 ei $=$ +2 μm，则

$$ES = -ei + \varDelta = -(+2) + 8 = +6 \ \mu m$$

孔的另一个极限偏差 EI 为

$$EI = ES - IT7 = +6 - 21 = -15 \ \mu m$$

所以该孔的极限偏差为 $\phi20^{+0.006}_{-0.015}$。配合代号是 $\phi20\dfrac{K7(^{+0.006}_{-0.015})}{h6(^{0}_{-0.013})}$。

得出结论：公差带交叠，过渡配合。

极限间隙或过盈：

$$X_{max} = ES - ei = +0.006 - (-0.013) = +0.019 \text{ mm}$$

$$Y_{max} = EI - es = (-0.015) - 0 = -0.015 \text{ mm}$$

由上述计算可知，$\phi20H7/k6$ 和 $\phi20K7/h6$ 两对同名配合的最大间隙和最大过盈相等，即配合性质相等。

(3) 本题的公差带图如图 2-13 所示。

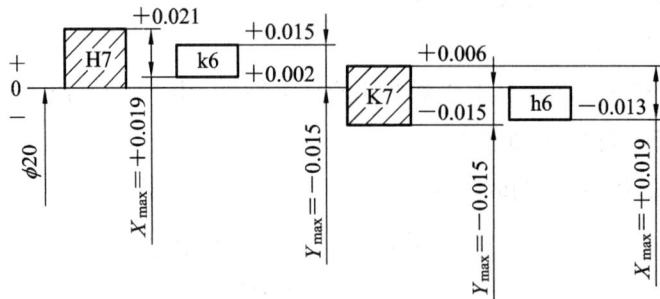

图 2-13　$\phi20H7/k6$ 和 $\phi20K7/h6$ 的公差带图

### 2.3.3　图样标注形式

公差带代号用基本偏差字母和标准公差等级数字表示，公差带相对零线的位置由基本偏差确定，公差带的大小由标准公差等级确定。例如 H7、F6、P5 等为孔的公差带代号，h7、f6、p5 等为轴的公差带代号。

配合代号用公称尺寸与孔、轴公差带代号表示，孔、轴公差带代号写成分数的形式，分子代表孔的公差带，分母代表轴的公差带，例如 $\phi60H8/f7$。

在零件图上，主要标注尺寸的上、下极限偏差数值，也可以附注基本偏差代号和公差等级。在装配图上主要标注配合代号，即标注孔、轴的基本偏差代号和公差等级，也可以附注上、下极限偏差数值。零件图上尺寸公差的标注和装配图上配合的标注分别如图 2-14 和图 2-15 所示。

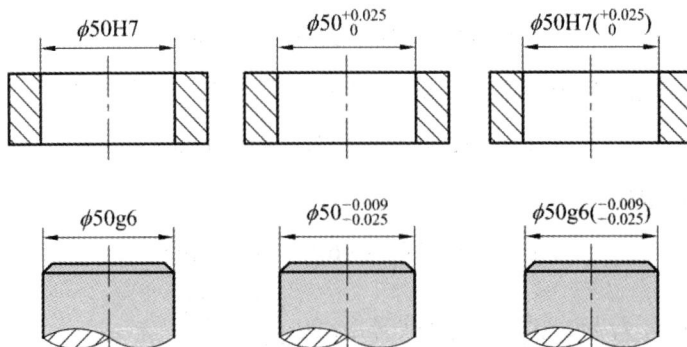

图 2-14　零件图上尺寸公差的标注实例

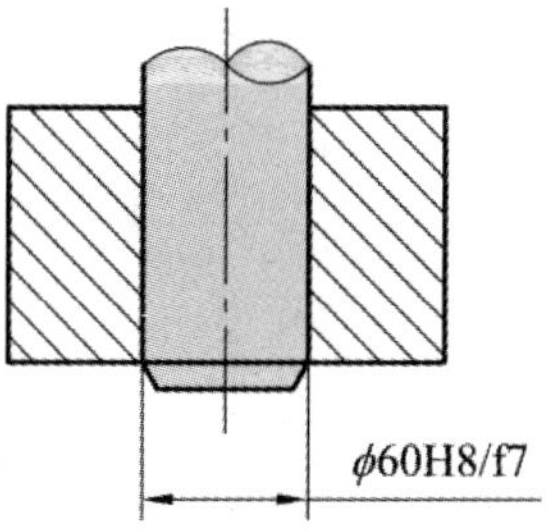

图 2-15　装配图上配合的标注实例

## 2.3.4　标准公差带与配合

国家标准中提供了 28 种基本偏差系列、20 种标准公差系列(公称尺寸小于等于 500 mm)和 18 种标准公差系列(公称尺寸介于 500 mm 至 3150 mm 之间),将任一基本偏差与任一标准公差组合,可以得到大小与位置不同的大量公差带。在公称尺寸≤500 mm 的范围内,孔的公差带有 543 个,轴的公差带有 544 个,可以组成 295 392 个配合形式。很明显,同时使用这么多的公差带与配合是不经济的,因此国家标准规定了一般、常用和优先的公差带与配合。

轴和孔的一般、常用和优先的公差带分别如图 2-16 和图 2-17 所示。方框中的公差带为常用公差带,圆框中的公差带为优先公差带。

在上述推荐的轴、孔公差带的基础上,国家标准还推荐了孔、轴公差带的组合。公称尺寸小于等于 500 mm,对基孔制和基轴制分别规定了常用配合与优先配合,分别如表 2-5 和表 2-6 所示,其中圈内为优先配合,其余为常用配合。

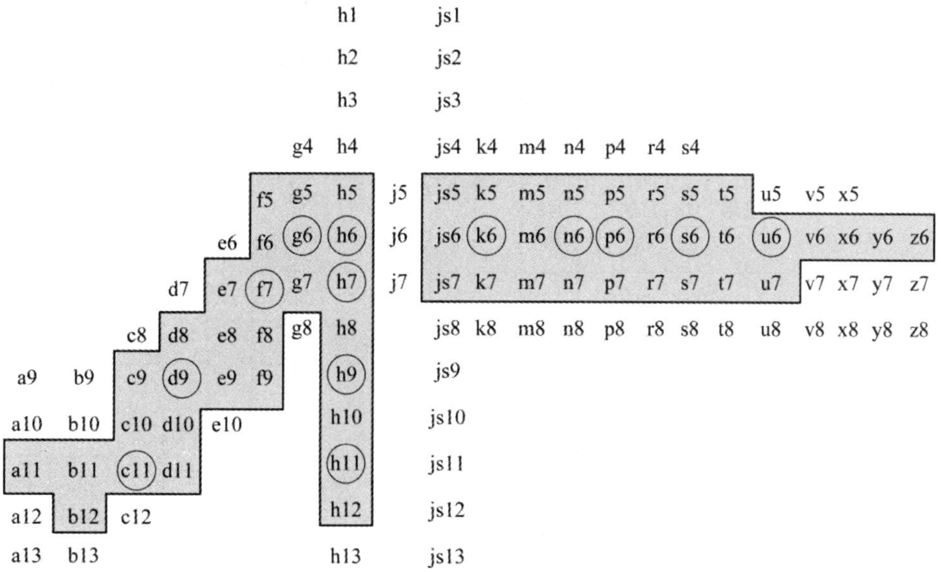

图 2-16　轴的一般、常用和优先的公差带

```
                              H1        JS1

                              H2        JS2

                              H3        JS3

                              H4        JS4 K4 M4

              G5  H5          JS5 K5 M5 N5    P5 R5 S5

         F6  G6  H6  J6       JS6 K6 M6 N6    P6 R6 S6 T6 U6 V6 X6 Y6 Z6

    D7 E7 F7 (G7)(H7) J7      JS7 (K7)M7 (N7)  (P7)R7 (S7)T7 (U7)V7 X7 Y7 Z7

   C8 D8 E8 (F8)G8 (H8) J8    JS8 K8 M8 N8     P8 R8 S8 T8 U8 V8 X8 Y8 Z8

A9 B9 C9 (D9)E9 F9 (H9)       JS9              N9 P9

A10 B10 C10 D10 E10 (H10)     JS10

A11 B11 (C11)D11 (H11)        JS11

A12 B12 C12 (H12)             JS12

                   H13        JS13
```

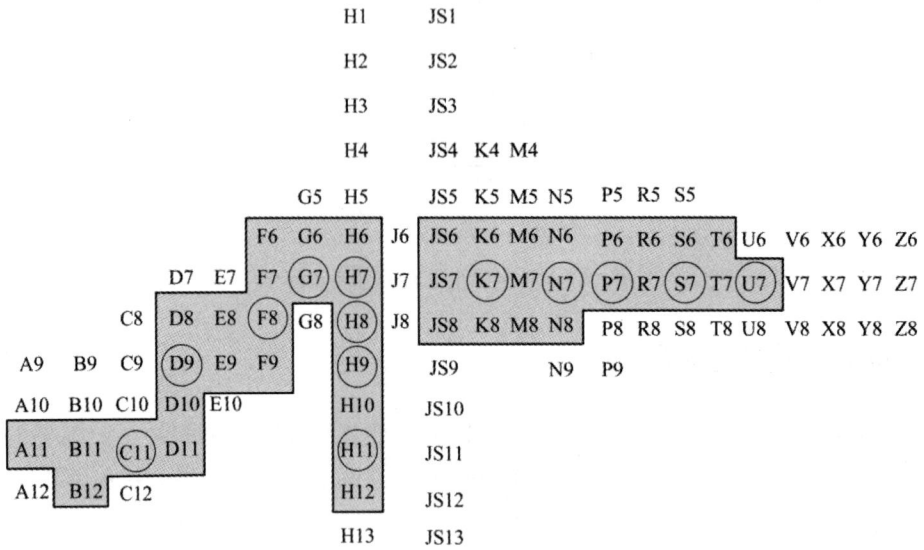

图 2-17　孔的一般、常用和优先的公差带

## 表 2-5　基孔制的常用配合和优先配合

| 基准孔 | 轴 | | | | | | | | | | | | | | | | | | |
|---|---|---|---|---|---|---|---|---|---|---|---|---|---|---|---|---|---|---|---|
| | a | b | c | d | e | f | g | h | js | k | m | n | p | r | s | t | u | v | x | y | z |
| | 间　隙　配　合 | | | | | | | | 过　渡　配　合 | | | | 过　盈　配　合 | | | | | | | |
| H6 | | | | | | $\frac{H6}{f5}$ | $\frac{H6}{g5}$ | $\frac{H6}{h5}$ | $\frac{H6}{js5}$ | $\frac{H6}{k5}$ | $\frac{H6}{m5}$ | $\frac{H6}{n5}$ | $\frac{H6}{p5}$ | $\frac{H6}{r5}$ | $\frac{H6}{s5}$ | $\frac{H6}{t5}$ | | | | | |
| H7 | | | | | | $\frac{H7}{f6}$ | $\left(\frac{H7}{g6}\right)$ | $\frac{H7}{h6}$ | $\frac{H7}{js6}$ | $\left(\frac{H7}{k6}\right)$ | $\frac{H7}{m6}$ | $\left(\frac{H7}{n6}\right)$ | $\left(\frac{H7}{p6}\right)$ | $\frac{H7}{r6}$ | $\left(\frac{H7}{s6}\right)$ | $\frac{H7}{t6}$ | $\left(\frac{H7}{u6}\right)$ | $\frac{H7}{v6}$ | $\frac{H7}{x6}$ | $\frac{H7}{y6}$ | $\frac{H7}{z6}$ |
| H8 | | | | $\frac{H8}{e7}$ | | $\left(\frac{H8}{f7}\right)$ | $\frac{H8}{g7}$ | $\left(\frac{H8}{h7}\right)$ | $\frac{H8}{js7}$ | $\frac{H8}{k7}$ | $\frac{H8}{m7}$ | $\frac{H8}{n7}$ | $\frac{H8}{p7}$ | $\frac{H8}{r7}$ | $\frac{H8}{s7}$ | $\frac{H8}{t7}$ | $\frac{H8}{u7}$ | | | | |
| | | | | $\frac{H8}{d8}$ | $\frac{H8}{e8}$ | $\frac{H8}{f8}$ | | $\frac{H8}{h8}$ | | | | | | | | | | | | | |
| H9 | | | $\frac{H9}{c9}$ | $\left(\frac{H9}{d9}\right)$ | $\frac{H9}{e9}$ | $\frac{H9}{f9}$ | | $\left(\frac{H9}{h9}\right)$ | | | | | | | | | | | | | |
| H10 | | | $\frac{H10}{c10}$ | $\frac{H10}{d10}$ | | | | $\frac{H10}{h10}$ | | | | | | | | | | | | | |
| H11 | $\frac{H11}{a11}$ | $\frac{H11}{b11}$ | $\left(\frac{H11}{c11}\right)$ | $\frac{H11}{d11}$ | | | | $\left(\frac{H11}{h11}\right)$ | | | | | | | | | | | | | |
| H12 | | $\frac{H12}{b12}$ | | | | | | $\frac{H12}{h12}$ | | | | | | | | | | | | | |

表 2-6 基轴制的常用配合和优先配合

| 基准轴 | 孔 | | | | | | | | | | | | | | | | | | | | | | | | |
|---|---|---|---|---|---|---|---|---|---|---|---|---|---|---|---|---|---|---|---|---|---|---|---|---|---|
| | A | B | C | D | E | F | G | H | JS | K | M | N | P | R | S | T | U | V | X | Y | Z |
| | 间 隙 配 合 | | | | | | | | 过 渡 配 合 | | | 过 盈 配 合 | | | | | | | | | |
| h5 | | | | | | $\frac{F6}{h5}$ | $\frac{G6}{h5}$ | $\frac{H6}{h5}$ | $\frac{JS6}{h5}$ | $\frac{K6}{h5}$ | $\frac{M6}{h5}$ | $\frac{N6}{h5}$ | $\frac{P6}{h5}$ | $\frac{R6}{h5}$ | $\frac{S6}{h5}$ | $\frac{T6}{h5}$ | | | | | |
| h6 | | | | | | $\frac{F7}{h6}$ | $\boxed{\frac{G7}{h6}}$ | $\boxed{\frac{H7}{h6}}$ | $\frac{JS7}{h6}$ | $\boxed{\frac{K7}{h6}}$ | $\frac{M7}{h6}$ | $\boxed{\frac{N7}{h6}}$ | $\boxed{\frac{P7}{h6}}$ | $\frac{R7}{h6}$ | $\boxed{\frac{S7}{h6}}$ | $\frac{T7}{h6}$ | $\boxed{\frac{U7}{h6}}$ | | | | |
| h7 | | | | | $\frac{E8}{h7}$ | $\boxed{\frac{F8}{h7}}$ | $\frac{G8}{h7}$ | $\boxed{\frac{H8}{h7}}$ | $\frac{JS8}{h7}$ | $\frac{K8}{h7}$ | $\frac{M8}{h7}$ | $\frac{N8}{h7}$ | | | | | | | | | |
| h8 | | | | $\frac{D8}{h8}$ | $\frac{E8}{h8}$ | $\frac{F8}{h8}$ | | $\frac{H8}{h8}$ | | | | | | | | | | | | | |
| h9 | | | | $\boxed{\frac{D9}{h9}}$ | $\frac{E9}{h9}$ | $\frac{F9}{h9}$ | | $\boxed{\frac{H9}{h9}}$ | | | | | | | | | | | | | |
| h10 | | | | $\frac{D10}{h10}$ | | | | $\frac{H10}{h10}$ | | | | | | | | | | | | | |
| h11 | $\frac{A11}{h11}$ | $\frac{B11}{h11}$ | $\boxed{\frac{C11}{h11}}$ | $\frac{D11}{h11}$ | | | | $\boxed{\frac{H11}{h11}}$ | | | | | | | | | | | | | |
| h12 | | $\frac{B12}{h12}$ | | | | | | $\frac{H12}{h12}$ | | | | | | | | | | | | | |

## 2.3.5 一般公差

一般公差也称为未注公差。线性尺寸的未注公差是指在车间普通工艺条件下机床设备一般加工能力可保证的公差。GB/T 1804 对线性尺寸的未注公差进行了规定，公差等级分为 f、m、c、v 四个。线性尺寸的未注公差的极限偏差数值如表 2-7 所示。倒圆半径与倒角高度尺寸极限偏差数值如表 2-8 所示。

表 2-7 线性尺寸的未注公差的极限偏差数值

| 公差等级 | | 尺寸分段的极限偏差/mm | | | | | | | |
|---|---|---|---|---|---|---|---|---|---|
| 等级符号 | 属性 | 0.5~3 | >3~6 | >6~30 | >30~120 | >120~400 | >400~1000 | >1000~2000 | >2000~4000 |
| f | 精密 | ±0.05 | ±0.05 | ±0.1 | ±0.015 | ±0.2 | ±0.3 | ±0.5 | — |
| m | 中等 | ±0.1 | ±0.1 | ±0.2 | ±0.3 | ±0.5 | ±0.8 | ±1.2 | ±2 |
| c | 粗糙 | ±0.2 | ±0.3 | ±0.5 | ±0.8 | ±1.2 | ±2 | ±3 | ±4 |
| v | 最粗糙 | — | ±0.5 | ±1 | ±1.5 | ±2.5 | ±4 | ±6 | ±6 |

表 2-8　倒圆半径与倒角高度尺寸极限偏差数值

| 公差等级 | | 尺寸分段的极限偏差/mm | | | |
|---|---|---|---|---|---|
| 等级符号 | 属性 | 0.5～3 | >3～6 | >6～30 | >30 |
| f | 精密 | ±0.2 | ±0.5 | ±1 | ±2 |
| m | 中等 | | | | |
| c | 粗糙 | ±0.4 | ±1 | ±2 | ±4 |
| v | 最粗糙 | | | | |

无论是孔或轴，其未注公差的极限偏差取值都采用了对称分布的公差带。线性尺寸的未注公差用于标准公差等级较低的非配合尺寸。当采用未注公差时，在图样上只标注公称尺寸，不标注极限偏差，在图样的技术要求或者有关技术文件中，用标准号和公差等级代号进行表示，标注示例如图 2-18 所示。图 2-18 中，当选用精密级 f 时，表示为 GB/T 1804—f。

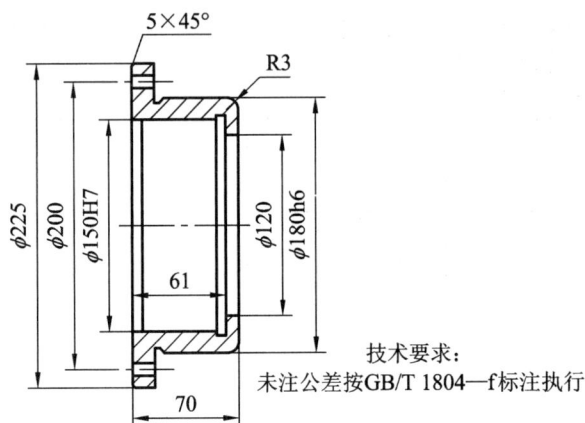

图 2-18　未注公差的图样标注示例

# 2.4　公差与配合的选择

公差与配合的选择是机械设计与制造中的一个重要环节。该环节是在公称尺寸已经确定的情况下进行的尺寸精度设计，其内容包括基准制、公差等级和配合种类的选择三个方面。公差与配合的选择是否恰当，对产品的性能、质量、互换性及经济性有着重要的影响。选择的原则是在满足使用要求的前提下获得最佳的技术经济效益。

## 2.4.1　基准制的选择

选择基准制时，应该从结构、工艺性和经济性几个方面综合分析考虑，具体说明如下。

### 1. 优先选用基孔制

选用基孔制可以减少孔用定值刀具和量具等的数目。加工孔的刀具多是定值刀具，一个公差带就需要对应一个加工刀具，同时也需要一个对应的量具，改变了孔的尺寸，则会增加刀具和量具的数目。

### 2. 选用基轴制的情况

直接使用有一定公差等级的冷拔钢材做轴时，轴不需再进行机械加工，因此选择基轴制时经济性能最好。

根据结构上的需要，在同一公称尺寸的轴上装配有不同配合要求的几个孔件时，应采用基轴制。如图 2-19(a)所示，发动机的活塞销与连杆套孔和活塞孔之间的配合选用基轴制，因为若采用基孔制配合，活塞销将做成阶梯状，如图 2-19(b)所示。若采用基轴制配合，活塞销将做成光轴，如图 2-19(c)所示。采用基轴制配合，有利于轴的加工，而且能够保证它们在装配中的配合质量。

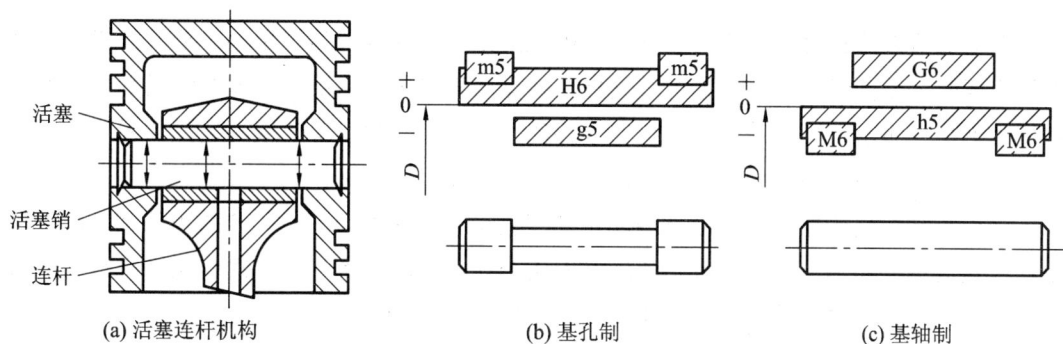

图 2-19　基准制的选择(一)

### 3. 与标准件配合

若与标准件配合，应以标准件为基准件，来确定采用基孔制还是基轴制。例如，滚动轴承外圈与箱体孔的配合应该采用基轴制，滚动轴承内圈与轴的配合应采用基孔制。

### 4. 非基准制的配合

非基准制的配合是指相配合的两个零件既无基准孔 H 又无基准轴 h。当一个孔与几个轴相配合或一个轴与几个孔相配合，其配合要求各不相同时，有的配合会呈现非基准制的配合，如图 2-20 所示。

在箱体孔中装配有滚动轴承和轴承端盖，由于滚动轴承是标准件，它与箱体的配合是基轴制配合，箱体孔的公差带代号为 J7，这时如果轴承端盖与箱体孔的配合也要坚持基轴制，则配合为 J/h，属于过渡配合。但由于轴承端盖需要经常拆卸，显然这种配合过于紧密，此时应该选用间隙配合。轴承端盖公差带不能用 h，只能选择非基准轴公差带，考虑到轴承端盖的性能要求和加工的经济性，采用公差等级 9 级，最后选择轴承端盖与箱体孔之间的配合为 J7/f9。

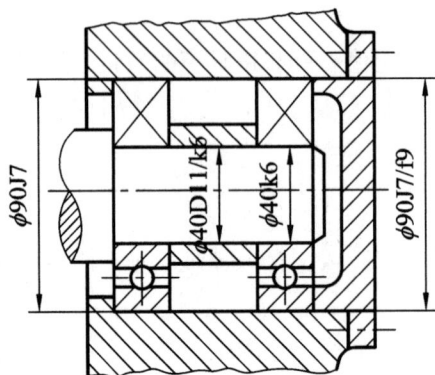

图 2-20　基准制的选择(二)

## 2.4.2　公差等级的选择

公差等级的选择是一项重要、又比较困难的工作，因为公差等级的高低直接影响产品使用性能和加工的经济性。公差等级过低，产品质量得不到保证；公差等级过高，将使制造成本增加。事实上，公差反映了机器零件的使用要求与制造工艺成本之间的矛盾，所以应兼顾这两个方面的要求，正确合理地选用公差等级。

选用公差等级的原则是：在充分满足使用要求的前提下，考虑工艺的可能性，尽量选用精度较低的公差等级。公差等级的选择常用类比法，即参考生产实践中总结出来的经验资料，进行比较选择。选择时应考虑如下几个方面：

(1) 考虑标准规定。公称尺寸小于 500 mm 时，一般采用常用配合的公差等级，即 6、7、8 级孔分别与 5、6、7 级轴配合。

(2) 考虑常用尺寸公差等级的应用。一般来说，配合特别精密，选 IT2～IT5；一般配合，选 IT5～IT11；非配合尺寸，选 IT12～IT18，即线性尺寸未注公差的公差等级范围。

表 2-9 为特殊用途下公差等级的选用依据。表 2-10 为常用尺寸公差等级的应用。

**表 2-9　特殊用途下公差等级的选用依据**

| 公差等级 | 应　　　用 |
| --- | --- |
| IT01～IT1 | 用于量具、量块的生产 |
| IT1～IT7 | 用于 IT6 至 IT16 等级量规的生产 |
| IT5～IT12 | 适用于精密工程和一般工程 |
| IT8～IT14 | 用于生产半成品或材料 |
| IT12～IT18 | 用于非装配场合 |

表 2-10 常用尺寸公差等级的应用

| 公差等级 | 应 用 |
|---|---|
| IT5 | 主要应用在对配合公差、形状公差要求很小的地方。一般在机床、发动机、仪表等重要部位应用。例如：与 5 级滚动轴承配合的箱体孔；与 6 级滚动轴承配合的机床主轴、机床尾座与套筒、精密机械及高速机械中轴、精密丝杠轴等 |
| IT6 | 配合性质能达到较高的均匀性。例如：与 6 级滚动轴承配合的孔、轴；与齿轮、涡轮、联轴器、带轮、凸轮等连接的轴，机床丝杠轴，摇臂钻床立柱，机床夹具中导向件外径尺寸；6 级精度齿轮的基准孔，7、8 级精度齿轮基准轴 |
| IT7 | 7 级精度比 6 级稍低，应用条件与 6 级基本相似，在一般机械制造中应用较为普遍。例如：联轴器、带轮、凸轮等孔；机床卡盘座孔，夹具中固定钻套、可换钻套；7、8 级齿轮基准孔，9、10 级齿轮基准轴 |
| IT8 | 在机械制造中属于中等精度。例如：轴承座衬套沿宽度方向尺寸；9～12 级齿轮基准孔，11、12 级齿轮基准轴 |
| IT9～IT10 | 主要用于机械制造中轴套外径与孔，操纵件与轴，带轮与轴，单键与花键 |
| IT11～IT12 | 配合精度很低，装配后可能产生很大间隙，适用于基本上没有配合要求的场合。例如：机床上法兰盘与止口，滑块、滑移齿轮，加工中工序间尺寸，冲压加工的配合件，机床制造中的扳手孔与扳手座的连接 |

在选用标准公差等级时，还应注意以下几个方面的因素。

(1) 相互配合的孔和轴的工艺等价性。孔和轴的工艺等价性是指将孔与轴的加工难易程度视为相当。在常用尺寸段内，对于较高精度的配合，孔比同级轴的加工困难，孔的加工成本更高。为了使相互配合的孔和轴的工艺等价，当公差等级≤IT8 时，孔比轴的公差等级低一级，如 H7/n6、P6/h5；当公差等级＞IT8 时，孔与轴的公差等级同级，如 H9/e9、F8/h8。

(2) 相互配合的零件精度的匹配性。在齿轮基准孔与轴的配合中，它们的公差等级由相关齿轮的公差等级确定；轴承座孔和轴径的公差等级取决于与其配合的滚动轴承的公差等级。

(3) 对生产制造成本的控制。在满足使用性能的前提下降低生产成本，应尽可能地降低不重要的配合件的公差等级。例如，齿轮轴的轴承端盖与轴承座孔配合，按照工艺等价原则，轴承端盖外径公差等级应为 IT7(加工成本较高)。考虑到轴承端盖与轴承座孔之间只要求自由装配，为具有较大间隙量的间隙配合，此时可选择公差等级为 IT9 的轴承端盖，可以有效降低制造成本。

### 2.4.3 配合类型的选择

配合类型的选择就是在确定了基准制的基础上，根据使用中允许间隙或过盈的大小及其变化范围，选定非基准件的基本偏差代号，同时确定基准件与非基准件的公差等级。配合种类的选择原则是：拆装频率越高，定心精度要求越低，间隙量越大；传递转矩越大，过盈量越大。

选择间隙配合、过渡配合或过盈配合时，应根据具体的使用要求确定。例如：孔、轴有相对运动要求时，必须选择间隙配合；当孔、轴无相对运动要求时，应根据具体工作条件的不同确定过盈配合、过渡配合或间隙配合。确定配合种类后，应尽可能选择优先配合，其次是常用配合，最后是一般配合。如果仍不能满足要求，可以选择其他类型配合。

选定配合的方法有三种：计算法、试验法和类比法。

计算法就是根据理论公式，计算出满足使用要求的间隙或过盈的大小，从而选定配合的方法。例如：根据液体润滑理论，计算保证液体摩擦状态所需要的最小间隙；根据弹塑性变形理论，计算出能够保证传递一定负载所需要的最小过盈和不使零件破坏的最大过盈。由于影响间隙和过盈的因素很多，理论计算的只是近似结果，所以实际使用的时候还需要经过试验来确定。一般情况下，很少使用计算法。

试验法就是用试验的方法确定满足产品工作性能的间隙或过盈范围。该方法主要用于对产品性能影响大而又缺乏经验的场合。试验法比较可靠，但是周期长、成本高，只应用于非常重要的场合。

类比法就是参照同类型机器或机构中经过生产实践验证的配合的实际情况，结合所设计产品的使用要求和应用条件来确定配合。该方法应用最为广泛。用类比法选择配合，首先需要掌握各种配合的特征和应用场合，尤其是对国家标准所规定的常用与优先配合要更为熟悉。

间隙配合通常由基本偏差代号 a～h(或 A～H)与基准孔(或基准轴)形成，主要用于配合件有相对运动或需要方便拆装的配合场景。

过渡配合通常由基本偏差代号 js～n(或 JS～N)与基准孔(或基准轴)形成，主要用于配合件有精确定位或便于拆装的相对静止的配合场景。

过盈配合通常由基本偏差代号 p～zc(或 P～ZC)与基准孔(或基准轴)形成，主要用于配合件间没有相对运动且需传递一定转矩的配合场景。过盈量不大时，主要借助键连接传递转矩，可拆卸。过盈量大时，主要靠结合力传递转矩，不便拆卸。

表 2-11 列出了常见尺寸段中基孔制常用配合的特征和应用场合。

**表 2-11 常用尺寸段中基孔制常用配合的特征与应用场合**

| 配合类别 | 配合特征 | 配合代号 | 应用场合 |
|---|---|---|---|
| 间隙配合 | 特大间隙 | $\dfrac{H11}{a11}$ $\dfrac{H11}{b11}$ $\dfrac{H12}{b12}$ | 用于高温或工作要求大间隙的配合 |
| | 很大间隙 | $\dfrac{H11}{c11}$ $\dfrac{H11}{d11}$ | 用于工作条件较差、受力变形的配合,或用于便于装配而需要大间隙的配合和高温工作的配合 |
| | 较大间隙 | $\dfrac{H9}{c9}$ $\dfrac{H10}{c10}$ $\dfrac{H8}{d8}$ $\dfrac{H9}{d9}$ $\dfrac{H10}{d10}$ $\dfrac{H8}{e7}$ $\dfrac{H8}{e8}$ $\dfrac{H9}{e9}$ | 用于高速重载的滑动轴承或大直径的滑动轴承,也可用于大跨距或多支点支承的配合 |
| | 一般间隙 | $\dfrac{H6}{f5}$ $\dfrac{H7}{f6}$ $\dfrac{H8}{f7}$ $\dfrac{H8}{f8}$ $\dfrac{H9}{f9}$ | 用于一般转速的间隙配合。温度影响不大时,广泛应用于普通润滑油润滑的支承处 |
| | 较小间隙 | $\dfrac{H6}{g5}$ $\dfrac{H7}{g6}$ $\dfrac{H8}{g7}$ | 用于精密滑动零件或缓慢回转零件的配合部位 |
| | 零间隙 | $\dfrac{H6}{h5}$ $\dfrac{H7}{h6}$ $\dfrac{H8}{h7}$ $\dfrac{H8}{h8}$ $\dfrac{H9}{h9}$ $\dfrac{H10}{h10}$ $\dfrac{H11}{h11}$ $\dfrac{H12}{h12}$ | 用于不同精度要求的一般定位件的配合以及缓慢移动和摆动的配合 |
| 过渡配合 | 绝大部分有微小间隙 | $\dfrac{H6}{js5}$ $\dfrac{H7}{js6}$ $\dfrac{H8}{js7}$ | 用于易于装拆的定位配合或加紧固件后可传递一定静载荷的配合 |
| | 大部分有微小间隙 | $\dfrac{H6}{k5}$ $\dfrac{H7}{k6}$ $\dfrac{H8}{k7}$ | 用于稍有振动的定位配合或加紧固件后可传递一定静载荷的配合。拆装方便,可用木锤敲入 |
| | 大部分有微小过盈 | $\dfrac{H6}{m5}$ $\dfrac{H7}{m6}$ $\dfrac{H8}{m7}$ | 用于定位精度较高且能抗振的定位配合。加键可传递较大载荷。可用铜锤敲入或小压力压入 |
| | 绝大部分有微小过盈 | $\dfrac{H7}{n6}$ $\dfrac{H8}{n7}$ | 用于精确定位或紧密组合件的配合。加键能传递大力矩或冲击性载荷。只在大修时拆卸 |
| | 绝大部分有较小过盈 | $\dfrac{H8}{p7}$ | 加键后能传递很大力矩,用于承受振动和冲击的配合。装配后不再拆卸 |
| 过盈配合 | 轻型 | $\dfrac{H6}{n5}$ $\dfrac{H6}{p5}$ $\dfrac{H7}{p6}$ $\dfrac{H6}{r5}$ $\dfrac{H7}{r6}$ $\dfrac{H8}{r7}$ | 用于精确的定位配合,一般不能靠过盈传递力矩。要传递力矩需要加紧固件 |
| | 中型 | $\dfrac{H6}{s5}$ $\dfrac{H7}{s6}$ $\dfrac{H8}{s7}$ $\dfrac{H6}{t5}$ $\dfrac{H7}{t6}$ $\dfrac{H8}{t7}$ | 不需要加紧固件就可以传递较小力矩和进给力。加紧固件后可承受较大载荷或动载荷 |
| | 重型 | $\dfrac{H7}{u6}$ $\dfrac{H8}{u7}$ $\dfrac{H7}{v6}$ | 不需要加紧固件就可以传递和承受大的力矩和动载荷。要求零件材料有高强度 |
| | 特重型 | $\dfrac{H7}{x6}$ $\dfrac{H7}{y6}$ $\dfrac{H7}{z6}$ | 能传递和承受很大力矩和动载荷,须经试验后应用 |

零件的工作条件是选择配合的重要依据。用类比法选择配合种类时,工作条件改变时,对配合的松紧程度应进行适当的调整。因此,必须充分分析具体工作条件和使用要求,考

虑工件的运动速度、受载情况、润滑条件、温度变化、配合重要性、装卸条件和材料的力学性能，可参考表 2-12 对结合件配合的间隙量或过盈量的绝对值进行适当调整。

**表 2-12　工作情况对过盈或间隙的影响**

| 具体情况 | 过盈量 | 间隙量 |
|---|---|---|
| 材料许用应力小 | 减小 | — |
| 经常拆卸 | 减小 | — |
| 尺寸较大 | 减小 | 增大 |
| 工作时孔温高于轴温 | 增大 | 减小 |
| 工作时轴温高于孔温 | 减小 | 增大 |
| 冲击载荷 | 增大 | 减小 |
| 配合长度大 | 减小 | 增大 |
| 配合面几何误差大 | 减小 | 增大 |
| 装配时可能歪斜 | 减小 | 增大 |
| 旋转速度高 | 增大 | 增大 |
| 有轴向运动 | — | 增大 |
| 润滑油黏度大 | — | 增大 |
| 装配精度高 | 减小 | 减小 |
| 表面粗糙度低 | 增大 | 减小 |

# 2.5　公差与配合案例分析

## 2.5.1　计算案例

利用计算和查表的方法进行公差与配合的设计分析，其基本步骤如下：

第一步：根据极限间隙或极限过盈确定配合公差，将配合公差合理分配给孔和轴的公差，查找孔、轴标准公差数值表，确定孔和轴的标准公差等级和标准公差数值。

第二步：根据极限间隙或极限过盈的范围，求解与基准孔或基准轴配合的轴或孔的基本偏差范围，查孔、轴的基本偏差数值表，确定其基本偏差代号和孔、轴的配合代号。

第三步：校核计算设计的孔、轴配合形成的极限间隙或极限过盈是否满足技术指标要求，从而确定尺寸公差与配合设计的合理性。

**例 2-10**　某滑动轴承机构由轴承和轴组成，配合的公称尺寸为 $\phi 80$ mm。根据使用要求，允许的最大间隙 $[X_{max}] = +110$ μm，允许的最小间隙 $[X_{min}] = +30$ μm。确定基孔制配合时的轴承内圈套孔与配合的轴的公差带代号和配合代号，并绘制公差带图。

**解：**(1) 确定孔、轴标准公差等级。

由给定条件，得到配合公差的允许值为

$$[T_f] = |[X_{max}] - [X_{min}]| = 80 \ \mu m$$

并且满足

$$[T_f] \geqslant [T_D] + [T_d]$$

已知公称尺寸在尺寸段 50～80 mm，查表 2-2，得孔、轴的标准公差等级和标准公差数值为

$$T_D = IT8 = 46 \ \mu m, \quad T_d = IT7 = 30 \ \mu m$$

(2) 确定基本偏差代号。

采用基孔制，所以孔的基本偏差为下极限偏差，基本偏差代号为 H，孔的下极限偏差 EI = 0，孔的上极限偏差 ES = +46 μm，孔的公差带代号为 H8。

满足使用要求的配合为间隙配合，根据如图 2-6(a)所示的间隙配合的(尺寸)公差带图中孔、轴公差带的位置关系，可以确定轴的基本偏差为上极限偏差。

轴的基本偏差 es 与极限间隙数值和标准公差数值存在如下关系：

$$X_{max} = ES - ei \leqslant [X_{max}] = +110 \ \mu m$$

$$X_{min} = EI - es \geqslant [X_{min}] = +30 \ \mu m$$

$$T_d = es - ei = IT7 = 30 \ \mu m$$

联立以上公式可以求得轴的基本偏差满足如下关系：

$$ES + T_d - [X_{max}] \leqslant es \leqslant EI - [X_{min}]$$

即

$$-34 \ \mu m \leqslant es \leqslant -30 \ \mu m$$

已知公称尺寸在尺寸段 65～80 mm，查表 2-3，取轴的基本偏差代号为 f，则其公差带代号为 f7。

轴的基本偏差为上极限偏差，即 es = −30 μm，轴的下极限偏差 ei = es − $T_d$ = −60 μm。

(3) 校核计算。

$$X_{max} = ES - ei = +106 \ \mu m \leqslant [X_{max}] = +110 \ \mu m$$

$$X_{min} = EI - es = +30 \ \mu m \geqslant [X_{min}] = +30 \ \mu m$$

计算结果表明，所得孔、轴极限偏差满足技术要求，配合代号为 $\phi$80H8/f7。

(4) 尺寸公差带图如图 2-21 所示。

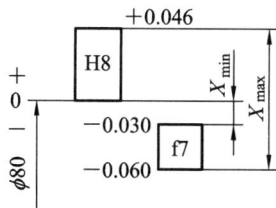

图 2-21 $\phi$80H8/f7 的公差带图

**例 2-11** 某一对孔和轴形成过盈配合，配合的公称尺寸为 $\phi90$ mm。根据使用要求，允许的最大过盈 $[Y_{max}] = -75$ μm，允许的最小间隙 $[Y_{min}] = -15$ μm。确定基轴制配合时孔与轴的公差带代号和配合代号，并绘制公差带图。

**解：**(1) 确定孔、轴标准公差等级。

由给定条件，得到配合公差的允许值为

$$[T_f] = |[Y_{min}] - [Y_{max}]| = 60 \text{ μm}$$

并且满足

$$[T_f] \geqslant [T_D] + [T_d]$$

已知公称尺寸在尺寸段 80～120 mm，查表 2-2，得孔、轴的标准公差等级和标准公差数值为

$$T_D = IT7 = 35 \text{ μm}, \quad T_d = IT6 = 22 \text{ μm}$$

(2) 确定基本偏差代号。

采用基轴制，所以轴的基本偏差为上极限偏差，基本偏差代号为 h，轴的上极限偏差 es = 0，轴的下极限偏差 ei = −22 μm，轴的公差带代号为 h6。

满足使用要求的配合为过盈配合，根据如图 2-6(b)所示的过盈配合的尺寸公差带图中的孔、轴公差带的位置关系，可以确定孔的基本偏差为上极限偏差。

孔的基本偏差 ES 与极限过盈数值和标准公差数值存在如下关系：

$$Y_{min} = ES - ei \leqslant [Y_{min}] = -15 \text{ μm}$$

$$Y_{max} = EI - es \geqslant [Y_{max}] = -75 \text{ μm}$$

$$T_D = ES - EI = IT7 = 35 \text{ μm}$$

联立上述式子，求得孔的基本偏差满足如下关系：

$$es + T_D + [Y_{max}] \leqslant ES \leqslant ei + [Y_{min}]$$

即

$$-40 \text{ μm} \leqslant ES \leqslant -37 \text{ μm}$$

由于孔的公差等级为 IT7，公差等级≤IT7 属于特殊情况，需要将大于 IT7 的孔的基本偏差数值上加 $\varDelta$，$\varDelta = IT7 - IT6 = 13$ μm。

已知公称尺寸在尺寸段 80～100 mm，为满足使用要求，查表 2-4，取孔的基本偏差代号为 R，则其公差带代号为 R7。

孔的基本偏差为上极限偏差，即 ES = −51 μm + 13 μm = −38 μm；

孔的下极限偏差为 EI = ES − $T_D$ = −73 μm。

(3) 校核计算。

$$Y_{min} = ES - ei = -16 \text{ μm} \leqslant [Y_{min}] = -15 \text{ μm}$$

$$Y_{max} = EI - es = -73 \text{ μm} \geqslant [Y_{max}] = -75 \text{ μm}$$

计算结果表明，所得孔、轴极限偏差满足技术要求，配合代号为 $\phi90R7/h6$。

(4) 尺寸公差带图如图 2-22 所示。

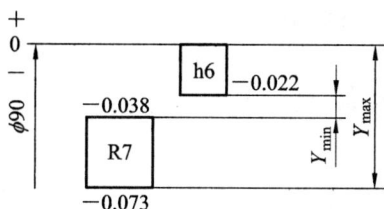

图 2-22　$\phi 90R7/h6$ 的公差带图

**例 2-12**　某一对孔和轴形成过渡配合，配合的公称尺寸为 $\phi 50$ mm。根据使用要求，允许的最大间隙 $[X_{max}] = +32$ μm，允许的最大过盈 $[Y_{max}] = -14$ μm。确定基孔制配合时孔与轴的公差带代号和配合代号，并绘制公差带图。

**解**：(1) 确定孔、轴标准公差等级。

由给定条件，得到配合公差的允许值为

$$[T_f] = |[X_{max}] - [Y_{max}]| = 46 \text{ μm}$$

并且满足

$$[T_f] \geqslant [T_D] + [T_d]$$

已知公称尺寸在尺寸段 30～50 mm，查表 2-2，得孔、轴的标准公差等级和标准公差数值为

$$T_D = \text{IT7} = 25 \text{ μm}, \quad T_d = \text{IT6} = 16 \text{ μm}$$

(2) 确定基本偏差代号。

采用基孔制，所以孔的基本偏差为下极限偏差，基本偏差代号为 H，孔的下极限偏差 EI = 0，孔的上极限偏差 ES = +25 μm，孔的公差带代号为 H7。

满足使用要求的配合为过渡配合，根据过渡配合的尺寸公差带图中孔、轴公差带的位置关系，可以确定轴的基本偏差为下极限偏差。

轴的基本偏差 ei 与极限间隙数值、极限过盈数值和标准公差数值存在如下关系：

$$X_{max} = \text{ES} - \text{ei} \leqslant [X_{max}] = +32 \text{ μm}$$

$$Y_{max} = \text{EI} - \text{es} \geqslant [Y_{max}] = -14 \text{ μm}$$

$$T_d = \text{es} - \text{ei} = \text{IT6} = 16 \text{ μm}$$

联立上述式子可以求得轴的基本偏差满足如下关系：

$$\text{ES} - [X_{max}] \leqslant \text{ei} \leqslant \text{EI} - \text{IT6} - [Y_{max}]$$

即

$$-7 \text{ μm} \leqslant \text{ei} \leqslant -2 \text{ μm}$$

已知公称尺寸在尺寸段 40～50 mm，为满足使用要求，查表 2-3，取轴的基本偏差代号为 j，则其公差带代号为 j6。

轴的基本偏差为下极限偏差，即 ei = -5 μm；

轴的上极限偏差为 es = ei + $T_d$ = +11 μm。

(3) 校核计算。

$$X_{max} = ES - ei = +30\ \mu m \leqslant [X_{max}] = +32\ \mu m$$

$$Y_{max} = EI - es = -11\ \mu m \geqslant [Y_{max}] = -14\ \mu m$$

计算结果表明，所得孔、轴极限偏差满足技术要求，配合代号为 $\phi$50H7/j6。

(4) 尺寸公差带图如图 2-23 所示。

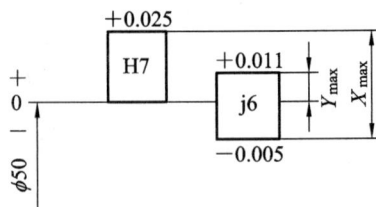

图 2-23　$\phi$50H7/j6 的公差带图

### 2.5.2　类比案例

为了便于在实际工程设计中合理地确定配合，通常会根据实际工程中的典型应用(如表 2-11 中所述)，按照类比法进行配合选用。此处详细举例某些配合在实际工程中的典型应用，其可作为基于类比法设计尺寸精度的参考资料。

#### 1. 间隙配合的选用

基准孔 H(或基准轴 h)与相应公差等级轴的基本偏差代号 a～h(或孔的基本偏差代号 A～H)形成间隙配合，共 11 种，其中 H/a(或 A/h)组成的配合间隙最大，H/h 组成的配合间隙最小。

(1) H/a(或 A/h)、H/b(或 B/h)、H/c(或 C/h)三种配合，配合间隙很大，常用在工作条件较差、要求灵活动作的机械上，或在受力变形较大、要保证装配方便的情况下使用。例如，起重机吊钩的铰链的配合为 H12/b12，如图 2-24 所示。

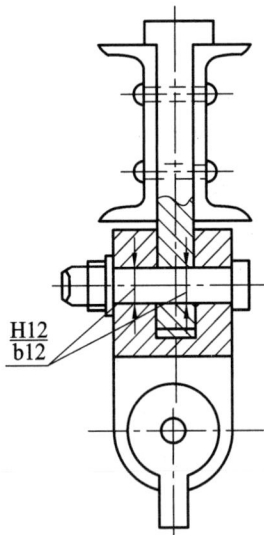

图 2-24　起重机吊钩的铰链配合 H12/b12

(2) H/d(或 D/h)、H/e(或 E/h)两种配合，配合间隙较大，常用于要求不高且易于转动的支承。H/d(或 D/h)常用于密封盖、滑轮和空转带轮等与轴的配合，也适用于大直径滑动轴承的配合。例如，滑轮与轴的配合为 H8/d8，如图 2-25 所示。H/e(或 E/h)常用于高速重载的支承、大跨度支承、多支点支承等配合，如大型的发电机和电动机的支承、大型凸轮轴的支承等。例如，内燃机主轴轴承的配合为 H7/e6，如图 2-26 所示。

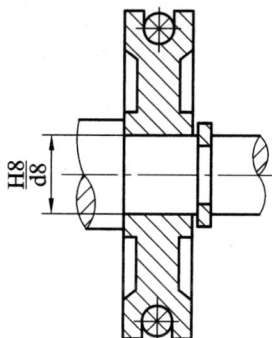

图 2-25　滑轮与轴的配合 H8/d8

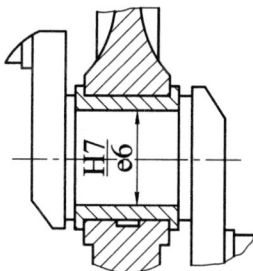

图 2-26　内燃机主轴轴承的配合 H7/e6

(3) H/f(或 F/h)配合，配合间隙适中，公差等级为 IT7～IT9，常用于一般传动配合，如车床、铣床、钻床等各传动部分的轴承，汽车发动机中的曲拐轴和连杆机构用轴承，减速器和涡轮传动中的轴承。

(4) H/g(或 G/h)配合，配合间隙很小，除了用于很轻负荷的精密机构，一般不用作传动配合。此配合常用于作往复摆动和滑动的精密配合，例如，精密连杆轴承、活塞及滑阀的配合，精密机床的主轴与轴承的配合，插销等定位配合等。例如，钻套与衬套的配合 H7/g6，如图 2-27 所示。

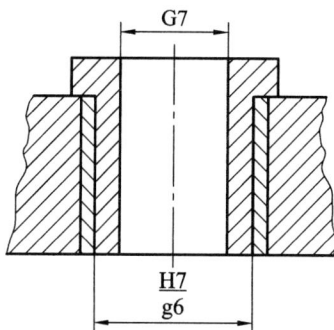

图 2-27　钻套与衬套的配合 H7/g6

(5) H/h 配合，配合间隙最小，常用于无相对转动且有定心和导向要求的定位配合。推荐配合有 H6/h5、H7/h6、H8/h7、H9/h9、H11/h11。例如，车床尾座顶尖套筒与尾座的配合为 H6/h5，如图 2-28 所示。

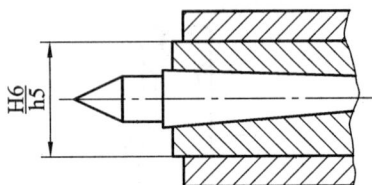

图 2-28　车床尾座顶尖套筒与尾座的配合 H6/h5

### 2. 过渡配合的选用

基准孔 H 与相应公差等级轴的基本偏差代号j～n(或基准轴h与相应公差等级孔的基本偏差代号 J～N)形成过渡配合，共有 4 种。过渡配合的特点是同一配合的一批零件装配后，有的得到间隙，有的得到过盈，因此不能保证自由运动，也不能保证传递载荷，只用于要求定心而又定期拆卸的定位配合。若需要传递转矩，应使用紧固件，例如紧固螺钉、平键等。这类配合的公差等级一般为 IT5～IT8。

(1) H/j(或 J/h)、H/js(或 JS/h)配合，这两种过渡配合获得间隙的机会较多，多用于 IT4～IT7 级且要求间隙比 H/h 小并允许略带有过盈的定位配合，例如联轴器的配合、齿圈与钢制轮毂的配合、滚动轴承与箱体的配合等。带轮与轴的配合 H7/js6 如图 2-29 所示。

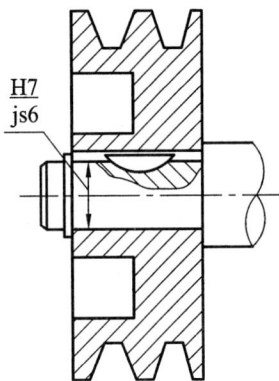

图 2-29　带轮与轴的配合 H7/js6

(2) H/k(或 K/h)配合，该配合获得的平均间隙接近零，定心好，装配后零件受到的接触应力较小，且能够拆卸，在过渡配合中应用得最为广泛。例如，刚性联轴器的配合 H7/k6 如图 2-30 所示。

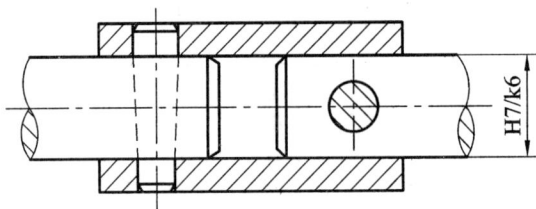

图 2-30　刚性联轴器的配合 H7/k6

(3) H/m(或 M/h)、H/n(或 N/h)配合，这两种配合获得过盈的机会多，定心好，装配较紧，抗震动性能好。例如，涡轮青铜轮缘与铸铁轮辐的配合为 H7/m6，如图 2-31 所示。

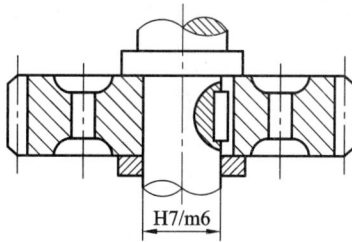

图 2-31　涡轮青铜轮缘与铸铁轮辐的配合 H7/m6

### 3. 过盈配合的选用

基准孔 H 与相应公差等级轴的基本偏差代号 p～zc(或基准轴 h 与相应公差等级孔的基本偏差代号 P～ZC)形成过盈配合，共 12 种。过盈配合的特点是能够传递足够大的转矩或轴向力，适用于不可拆的连接。传递的转矩主要靠足够的过盈量来保证，一般不需加紧固件，仅在少数情况下，为保证连接可靠，才需加紧固件，如加平键或紧固螺钉等。这类配合的公差等级一般为 IT5～IT7 级。

(1) H/p(或 P/h)、H/r(或 R/h)配合，在高公差等级时，为过盈配合，主要用于定心精度很高，零件有足够的刚度、受冲击负载的定位配合，常用于 IT6～IT8 级。装配时可用锤打或用压力机装配，只在大修时拆卸。例如，卷扬机的绳轮和齿轮的配合为 H7/p6，如图 2-32 所示。连杆小头孔与衬套的配合为 H6/r5，如图 2-33 所示。

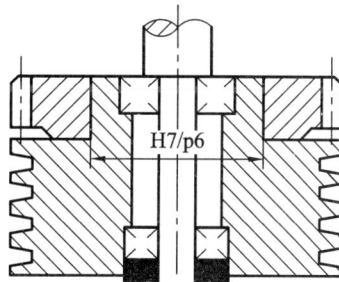

图 2-32　卷扬机的绳轮和齿轮的配合 H7/p6

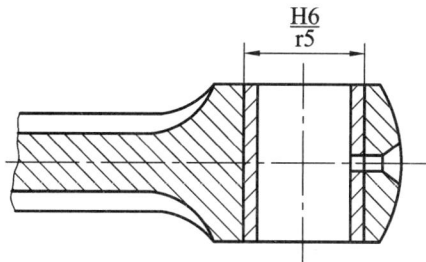

图 2-33　连杆小头孔与衬套的配合 H6/r5

(2) H/s(或 S/h)、H/t(或 T/h)配合，这两种配合属于中等过盈配合，多采用 IT6、IT7 级，常用于钢铁件的永久或半永久结合。这两种配合不用辅助件，依靠过盈产生的结合力，直接传递中等负荷。这两种配合一般用压力法装配，有时也用冷轴或热套法装配。这两种配合包括柱、销、轴、套等压入孔中的配合。例如，联轴器与轴的配合为 H7/t6，如图 2-34 所示。

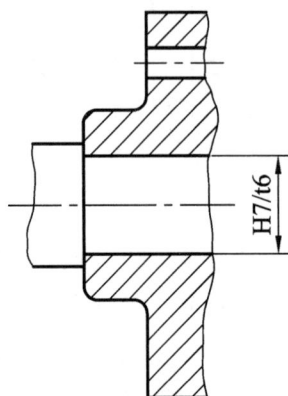

图 2-34    联轴器与轴的配合 H7/t6

(3) H/u(或 U/h)、H/v(或 V/h)、H/x(或 X/h)、H/y(或 Y/h)、H/z(或 Z/h)配合，这几种配合属于大过盈配合，过盈量依次增大，过盈量与直径之比在 0.001 以上。它们适用于传递大的转矩或承受大的冲击载荷的结构件配合，是完全依靠过盈产生的结合力保证牢固连接的配合。这几种配合通常采用热套或冷轴法装配，因为过盈大，要求零件材料刚性好、强度高，否则会将零件挤裂。采用这样的配合要慎重，一般要经过试验才能投入生产。装配前往往还要进行挑选，使一批装配件的过盈量趋于一致且比较适中。例如，火车的铸钢车轮与高锰钢轮毂的配合为 H6/u5 或 H7/u6，如图 2-35 所示。

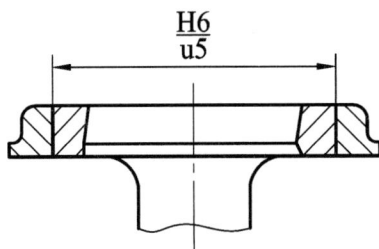

图 2-35    火车车轮与高锰钢轮毂的配合 H6/u5

总之，配合的选择应先根据使用要求确定配合的类别(间隙配合、过渡配合或过盈配合)，然后按照工作条件选出具体的公差等级和配合代号。

**例 2-13**    图 2-36 为某型号锥齿轮减速器。已知其传递的功率为 100 kW，输入轴的转速为 750 r/min，载荷稍有冲击，在中小型企业小批量生产。

试选择以下基础配合的公差等级和配合代号：

(1) 联轴器 1 和输入端轴径 2；

(2) 带轮 8 和输出端轴径 2；

(3) 小锥齿轮 10 的内孔和轴径；

(4) 套杯 4 的外径和箱体 6 的座孔。

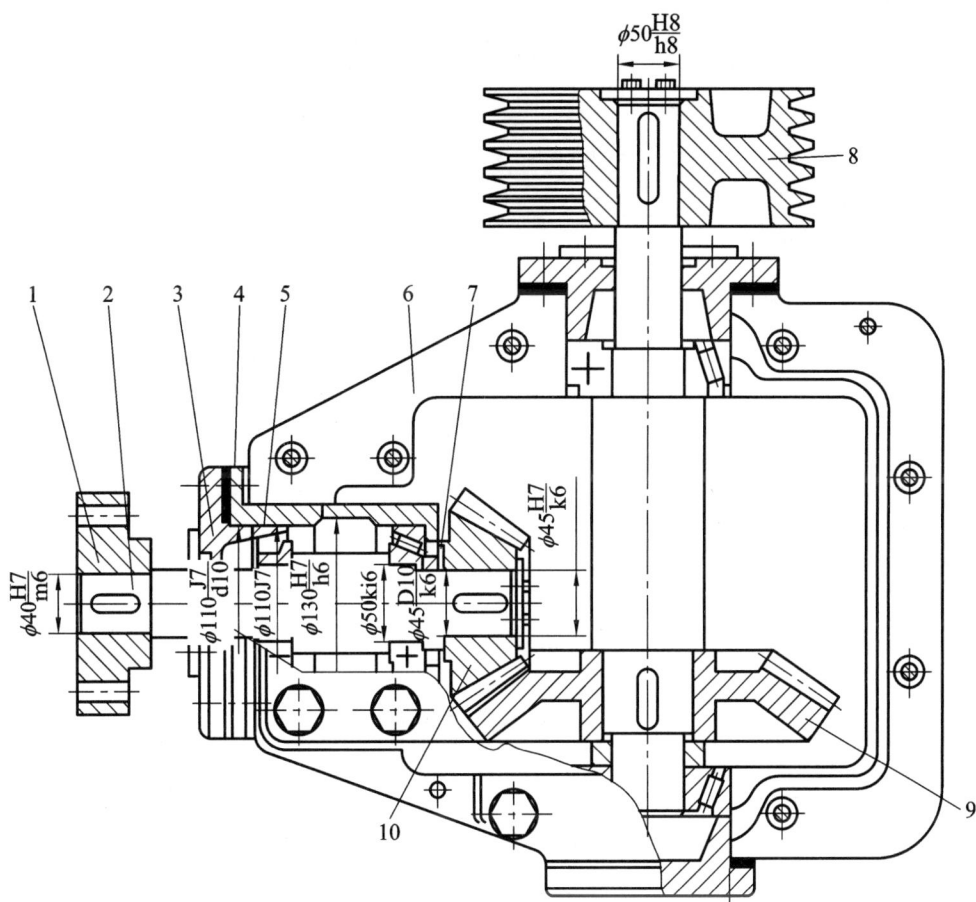

1—联轴器；2—输入端轴径；3—端盖；4—套杯；5—轴承座；6—箱体；7—调整垫片；
8—带轮；9—大锥齿轮；10—小锥齿轮。

图 2-36　锥齿轮减速器

**解：** 由于上述配合均无特殊要求，因此优先选用基孔制。

(1) 联轴器 1 是用精制螺栓连接的固定式刚性联轴器，为防止偏斜引起的附加载荷，要求具有很好的对中性。联轴器是中速轴上重要的配合键，无轴向附加定位装置，结构上要采用紧固件，故选用过渡配合 $\phi40H7/m6$ 或 $\phi40H7/n6$。

(2) 带轮 8 和输出端轴径 2 的配合是挠性件传动，故定心精度要求不高，且又有轴向定位件，为方便装卸，可选用 $\phi50H8/h7$、$\phi50H8/h8$ 或 $\phi50H8/js7$。本案例选用 $\phi50H8/h8$。

(3) 小锥齿轮 10 的内孔和轴径的配合是影响齿轮传动的重要配合，内孔公差等级由齿轮精度决定。一般减速器齿轮精度为 7 级，故基准孔的标准公差等级选用 7 级。对于传递载荷的齿轮和轴的配合，为保证齿轮的工作精度和啮合性能，要求准确对中，一般选用过渡配合来加紧固件。可供选用的配合有 $\phi45H7/js6$、$\phi45H7/k6$、$\phi45H7/m6$、$\phi45H7/n6$、

$\phi$45H7/p6 或 $\phi$45H7/r6。至于具体采用哪种配合，主要考虑拆装要求、载荷大小、有无冲击震动、转速高低、是否批量生产等因素。此处为中速、中载、稍有冲击、小批量生产，故选用 $\phi$45H7/k6。

(4) 套杯 4 外径和箱体 6 座孔的配合对齿轮传动性能的影响很大，该处的配合要求为能准确定心。考虑到为调整锥齿轮间隙而需要轴向移动的要求，为了方便调整，故选用最小间隙为零的间隙定位配合 $\phi$130H7/h6。

### 2.5.3 图样标注案例

在装配图上，除要标注总体尺寸、重要的联系尺寸外，配合处应标注配合代号。以减速器装配图为例，完成机构设计后，绘制的减速器装配图的配合标注如图 2-37 所示。

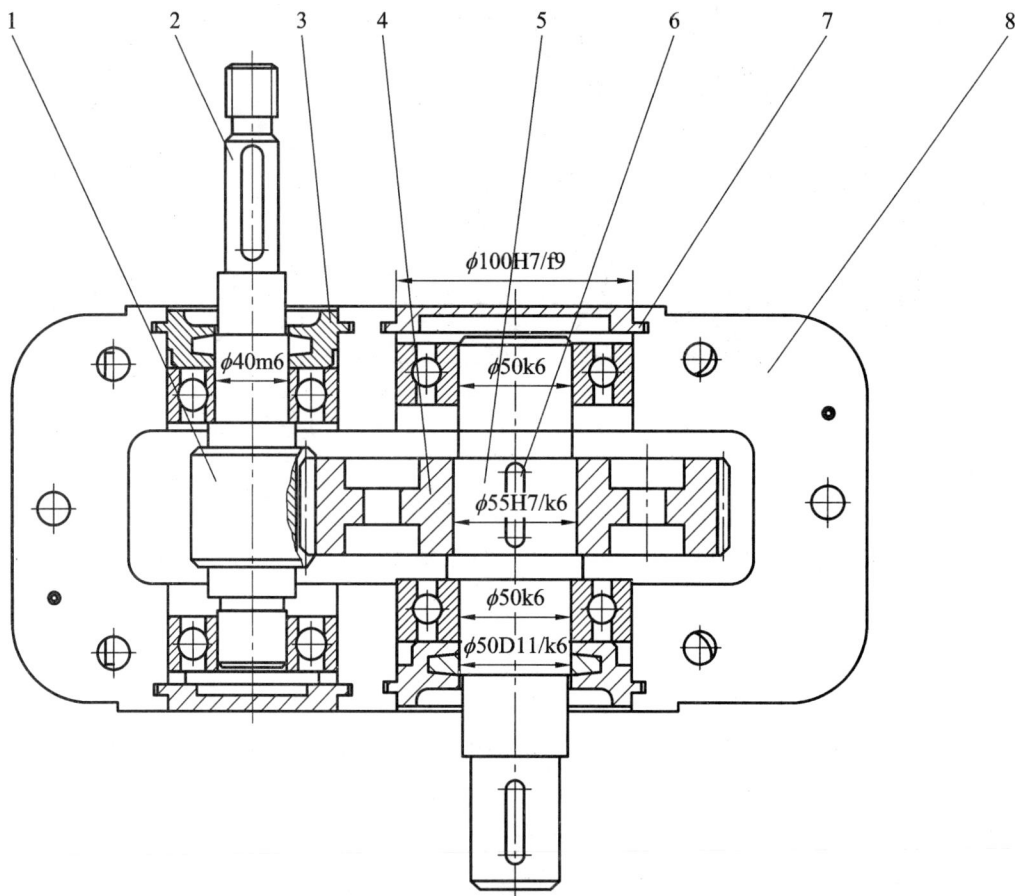

1—箱体；2—端盖；3—滚动轴承；4—输出轴；5—平键；6—齿轮；7—定位轴套；8—输入轴；9—垫片。

图 2-37　减速器装配图配合标注

在零件图上，除要标注所需尺寸外，还要标注重要尺寸和配合处的尺寸公差、几何公差和表面粗糙度。孔、轴分别标注在各自的零件图上。减速器输出轴零件图标注如图 2-38 所示。

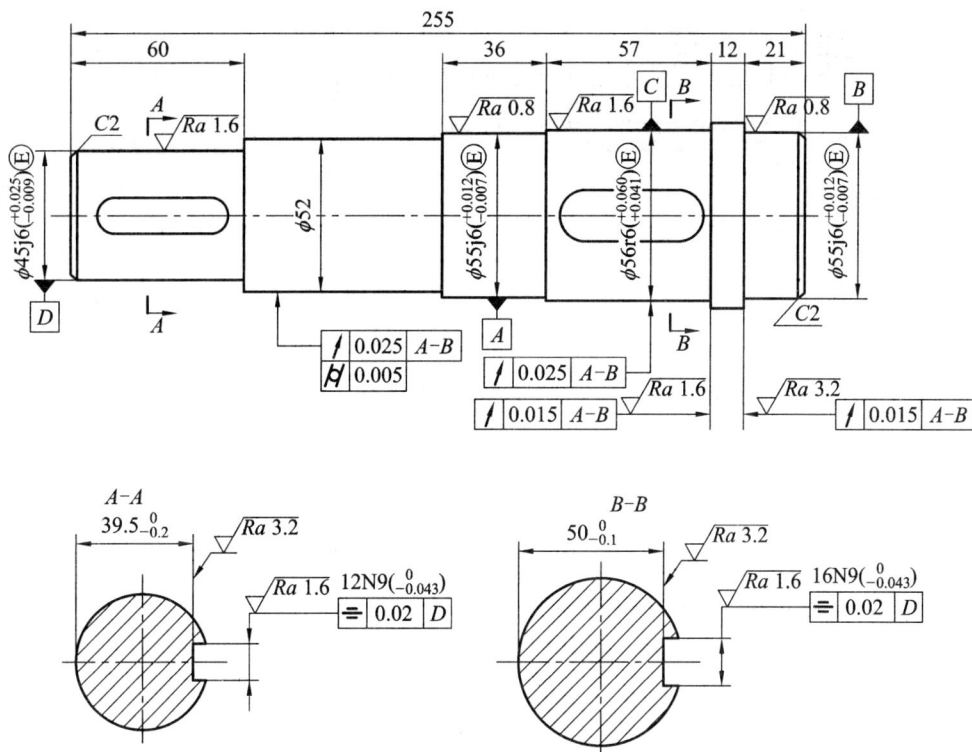

图 2-38　减速器输出轴零件图标注示例

# 2.6　零件尺寸测量

## 2.6.1　长度尺寸测量

长度尺寸检测的常用量具是游标卡尺。游标卡尺是游标读数量具，主要用于测量工件的长度、高度和深度。由于它构造简单，使用方便，所以在机械加工车间，游标卡尺一般用于测量精度要求不高的工件。

常见的测量范围为 0～125 mm 的游标卡尺如图 2-39 所示，包括上量爪、下量爪和深度尺等结构。

游标卡尺的读数方法：游标卡尺的尺身刻度间距为 1 mm，游标卡尺的读数精度 $i$ 分别为 0.1 mm、0.05 mm 和 0.02 mm。读数时，总是以游标卡尺的零线为基准，首先看游标卡尺零线左边尺身刻线的整数值是多少毫米；再找出游标卡尺哪一根刻线与尺身刻线对准(或最接近)，该游标刻线的次序数乘以游标读数精度值，即为尺寸的小数部分；最后将读数的整数与小数部分相加，得到测量数据。

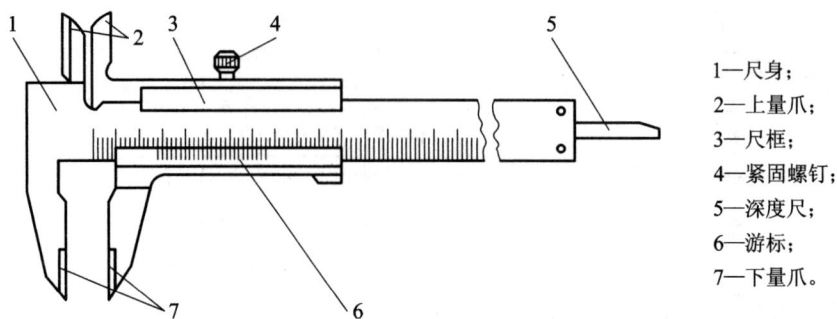

图 2-39    游标卡尺结构

1—尺身；
2—上量爪；
3—尺框；
4—紧固螺钉；
5—深度尺；
6—游标；
7—下量爪。

图 2-40 所示分别为读数精度 $i$ 为 0.1 mm、0.05 mm 和 0.02 mm 的三种游标卡尺的读数示例。

图 2-40    游标卡尺读数示例

游标卡尺的使用方法：

(1) 按照被测尺寸的大小和精度要求，选用适当的测量范围和精度的卡尺。

(2) 测量前，将被测工件表面和所选用的游标卡尺擦拭干净，检查量爪测量面是否平直无损，然后校对零位(即游标尺零线与尺身零线应对齐)。

(3) 测量时，先松开紧固螺钉，右手握尺，左手握被测工件，再用右手拇指推移游标框，使量爪的测量面轻轻与被测工件接触，以保证适当的测量力。

(4) 量爪测量面与被测工件的接触应平直，不能歪斜。读数时，应尽可能使视线和卡尺刻线表面垂直，以免由于视线的歪斜造成读数误差。

## 2.6.2 轴径尺寸测量

轴径尺寸检测的常用量具是外径千分尺。外径千分尺分度值通常为 0.01 mm，测量范围有 0～25 mm、25～50 mm 等多种规格。它是利用螺旋的直线位移与角位移成比例的原理进行测量和读数的。外径千分尺结构如图 2-41 所示。

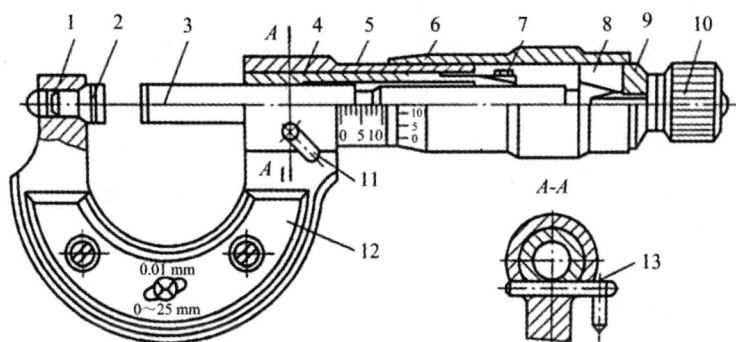

1—尺架；2—测砧；3—测微螺杆；4—螺纹轴套；5—固定套筒；6—微分筒；7—调节螺母；
8—接头；9—垫片；10—测力装置；11—锁紧装置；12—隔热板；13—锁紧轴。

图 2-41　外径千分尺结构

外径千分尺固定套筒上有上、下两排刻线，刻线间距均为 1 mm，上排刻线与相邻的下排刻线间距为 0.5 mm，与卫东螺杆的螺距相等。微分筒上刻有 50 个等分刻度，微分筒转一周，测微螺杆的轴向位移为 0.5 mm。微分筒转一格，测微螺杆的轴向位移为 0.01 mm，即千分尺的分度值为 0.01 mm。

外径千分尺的读数方法如下：

(1) 读取固定套筒上的主刻度数值(固定套筒上有两排刻线，上排为整毫米数，下排为半毫米数)。

(2) 观察微分筒上与固定套筒刻线对准的格数，乘以分度值作为小数部分。两者相加即为测得的读数。

如图 2-42 所示，图 2-42(a)的固定套筒上的读数为 8.5 mm，微分筒对准的格数为 27 格(即 0.27 mm)，所以它的读数为 8.77 mm；图 2-42(b)图的固定套筒上的读数为 8 mm，微分筒对准的格数为 27 格(即 0.27 mm)，所以它的读数为 8.27 mm。

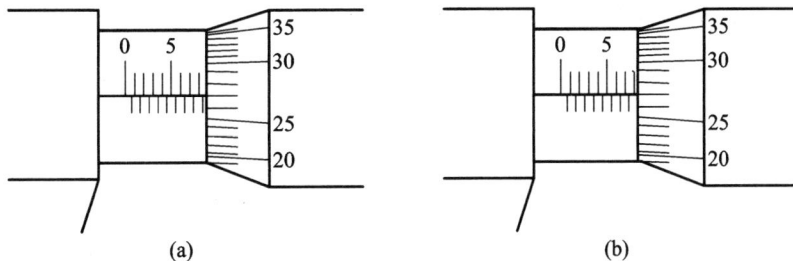

图 2-42　外径千分尺读数示例

外径千分尺的使用方法：

(1) 根据所测尺寸的大小选好相应测量范围的千分尺，并把工件的被测部位以及千分尺的测砧擦拭干净。

(2) 把工件放在干净的工作台上，左手握住尺架上的隔热板部位，右手旋动测力装置，使微分筒和测微螺杆移动，直到测砧与工件的被测部位接触。此时，如果听见测力装置发出棘轮跳动的咔咔声，则应立即停止旋动，进行读数。

(3) 外径千分尺的尺架上装有隔热板，测量时，应手握隔热板，尽量减少手和千分尺金属部分的接触，以防手温引起尺架膨胀，造成测量误差。

(4) 千分尺内有精密的细牙螺纹，因此在旋转微分筒和测力装置时不能过分用力。当转动微分筒带动测微螺杆接近被测工件时，必须换用旋转测力装置的方式来接触被测工件，而不是继续旋转微分筒来测量工件。

## 2.6.3　孔径尺寸测量

孔径尺寸检测的常用量具是内径千分表。内径千分表适用于测量深孔，其典型结构如图 2-43 所示。

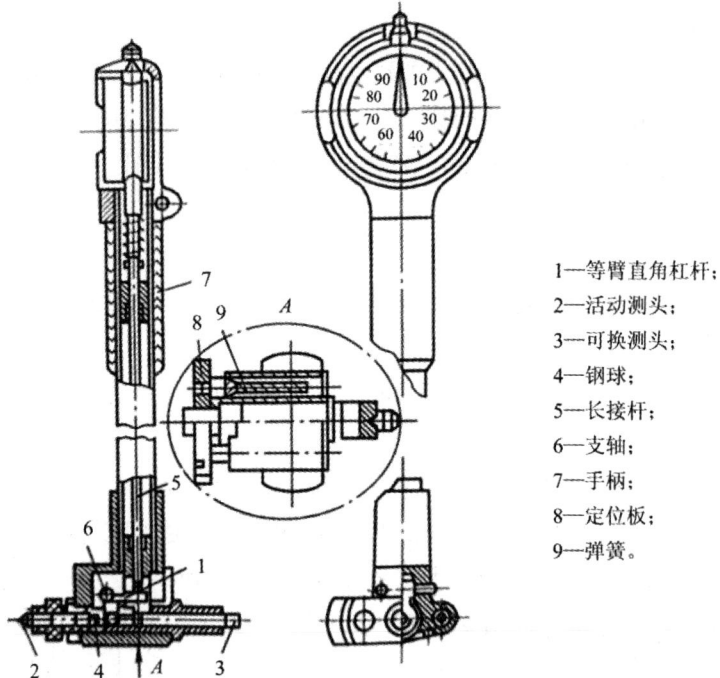

1—等臂直角杠杆；
2—活动测头；
3—可换测头；
4—钢球；
5—长接杆；
6—支轴；
7—手柄；
8—定位板；
9—弹簧。

图 2-43　内径千分表结构

内径千分表通常由工作行程不同的 7 种规格的活动测头组成一套量具，用以测量 10～450 mm 的内径。内径千分表是用可换测头 3(测量时固定不动)和活动测头 2(测量时可以移动)与被测孔壁接触进行测量。测量时，活动测头 2 受到一定的压力，向内推动镶在等臂直角杠杆 1 上的钢球 4，使等臂直角杠杆 1 绕支轴 6 回转，并通过长接杆 5 推动内径千分表的测杆进行读数。在活动测头的两侧，有对称的定位板 8，装上活动测头 2 后，与定位板连成一个整体。定位板在弹簧 9 的作用下，对称地压靠在被测孔壁上，以保证测头的轴线处于被测孔的直径截面内。

内径千分表的使用方法如下：

(1) 根据图样上被测孔的公称尺寸选择相应的可换测头，并将可换测头拧入仪器相应的螺孔内。

(2) 进行仪器调零。手持隔热手柄，另一只手轻压定位板，将活动测头压靠在标准环内，使活动测头内缩。然后，松开定位板和活动测头，使可换测头与标准环内壁接触，在不同方向和位置处摆动内径千分表以寻找最小值。零位对好后，用手指轻压定位板，使活动测头内缩，当可换测头脱离接触时，将内径千分表从标准环内取出。

(3) 沿被测孔的轴线方向选取几个截面进行测量，在每个截面相互垂直的两个部位上各测一次。测量时摆动内径千分表，记下其显示的最小数值即为测量值。

## 2.6.4　定值专用检验

光滑极限量规(以下简称量规)是一种没有刻度的定值专用检验工具。用量规检验零件时，只能判断零件是否合格，不能测出零件的实际尺寸数值，但是对于成批、大量生产的零件来说，只要能够判断零件的作用尺寸和实际尺寸均在公差带以内就足够了。用量规检验很方便，而且由于量规的结构简单、检验效率高，因而在生产中得到了广泛应用。

图 2-44 为光滑极限量规的示意图。量规都是成对使用的，孔用量规和轴用量规均包括通规和止规。如果被检工件能够通过通规，被检工件不能通过止规，则可确定被检工件是合格品；反之，如果被检工件不能通过通规，或者被检工件通过了止规，则可确定被检工件是不合格品。检验孔的量规也叫塞规；检验轴的量规也叫环规或卡规。

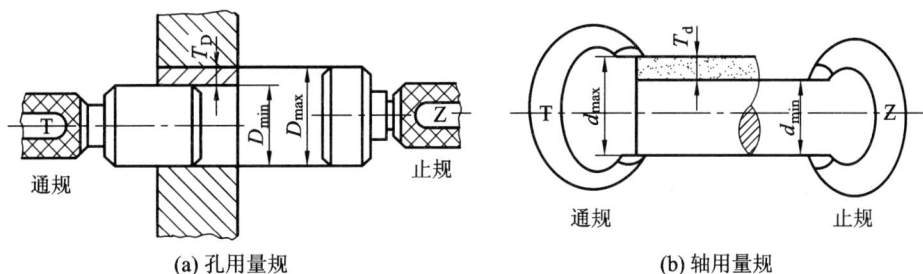

(a) 孔用量规　　　　　　　　　　　　(b) 轴用量规

图 2-44　光滑极限量规的示意图

在零件制造过程中，操作者对零件进行检验所使用的量规也称为工作量规，工作量规的通规用"T"表示，止规用"Z"表示。为了保证加工零件的精度，操作者应该使用新的或者磨损较小的通规。

工作量规的制造公差值(T)与被检零件的公差等级和公称尺寸有关，工作量规公差表见表 2-13，工作量规公差带图如图 2-45 所示。

### 表 2-13　工作量规公差表

| 公差等级 | IT6 | | | IT7 | | | IT8 | | | IT9 | | | IT10 | | | IT11 | | |
|---|---|---|---|---|---|---|---|---|---|---|---|---|---|---|---|---|---|---|
| $D$/mm | IT6 | T | Z | IT7 | T | Z | IT8 | T | Z | IT9 | T | Z | IT10 | T | Z | IT11 | T | Z |
| $D \leqslant 3$ | 6 | 1 | 1 | 10 | 1.2 | 1.6 | 14 | 1.6 | 2 | 25 | 2 | 3 | 40 | 2.4 | 4 | 60 | 3 | 6 |
| $3 < D \leqslant 6$ | 8 | 1.2 | 1.4 | 12 | 1.4 | 2 | 18 | 2 | 2.6 | 30 | 2.4 | 4 | 48 | 3 | 5 | 75 | 4 | 8 |
| $6 < D \leqslant 10$ | 9 | 1.4 | 1.6 | 15 | 1.8 | 2.4 | 22 | 2.4 | 3.2 | 36 | 2.8 | 5 | 58 | 3.6 | 6 | 90 | 5 | 9 |
| $10 < D \leqslant 18$ | 11 | 1.6 | 2 | 18 | 2 | 2.8 | 27 | 2.8 | 4 | 43 | 3.4 | 6 | 70 | 4 | 8 | 110 | 6 | 11 |
| $18 < D \leqslant 30$ | 13 | 2 | 2.4 | 21 | 2.4 | 3.4 | 33 | 3.4 | 5 | 52 | 4 | 7 | 84 | 5 | 9 | 130 | 7 | 13 |
| $30 < D \leqslant 50$ | 16 | 2.4 | 2.8 | 25 | 3 | 4 | 39 | 4 | 6 | 62 | 5 | 8 | 100 | 6 | 11 | 160 | 8 | 16 |
| $50 < D \leqslant 80$ | 19 | 2.8 | 3.4 | 30 | 3.6 | 4.6 | 46 | 4.6 | 7 | 74 | 6 | 9 | 120 | 7 | 13 | 190 | 9 | 19 |
| $80 < D \leqslant 120$ | 22 | 3.2 | 3.8 | 35 | 4.2 | 5.4 | 54 | 5.4 | 8 | 87 | 7 | 10 | 140 | 8 | 15 | 220 | 10 | 22 |
| $120 < D \leqslant 180$ | 25 | 3.8 | 4.4 | 40 | 4.8 | 6 | 63 | 6 | 9 | 100 | 8 | 12 | 160 | 9 | 18 | 250 | 12 | 25 |
| $180 < D \leqslant 250$ | 29 | 4.4 | 5 | 46 | 5.4 | 7 | 72 | 7 | 10 | 115 | 9 | 14 | 185 | 10 | 20 | 290 | 14 | 29 |

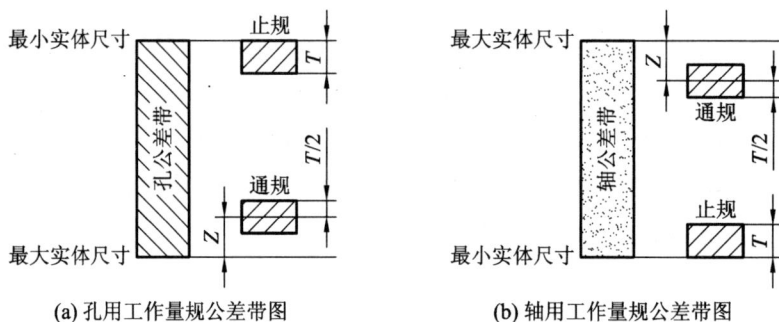

(a) 孔用工作量规公差带图　　　　(b) 轴用工作量规公差带图

图 2-45　工作量规公差带图

　　为保证验收零件的质量和在检验时不产生误收，量规的公差带应位于零件公差带之内，它仅占零件公差的一小部分。止规的公差带紧靠工件的最小实体尺寸。通规的公差带中心偏离工件的最大实体尺寸一个 $Z$ 值距离。这是因为通规工作时，通过被检零件的机会多，其工作表面不可避免地发生磨损，为使其具有一定的使用寿命，就规定了 $Z$ 值。显然，通规制造公差带中心到工件最大实体尺寸之间的距离，就体现了平均使用寿命，而通规的磨损极限尺寸就是零件的最大实体尺寸。由于止规只有在发现不合格品时才通过被检零件，磨损机会少，因此标准中就没有特别规定止规的磨损公差。工作量规的几何误差应在其尺寸公差带内，工作量规的公差值为量规尺寸公差值的 50%。

# 小　　结

## 1. 尺寸相关的术语

公称尺寸是设计时给定的尺寸。实际尺寸是通过测量得到的尺寸，是零件上某一具体位置的测量值。极限尺寸是允许零件尺寸变化的两个极端值，是以公称尺寸为基数来确定的。

### 2. 偏差相关的术语

极限偏差是极限尺寸减去公称尺寸所得的代数值。极限偏差的数值可能是正值、负值或者零值。实际偏差是实际尺寸与公称尺寸的差值。基本偏差是指用于确定公差带相对于零线位置偏差的上极限偏差或下极限偏差。国家标准规定了孔与轴的基本偏差系列。

### 3. 公差相关的术语

公差是允许尺寸变化的范围值。国家标准规定了标准公差等级与标准公差数值。

### 4. 配合相关的术语

配合是指公称尺寸相同的孔与轴的公差带之间的关系。按照孔和轴的公差带之间的相互关系，配合分为间隙配合、过盈配合和过渡配合。国家标准规定了两种基准制配合，包括基孔制配合和基轴制配合。

### 5. 公差与配合的选择

公差与配合的选择主要包括基准制、公差等级和配合类型的选择。

# 习　题　2

2-1　名词解释。

(1) 公称尺寸；(2) 极限尺寸；(3) 极限偏差；(4) 尺寸公差；

(5) 标准公差；(6) 基本偏差；(7) 配合；　　　(8) 基准制

2-2　如何区分间隙配合、过渡配合和过盈配合？

2-3　尺寸公差与配合的选用主要解决哪三个问题？选用的基本原则是什么？

2-4　为什么优先选用基孔制配合？哪些情况下可选用基轴制配合？

2-5　已知两根轴，其中 $d_1 = \phi 5$，其公差值为 $T_1 = 5\ \mu m$；$d_2 = \phi 180$，其公差值为 $T_2 = 25\ \mu m$。试比较以上两根轴加工的难易程度。

2-6　一对相互结合的孔和轴，其图纸上孔的标注为 $\phi 50^{+0.020}_{0}$，轴的标注为 $\phi 50^{-0.050}_{-0.076}$，求：

(1) 孔、轴的上极限尺寸和下极限尺寸 $D_{max}$、$D_{min}$、$d_{max}$、$d_{min}$；

(2) 孔、轴的尺寸公差；

(3) 孔、轴形成配合的极限间隙；

(4) 画出孔、轴的公差带图。

2-7　孔的公称尺寸 $D = \phi 50$，上极限尺寸 $D_{max} = \phi 50.087$，下极限尺寸 $D_{min} = \phi 50.025$，求孔的上极限偏差 ES、下极限偏差 EI 及公差 $T_D$，并画出公差带图。

2-8　相互配合的孔的尺寸为 $\phi 15^{+0.027}_{0}$，轴的尺寸为 $\phi 15^{-0.016}_{-0.034}$，试分别计算其极限尺寸、极限偏差、尺寸公差、极限间隙(或过盈)、平均间隙(或过盈)和配合公差，并画出公差带图。

2-9    已知 $\phi30N7\binom{-0.007}{-0.028}$ 和 $\phi30t6\binom{+0.054}{+0.041}$。计算 $\phi30\dfrac{\text{H7}}{\text{n6}}$ 与 $\phi30\dfrac{\text{T7}}{\text{h6}}$ 的极限偏差，并画出公差带图。

2-10    已知 $\phi50\dfrac{\text{H6}(^{+0.016}_{0})}{\text{r5}(^{+0.045}_{+0.034})}$ , $\phi50\dfrac{\text{H8}(^{+0.039}_{0})}{\text{e7}(^{-0.050}_{-0.075})}$。试不用查表法确定 IT5、IT6、IT7、IT8 的标准公差和它们的配合公差，并求出 $\phi50e5$、$\phi50E8$ 的极限偏差。

2-11    计算填下表(表 2-14 和表 2-15)。

表 2-14

| 公称尺寸 | 上极限尺寸 | 下极限尺寸 | 上极限偏差 | 下极限偏差 | 公差 |
|---|---|---|---|---|---|
| $\phi10$ | 10.040 | 10.025 | | | |
| $\phi30$ | | 30.020 | | | 0.084 |
| $\phi50$ | | | −0.050 | | 0.030 |
| $\phi70$ | | | −0.030 | −0.211 | |

表 2-15

| 公称尺寸 | 孔 | | | 轴 | | | $X_{max}$ ($Y_{min}$) | $X_{min}$ ($Y_{max}$) | $X_{av}$ ($Y_{av}$) | $T_f$ | 配合种类 |
|---|---|---|---|---|---|---|---|---|---|---|---|
| | ES | EI | $T_D$ | es | ei | $T_d$ | | | | | |
| $\phi10$ | | 0 | | | | 0.039 | +0.013 | | | 0.078 | |
| $\phi30$ | | | 0.021 | 0 | | | | −0.048 | −0.031 | | |
| $\phi50$ | | | 0.064 | 0 | | | +0.035 | | −0.003 | | |

2-12    通过查表 2-3 和表 2-4 确定以下公差带的上、下极限偏差数值。并写出在零件图中极限偏差的标注形式。

(1) 轴：$\phi32d8$，$\phi70h11$，$\phi28k7$，$\phi80p6$，$\phi120v7$

(2) 孔：$\phi40C8$，$\phi300M6$，$\phi30JS6$，$\phi6J6$，$\phi35P8$

2-13    通过查表 2-3 和表 2-4 确定以下孔、轴的公差等级和基本偏差代号，并写出其公差带代号。

(1) 轴 $\phi40^{+0.033}_{+0.017}$；(2) 轴 $\phi120^{-0.036}_{-0.123}$；(3) 孔 $\phi65^{-0.030}_{-0.060}$；(4) 孔 $\phi240^{+0.285}_{+0.170}$

2-14    查表 2-3 和表 2-4 确定孔和轴配合的基本偏差、尺寸公差、极限偏差、极限间隙或过盈、配合公差、基准制、配合种类，并画出公差带图。

(1) $\phi60\dfrac{\text{H9}}{\text{h9}}$；(2) $\phi60\dfrac{\text{U8}}{\text{h7}}$；(3) $\phi60\dfrac{\text{H7}}{\text{k6}}$；(4) $\phi60\dfrac{\text{P7}}{\text{m6}}$

2-15    设孔、轴公称尺寸和使用要求如下：

(1) $D(d) = \phi35$，$X_{max} = +120\ \mu m$，$X_{min} = +50\ \mu m$；

(2) $D(d) = \phi40$，$Y_{max} = -80\ \mu m$，$Y_{min} = -35\ \mu m$；

(3) $D(d) = \phi60$，$X_{max} = +50\ \mu m$，$Y_{max} = -32\ \mu m$；

试确定各组的基准制、公差等级和配合种类，写出配合代号，画出公差带图。

2-16 图 2-46 为导杆与衬套的配合，公称尺寸为$\phi 25$，要求极限间隙范围为 +6～+42 μm，确定此处的基准制、公差等级和配合种类，写出配合代号，画出公差带图。

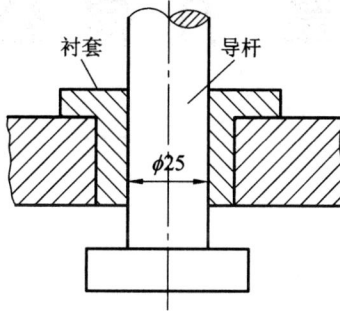

图 2-46 导杆与衬套的配合

# 第 3 章  几 何 公 差

## 导读导学

### 【学习要求】

(1) 掌握几何公差的基本概念，熟记几何公差特征项目及符号。

(2) 掌握几何公差的符号及标注。

(3) 学会分析典型的几何公差带的形状、大小、方向和位置，并比较形状公差带、定向公差带、位置公差带和跳动公差带的特点及其解释。

(4) 熟悉几何公差的应用及选择的基本要求。

(5) 掌握有关公差原则的术语及定义。

(6) 理解独立原则、包容要求和最大实体要求在图样上的标注、含义以及主要应用场合。

(7) 掌握包容要求、最大实体要求的几何公差与尺寸公差的关系。

### 【学习重点和难点】

(1) 掌握几何公差的标注方法。

(2) 分析典型的几何公差带的形状、大小、方向和位置，并比较形状公差带、定向公差带、位置公差带和跳动公差带的特点及其解释。

(3) 各种尺寸的符号和计算公式。

(4) 有关实效状态和实效尺寸的概念。

(5) 包容要求和最大实体要求的应用分析。

### 【学习目标】

(1) 识记几何公差特征项目的名称及其符号。

(2) 能根据图样相关技术要求标注几何公差。

(3) 根据图样标注的几何公差要求, 能够解读几何误差允许的空间范围。

(4) 掌握作用尺寸、最大实体尺寸、最大实体边界、最大实体实效尺寸、最大实体实效边界等概念。

(5) 掌握独立原则、包容要求、最大实体要求的内容、表达及应用。

**【相关标准】**

GB/T 18780.1—2002《产品几何量技术规范(GPS) 几何要素 第 1 部分: 基本术语和定义》

GB/T 18780.2—2002《产品几何量技术规范(GPS) 几何要素 第 2 部分: 圆柱面和圆锥面的提取中心线、平行平面的提取中心面、提取要素的局部尺寸》

GB/T 1182—2018《产品几何技术规范(GPS) 几何公差 形状、方向、位置和跳动公差标注》

GB/T 1184—1996《形状和位置公差 未注公差值》

GB/T 1958—2017《产品几何量技术规范(GPS) 几何公差 检测与验证规定》

GB/T 16671—2018《产品几何技术规范(GPS) 几何公差 最大实体要求(MMR)、最小实体要求(LMR)和可逆要求(RPR)》

GB/T 4249—2018《产品几何技术规范(GPS) 基础概念、原则和规则》

GB/T 17851—2022《产品几何技术规范(GPS) 几何公差、基准和基准体系》

# 3.1 概 述

机械零件是通过设计、加工等过程制造出来的。在设计阶段, 图样上给出的零件都是没有误差的几何体, 构成这些几何体的点、线、面都是理想几何特征, 加工后零件的实际几何体和理想几何体之间存在差异, 这种差异表现为零件几何元素在形状、方向、位置上的偏差, 分别称为形状误差、方向误差和位置误差, 统称为几何误差。据此, 几何公差是在设计时给出的, 用于控制加工产生的几何误差。

在制造过程中, 造成零件几何误差的原因有很多。例如: 加工刀具、夹具、刀具和零件组成的工艺系统误差, 在制造过程中零件受力、受热变形, 工作台振动, 刀具的磨损。

几何误差对零件性能的影响包括以下几个方面:

(1) 对可装配性的影响, 如孔的位置误差会导致螺栓难以装入。

(2) 对配合性能的影响, 如孔与轴接触面的形状误差, 会导致间隙配合中的间隙分布不均匀。过盈配合时, 过盈量不均匀, 会降低连接强度。

(3) 对工作精度的影响，如机床导轨的直线度误差会影响运动精度；车床主轴的两个支承轴颈的形状误差和位置误差会影响机床主轴的回转精度。

(4) 对其他性能的影响，液压系统中存在的几何误差会影响密封性等功能；接触面存在的形状误差会使接触面积减小，接触刚度和承载能力降低。

为了保证机械产品的质量，保证机械零件的互换性，应该在零件图上给出几何公差，规定零件加工时产生的几何误差的允许变动范围，并按零件图上给出的几何公差，检测加工后的零件的几何误差是否符合设计要求。

# 3.2  基本术语及定义

## 3.2.1  几何要素

几何公差的研究对象是机械零件的几何要素。几何要素是构成零件几何特征的点、线、面的统称。为了便于研究几何公差和几何误差，这些几何要素可以按不同角度进行分类。

按结构特点，几何要素被分为组成要素和导出要素。构成零件的面及面上的线称为组成要素，例如圆柱体的圆柱面、两端面、圆柱面上素线。组成对称中心的点、线、面各要素称为导出要素，例如圆柱体的中心轴线、球体的球心。

按存在状态，几何要素被分为公称要素和实际要素。在图样中只具有几何意义的要素称为公称要素，公称要素没有任何误差，机械图样上表示的要素均为公称要素。零件实际存在的要素称为实际要素，通常用被测要素替代。

按所处地位，几何要素被分为被测要素和基准要素。图样上给出了几何公差要求的要素称为被测要素。用来确定被测要素方向和位置的要素称为基准要素。

按特征项目类型要求，几何要素被分为单一要素和关联要素。仅对要素本身提出形状公差要求的要素称为单一要素。相对于基准要素，有功能要求而给出方向、位置和跳动公差的要素称为关联要素。

## 3.2.2  几何公差特征

根据国际标准 ISO 1101 和国家标准 GB/T 1182 的规定，几何公差的 18 个特征项目按几何特点分为形状公差、方向公差、位置公差和跳动公差四大类，它们的特征项目和符号见表 3-1。

## 表 3-1　几何公差特征项目及符号

| 几何要素的特征项目及其类型 | | 几何(公差)特点 | 符号 | 基准 |
|---|---|---|---|---|
| 单一要素 | 形状公差 | 直线度 | 一 | 无 |
| | | 平面度 | ▱ | 无 |
| | | 圆度 | ○ | 无 |
| | | 圆柱度 | ⌀ | 无 |
| | | 线轮廓度 | ⌒ | 无 |
| | | 面轮廓度 | ⌓ | 无 |
| 关联要素 | 方向公差 | 平行度 | // | 有 |
| | | 垂直度 | ⊥ | 有 |
| | | 倾斜度 | ∠ | 有 |
| | | 线轮廓度 | ⌒ | 有 |
| | | 面轮廓度 | ⌓ | 有 |
| | 位置公差 | 位置度 | ⊕ | 有 |
| | | 同轴度(同心度) | ◎ | 有 |
| | | 对称度 | = | 有 |
| | | 线轮廓度 | ⌒ | 有 |
| | | 面轮廓度 | ⌓ | 有 |
| | 跳动公差 | 圆跳动 | ╱ | 有 |
| | | 全跳动 | ⫽ | 有 |

几何公差的附加符号如表 3-2。

表 3-2　常见几何公差附加符号

| 符号说明 | 符号 | 符号说明 | 符号 |
|---|---|---|---|
| 公差框格<br>(关于被测要素) |  | 基准要素 |  |
| 理论正确尺寸 | $\boxed{50}$ | 全周轮廓 |  |
| 包容要求 | $Ⓔ$ | 任意横截面 | ACS |
| 最大实体要求 | $Ⓜ$ | 公共公差带 | CZ |
| 最小实体要求 | $Ⓛ$ | 大径 | MD |
| 可逆要求 | $Ⓡ$ | 中径 | PD |
| 延伸公差带 | $Ⓟ$ | 小径 | LD |

### 3.2.3　几何公差标注

#### 1. 公差框格

几何公差在图样上用公差框格的形式标注，形状公差框格由两格组成，位置公差框格由三格或多格组成。在图样上只能水平或垂直绘制，如图 3-1 所示。

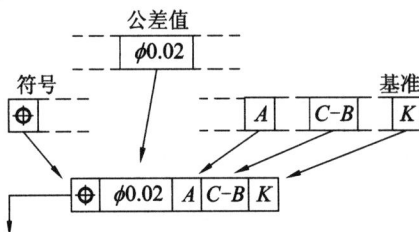

图 3-1　公差框格

公差框格内容从左到右依次为：带箭头的指引线、几何公差特征项目符号(简称符号)、公差值、基准符号(简称基准)。其中，公差值用线性值表示，单位为 mm。如果公差带是圆形或圆柱形，则在公差值前加注 $\phi$。如果公差带是球形，则在公差值前加注 $S\phi$。

常见的几何公差框格如图 3-2 所示。

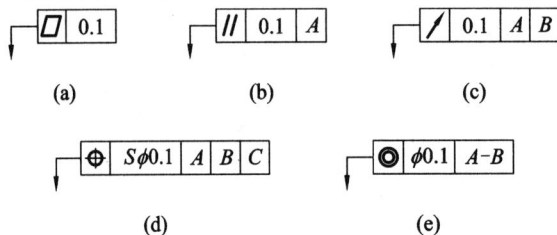

图 3-2　常见几何公差框格

## 2. 被测要素的标注

当被测要素为组成要素时，指引线的箭头应置于要素的轮廓线或其延长线上，并与尺寸线明显错开，如图 3-3 所示。

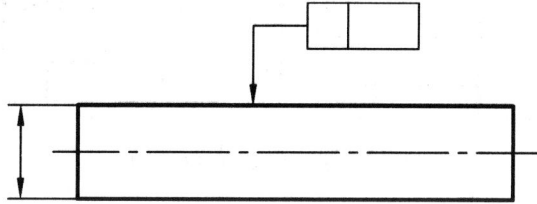

图 3-3　组成要素标注

当被测要素是导出要素时，指引线的箭头应该与该要素的尺寸线对齐，如图 3-4 所示。原则上只能从公差框格的一端引出一条指引线，指引线可以曲折，但一般不得多于两次。

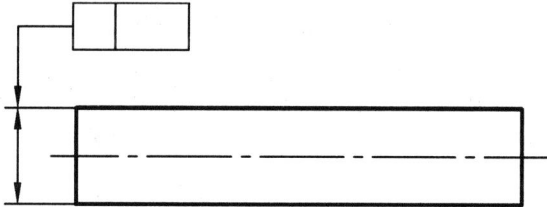

图 3-4　导出要素标注

## 3. 基准要素的标注

基准符号由带小方格的大写英文字母表示，用细实线与小黑色三角形相连而组成，如图 3-5 所示。

图 3-5　基准符号

当基准要素是轮廓线或表面时，基准符号的小黑色三角形靠近基准要素的轮廓线或其延长线，且基准连线与轮廓的尺寸线明显错开，如图 3-6 所示。

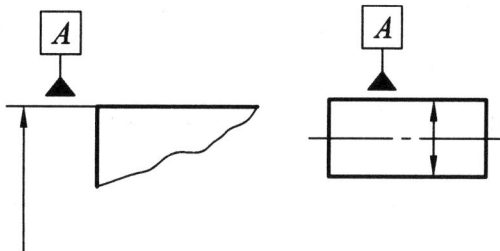

图 3-6　组成要素的基准标注

当基准要素是轴线或中心平面或由带尺寸的要素确定时，则基准符号的基准连线与尺寸线对齐,如图 3-7 所示。

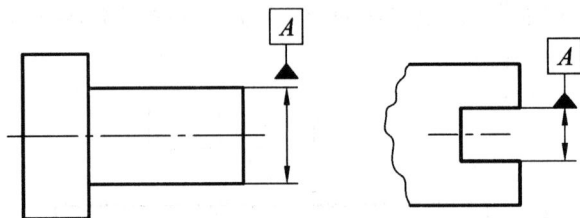

图 3-7    导出要素的基准标注

表示基准的字母称为基准字母,一般建议不采用 I、O、Q、X 这四个英文字母。无论基准符号在图面上的方向如何,基准符号小方格内的字母都应水平书写。基准可以分为单一基准、公共基准和基准体系,如图 3-8 所示。单一基准由一个字母表示;公共基准(组合基准)采用由短横线隔开的两个字母表示;基准体系由两个或三个字母表示,按基准的先后顺序从左至右排列,分别为第 I 基准、第 II 基准和第 III 基准。

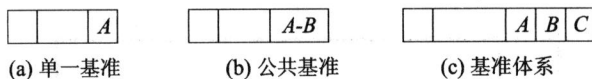

(a) 单一基准          (b) 公共基准          (c) 基准体系

图 3-8    基准分类

在基准体系中,为了完全确定被测要素的方向、位置,需要多个要素作为基准,此时需要按照基准的顺序,确定最小包容区域,如图 3-9 所示。

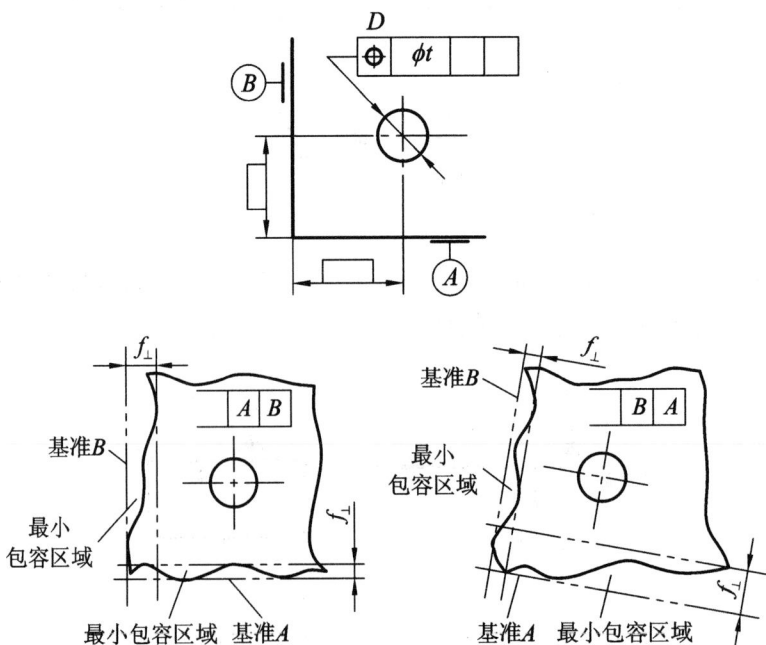

图 3-9    基准体系中基准顺序的影响

#### 4. 附加符号的标注

1) 全周符号

几何公差特征符号适用于横断面内的整个外轮廓线或整个外轮廓面时，应采用全周符号。全周符号并不包括整个工件的所有表面，只包括轮廓和用公差标注表示的各个表面，如图 3-10 所示。

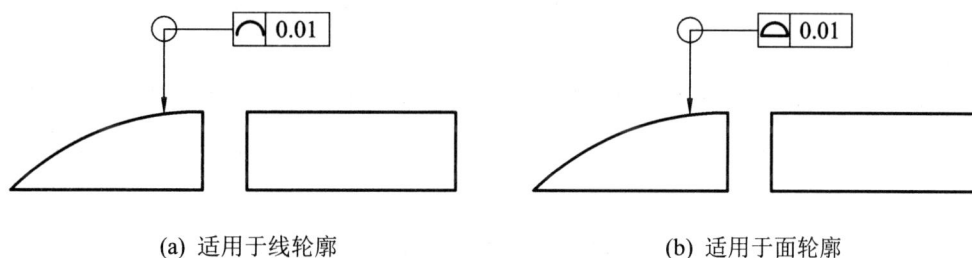

图 3-10 全周符号

(a) 适用于线轮廓　　　　　　(b) 适用于面轮廓

2) 理论正确尺寸

当给出一个或一组要素的轮廓度公差、方向公差或位置公差时，用来确定理论正确轮廓、方向或位置的尺寸，称为理论正确尺寸。理论正确尺寸没有公差，标注在一个方框内，如图 3-11 所示。

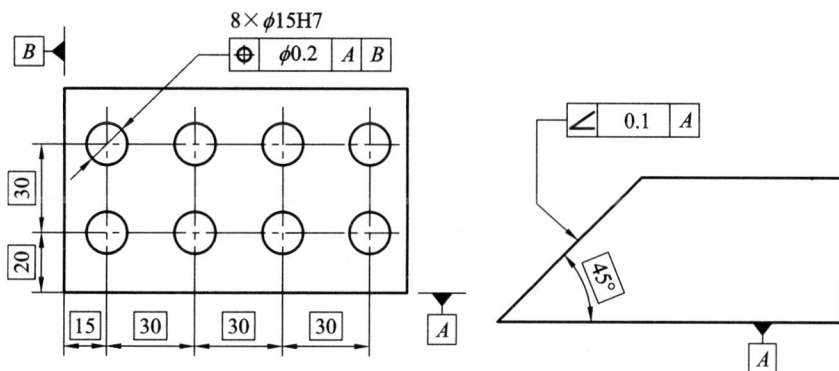

图 3-11 理论正确尺寸标注示例

3) 限制性规定

如果需要对同一要素的公差值在全部被测要素内的任一部分有进一步限制时，该限制部分(长度或面积)的要求应放在公差值的后面，用斜线隔开。如果标注的是两项或两项以上同样几何特征的公差，可直接在整个要素公差框格下方放置另一个公差框格，如图 3-12(a)所示。

如果给出的公差仅适用于要素的某一指定局部，则用粗点画线表示该局部的范围，并加注尺寸，如图 3-12(b)所示。

如果只以要素的某一局部作为基准，则用粗点画线表示该部分并加注基准符号，如图 3-12(c)所示。

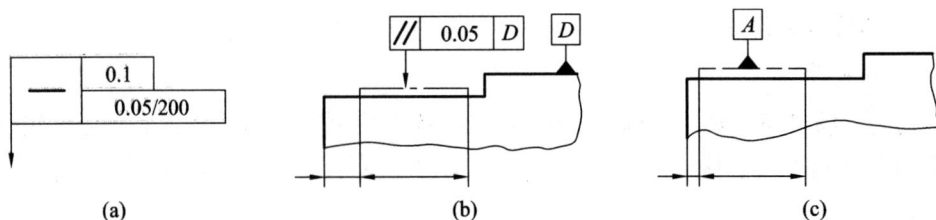

图 3-12　限制性规定的标注示例

4) 延伸公差带

延伸公差带是指将被测要素的公差带延伸到零件实体之外，它是用来控制零件外部的公差带，作用是保证相配零件与该零件配合时能顺利装入。延伸公差带用符号 Ⓟ 表示，并注出其延伸的范围，如图 3-13 所示。

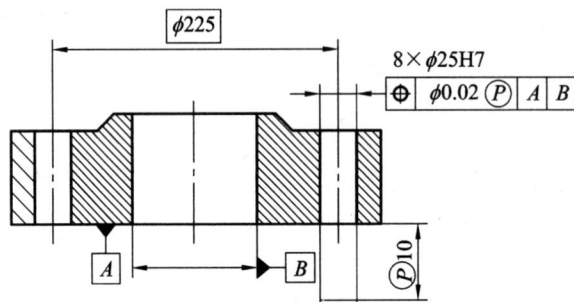

图 3-13　延伸公差带

5) 简化标注

一个公差框格可以用于具有相同几何特征和公差值的若干个分离要素的标注，如图 3-14(a)所示。可以用一个公共公差带表示若干个分离要素给出的单一公差带，标注时在公差框格内的公差值后面加注公共公差带符号 CZ，如图 3-14(b)所示。

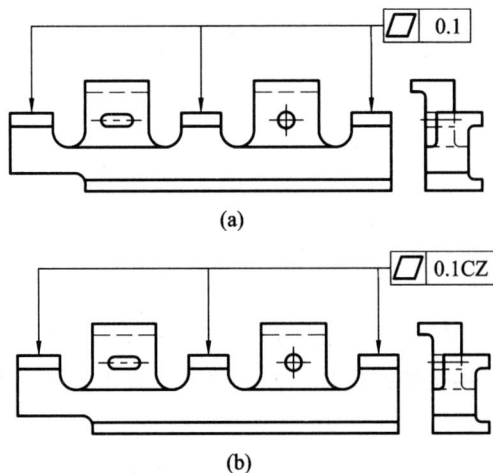

图 3-14　简化标注示例

## 3.2.4 几何公差带

几何公差是指实际被测要素相对于图样上给定的理想形状、理想位置的允许变动量。几何公差带是用来限制实际被测要素变动的区域，可表明几何误差允许的最大变动量。研究几何公差时，需要关注的关键问题是实际被测要素变动后落入的区域。只要实际被测要素能够全部落在给定的公差带内，就表明该实际被测要素合格。

几何公差带用来限制零件本身的几何误差，即实际被测要素的允许变动区域。几何公差带是指由一个或几个理想的几何线或面所限定的、其大小由线性公差数值所表示的区域。只要实际被测要素完全位于给定区域内，就认为被测要素的几何精度符合设计要求。

几何公差带的特性可以从形状、大小、方向和位置四个方面要素来考虑。

(1) 几何公差带的形状由被测要素的理想形状和给定的公差特征决定。

(2) 几何公差带的大小由公差数值确定，指的是公差带的宽度或直径等。

(3) 几何公差带的方向是指与公差带延伸方向垂直的方向，通常为指引线箭头所指的方向。

(4) 几何公差带的位置有固定和浮动两种。图样上基准要素的位置一经确定，其公差带的位置不再变动，这称为公差带的位置固定。若公差带的位置可随实际尺寸的变化而浮动，这称为公差带的位置浮动。譬如，同轴度或平面度。同轴度：公差带的中心与基准轴线共轴且固定，即公差带位置固定。平面度：公差带随实际平面所处的位置不同而浮动，即公差带位置浮动。

几何公差带形状的常见形式如表 3-3 所示。

**表 3-3　几何公差带形状的常见形式**

| 图　例 | 说　明 | 应　用 |
|---|---|---|
| $\phi t$ | 一个圆内的区域 | 点要素 |
| $S\phi t$ | 一个圆球内的区域 | 点要素 |
| $t$ | 两条平行直线内的区域 | 直线要素 |
| $t$ | 两条等距曲线内的区域 | 曲线要素 |
| $t$ | 两平行平面内的区域 | 直线或平面要素 |

续表

| 图　例 | 说　明 | 应　用 |
|---|---|---|
| | 两条等距曲面内的区域 | 曲面要素 |
| | 两同心圆环内的区域 | 圆外轮廓要素 |
| | 圆柱面内的区域 | 直线要素 |
| | 两同轴圆柱面之间的区域 | 圆柱面外轮廓要素 |
| | 圆柱面的一段区域 | 用于端面圆跳动 |
| | 圆锥面的一段区域 | 用于圆锥素线圆跳动 |

# 3.3　几何公差项目

## 3.3.1　形状公差

形状公差是指单一实际要素(即某要素是单一要素同时也是实际要素)的形状所允许的变动量。形状公差带限制实际被测要素单个特征的允许空间,即当所有特征点都在该空间内时,形状是合格的。形状公差带不涉及基准,没有明确的方向和固定的位置,随着实际要素的变动而浮动。形状公差包括直线度、平面度、圆度、圆柱度和轮廓度(这里的形状公差指形状公差带,同理,直线度指直线度公差带,简称为直线度公差,余同)。

### 1. 直线度

直线度(公差)是用来限制平面或空间内直线的形状误差。被测要素是组成要素或导出要素。

在给定平面和给定方向内，直线度公差带为间距等于公差值 $t$ 的两平行直线所限定的区域。公差带的位置是浮动的。在任一平行于图示投影面的平面内，上表面的实际投影线应限定在间距等于 0.1 mm 的平行直线之间，如图 3-15 所示。

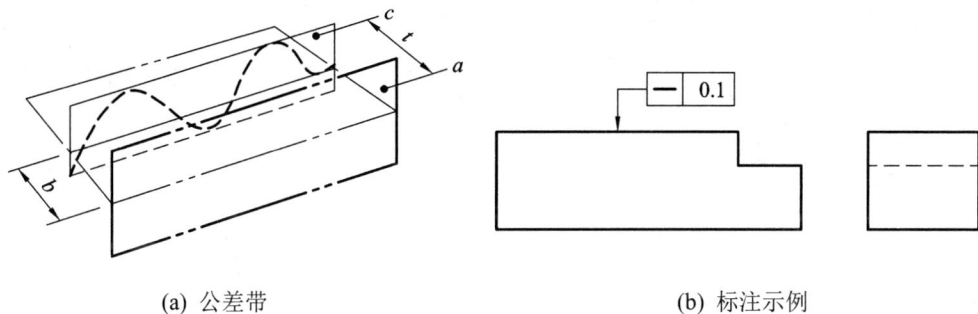

(a) 公差带        (b) 标注示例

图 3-15 给定平面内的直线度公差

在给定方向上，直线度公差带为间距等于公差值 $t$ 的两平行平面所限定的区域。公差带的位置是浮动的。实际轮廓线或素线应限定在间距等于 0.1 mm 的两个平行直线之间，如图 3-16 所示。

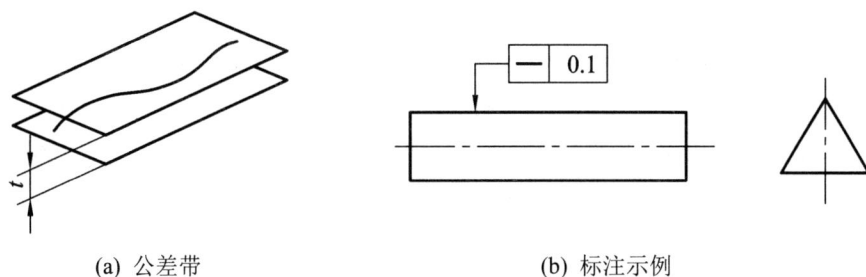

(a) 公差带        (b) 标注示例

图 3-16 给定方向上的直线度公差

在任意方向上，直线度公差带为直径等于公差值 $t$ 的圆柱面所限定的区域。公差带位置是浮动的。外圆柱面的实际轴线应限定在直径等于 $\phi 0.08$ mm 的圆柱面内，如图 3-17 所示。

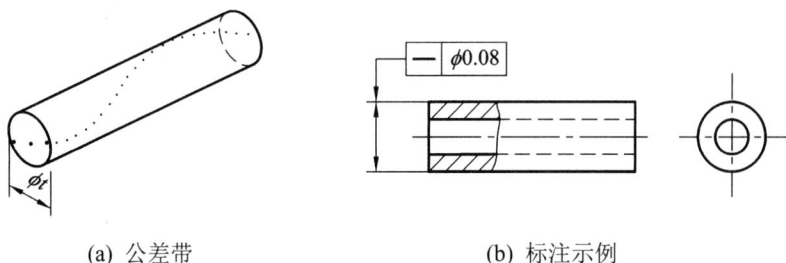

(a) 公差带        (b) 标注示例

图 3-17 任意方向上的直线度公差

## 2. 平面度

平面度(公差)用来限制被测实际平面的形状误差。被测要素是组成要素或导出要素，其公称被测要素的属性和形状为明确给定的表面，属于面要素。

平面度公差带为间距等于公差值 $t$ 的两平行平面所限定的区域。公差带位置是浮动的。实际表面应限定在间距等于 0.08 mm 的两平行平面之间，如图 3-18 所示。

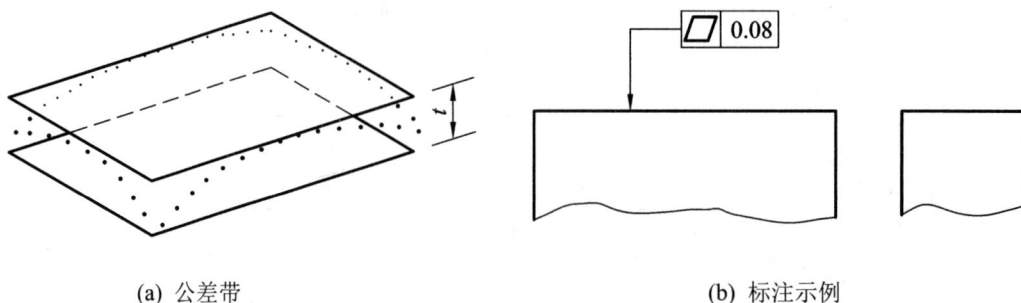

(a) 公差带　　　　　　　　　　　　　　　　(b) 标注示例

图 3-18　平面度公差

### 3. 圆度

圆度(公差)用来限制回转表面的某一方向截面轮廓的形状误差。被测要素是组成要素，且被测要素是明确给定的圆周线或一组圆周线。圆柱要素的圆度要求可用在相对被测要素轴线垂直的截面上；球形要素的圆柱要求可用在包含球形的截面上。非圆柱体的回转表面应标注方向要素。

圆度公差带为在给定截面内，半径差等于公差值 $t$ 的两同心圆所限定的区域。公差带位置是浮动的。在圆柱面的任一横截面内，实际圆周应限定在半径差等于 0.03 mm 的两个共面同心圆之间；在圆锥面的任一横截面内，实际圆周应限定在半径差等于 0.03 mm 的两个共面同心圆之间。圆度公差如图 3-19 所示。

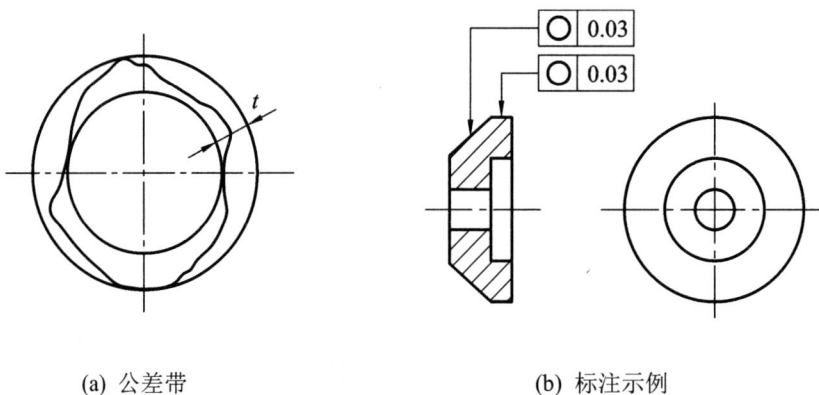

(a) 公差带　　　　　　　　　　　　　　　　(b) 标注示例

图 3-19　圆度公差

### 4. 圆柱度

圆柱度(公差)用来限制被测实际圆柱面的形状误差。圆柱度公差仅是对圆柱表面的控制要求，它不能用于圆锥表面或其他形状的表面。圆柱度公差同时控制了圆柱体径向剖面和轴向剖面内各项形状误差，诸如圆度、素线直线度等。因此，圆柱度是圆柱面各项形状误差的综合控制指标。圆柱度的指引线箭头垂直于轮廓表面。

圆柱度公差带为半径差等于公差值 $t$ 的两同轴圆柱面所限定的区域。公差带位置是浮动的，实际圆柱面应限定在半径差等于 0.1 mm 的两同轴圆柱面之间，如图 3-20 所示。

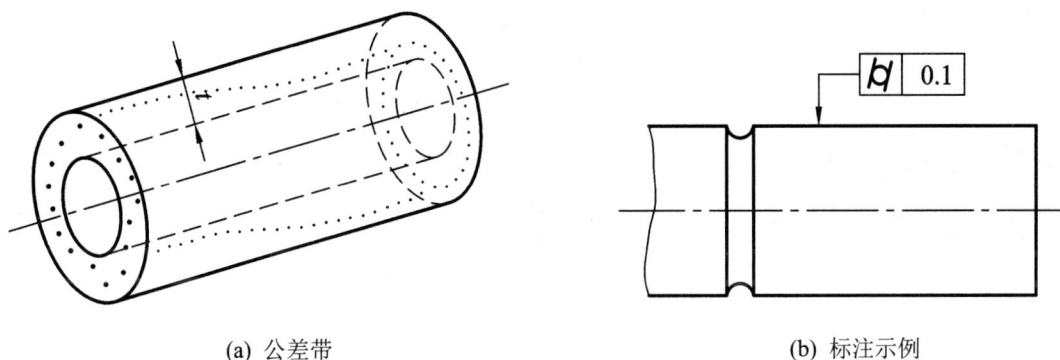

(a) 公差带　　　　　　　　　　　　　　　(b) 标注示例

图 3-20　圆柱度公差

### 5. 轮廓度

轮廓度(公差)包括线轮廓度(公差)和面轮廓度(公差)。无基准要求时的轮廓公差为形状公差，有基准要求时的轮廓公差为方向公差、位置公差。

#### 1) 线轮廓度

没有基准时，线轮廓度公差带为直径等于公差值 $t$、圆心位于被测要素理论正确几何形状上的一系列圆的两条包络线所限定的区域。公差带位置是浮动的。在任一平行于图示投影面的截面内，实际轮廓线应限定在直径等于 0.04 mm、圆心位于被测要素理论正确几何形状上的一系列圆的两条包络线之间。无基准时的线轮廓度公差如图 3-21 所示。

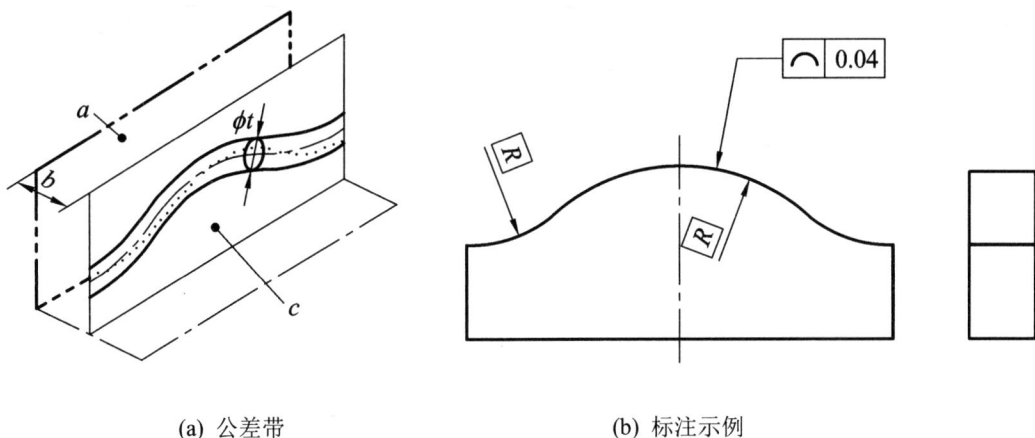

(a) 公差带　　　　　　　　　　　　　　　(b) 标注示例

图 3-21　无基准时的线轮廓度公差

有基准时，线轮廓度公差带为直径等于公差值 $t$、圆心位于由基准确定的被测要素理论正确几何形状上的一系列圆的两条包络线所限定的区域。公差带位置是固定的。在任一平行于图示投影面的截面内，实际轮廓线应限定在直径等于 0.04 mm、圆心位于由基准 $A$ 和基准 $B$ 确定的被测要素理论正确几何形状上的一系列圆的两条包络线之间。有基准时的线轮廓度公差如图 3-22 所示。

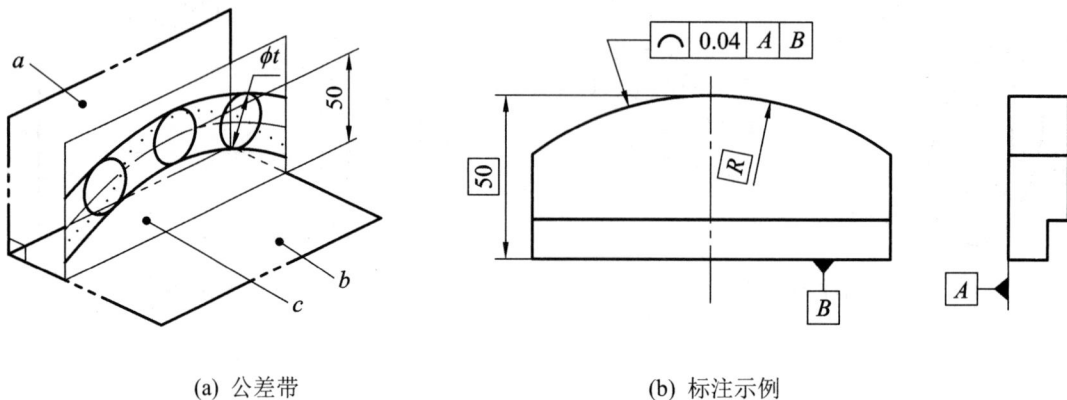

(a) 公差带　　　　　　　　　　　　　　(b) 标注示例

图 3-22　有基准时的线轮廓度公差

**2) 面轮廓度**

没有基准时，面轮廓度公差带为直径等于公差值 $t$、球心位于被测要素理论正确几何形状上的一系列圆球的两个包络面所限定的区域。公差带位置是浮动的。实际轮廓面应限定在直径等于 0.02 mm、球心位于被测要素理论正确几何形状上的一系列圆球的两个包络面之间。无基准时的面轮廓度公差如图 3-23 所示。

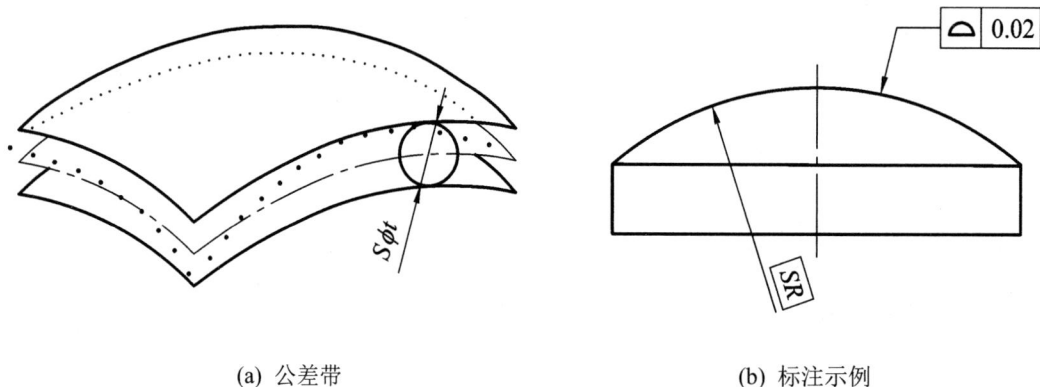

(a) 公差带　　　　　　　　　　　　　　(b) 标注示例

图 3-23　无基准时的面轮廓度公差

有基准时，面轮廓度公差带为直径等于公差值 $t$、球心位于由基准确定的被测要素理论正确几何形状上的一系列圆球的两个包络面所限定的区域。公差带位置是固定的。实际轮廓面应限定在直径等于 0.1 mm、球心位于由基准平面 $A$ 所确定的被测要素理论正确几何形状上的一系列圆球的两个包络面之间。有基准时的面轮廓度公差如图 3-24 所示。

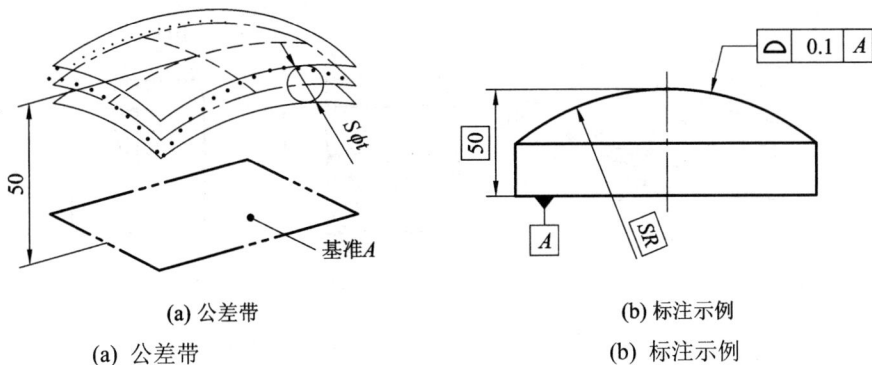

(a) 公差带　　　　　　　　　　　　　(b) 标注示例

图 3-24　有基准时的面轮廓度公差

## 3.3.2　方向公差

方向公差是关联实际要素对其具有确定方向的理想要素的允许变动量。方向公差带相对基准具有明确的方向，具有同时控制被测要素方向和形状的功能。方向公差有平行度、垂直度、倾斜度和有基准的轮廓度。

### 1. 平行度

被测平面对基准平面 $A$ 的平行度：公差带为间距等于公差值 $t$ 且平行于基准平面的两平行平面所限定的区域。公差带的方向是固定的，实际表面应限定在间距等于 0.01 mm 且平行于基准平面的两平行平面之间，如图 3-25 所示。

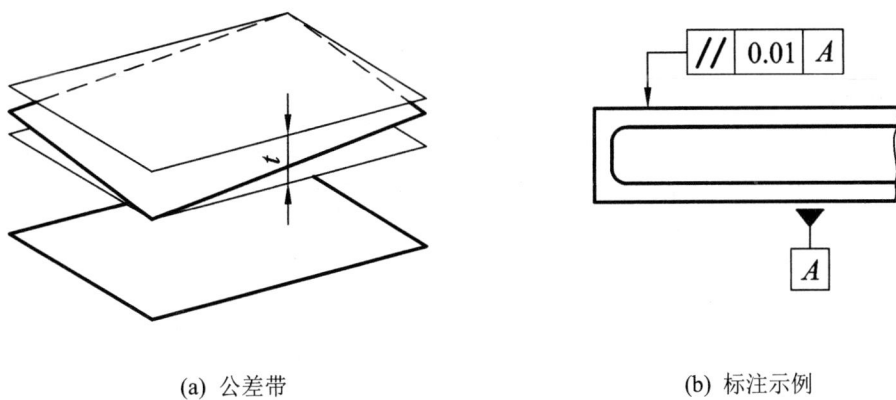

(a) 公差带　　　　　　　　　　　　　(b) 标注示例

图 3-25　被测平面对基准平面的平行度

被测直线对基准平面 $A$ 的平行度：公差带为间距等于公差值 $t$ 且平行于基准平面的两平行平面所限定的区域。公差带的方向是固定的，被测直线应限定在间距等于 0.01 mm 且平行于基准平面的两平行平面之间，如图 3-26 所示。

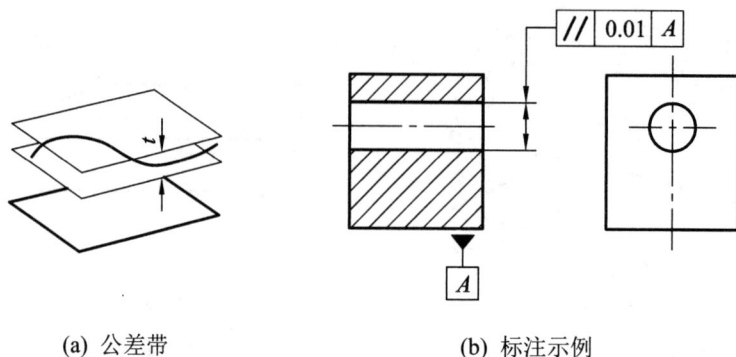

(a) 公差带                    (b) 标注示例

图 3-26    被测直线对基准平面的平行度

被测直线对基准直线的平行度：公差带为直径等于公差值$\phi t$且平行于基准轴线的圆柱面所限定的区域(圆柱轴线平行于基准直线)。公差带的方向是固定的，被测孔的实际轴线应限定在直径等于$\phi 0.03$ mm 且平行于基准轴线的圆柱面内，如图 3-27 所示。

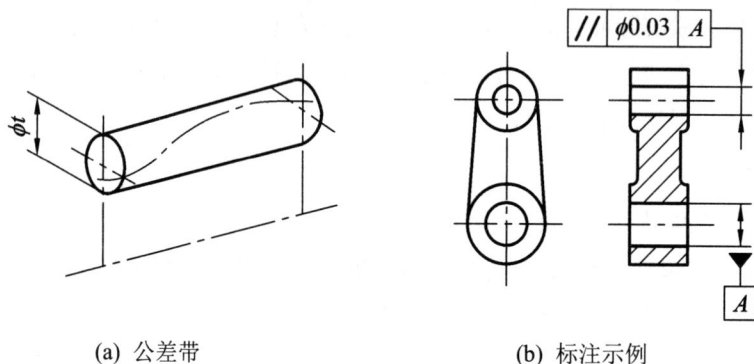

(a) 公差带                    (b) 标注示例

图 3-27    被测直线对基准直线的平行度

## 2. 垂直度

被测平面对基准平面的垂直度：公差带为间距等于公差值 $t$ 且垂直于基准平面的两平行平面所限定的区域。公差带的方向是固定的，实际表面应限定在间距等于 0.08 mm 且垂直于基准平面的两平行平面之间，如图 3-28 所示。

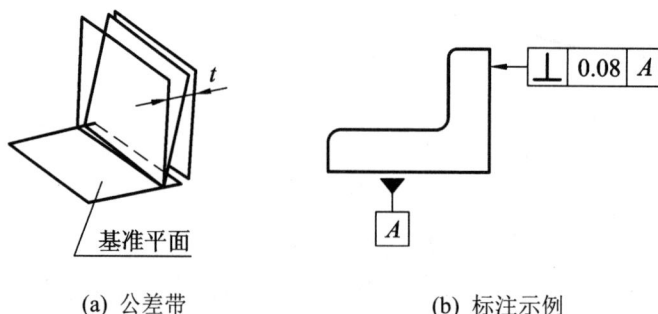

(a) 公差带                    (b) 标注示例

图 3-28    被测平面对基准平面的垂直度

被测直线对基准平面的垂直度：公差带为直径等于公差值$\phi t$且垂直于基准平面的圆柱面

所限定的区域(圆柱轴线垂直于基准平面)。公差带的方向是固定的，被测孔的实际轴线应限定在直径等于 $\phi$0.01 mm 且垂直于基准平面的圆柱面内，如图 3-29 所示。

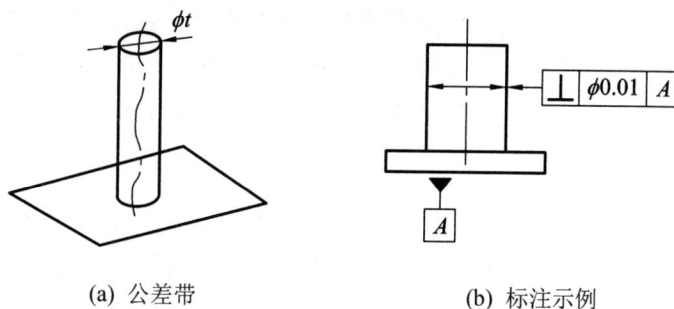

(a) 公差带        (b) 标注示例

图 3-29   被测直线对基准平面的垂直度

### 3. 倾斜度

被测直线对基准直线的倾斜度：公差带为被测直线与基准直线在同一平面上、间距等于公差值 $t$ 的两平行平面所限定的区域。两平行平面按给定角度倾斜于基准轴线，公差带的方向是固定的。被测孔的实际轴线应限定在间距等于 0.08 mm 的两平行平面之间，两平行平面按理论正确角度 60° 倾斜于基准轴线，如图 3-30 所示。

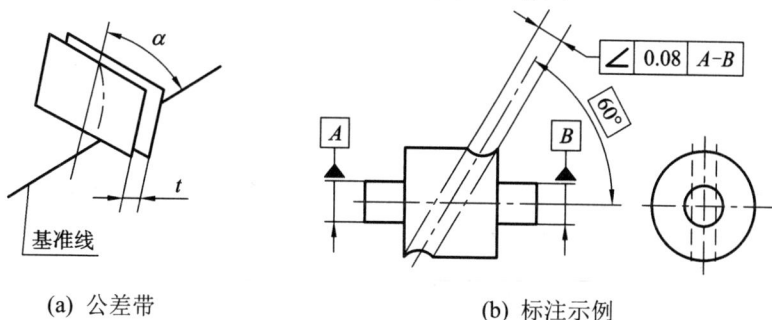

(a) 公差带        (b) 标注示例

图 3-30   被测直线对基准直线的倾斜度

### 4. 有基准的轮廓度

在保证功能要求的前提下，对被测要素给出方向公差后，一般不再给出其形状公差。如果对形状精度有进一步要求，可同时给出形状公差和方向公差，但是形状公差的公差值应该小于方向公差的公差值。如图 3-31 所示，对被测平面给出 0.03 mm 的平行度公差和 0.01 mm 的平面度公差。

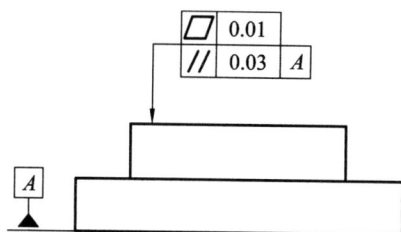

图 3-31   同时给出方向公差和形状公差

### 3.3.3 位置公差

位置公差是关联要素相对基准要素在位置上允许的变动量。位置公差包括同轴度、对称度、位置度和有基准的轮廓度。位置公差带相对于基准具有正确的位置。位置公差带的位置由理论正确尺寸确定，同轴度和对称度的理论正确尺寸为零。

#### 1. 同轴度

点的同轴度也称为同心度，公差带为直径等于公差值 $\phi t$ 或 $\phi d$ 的圆周所限定的区域，圆周的圆心与基准点重合。公差带的位置是固定的。在任一截面内，内圆的实际中心点应限定在直径等于 $\phi 0.01$ mm 且以基准点为圆心的圆周内，如图 3-32 所示。

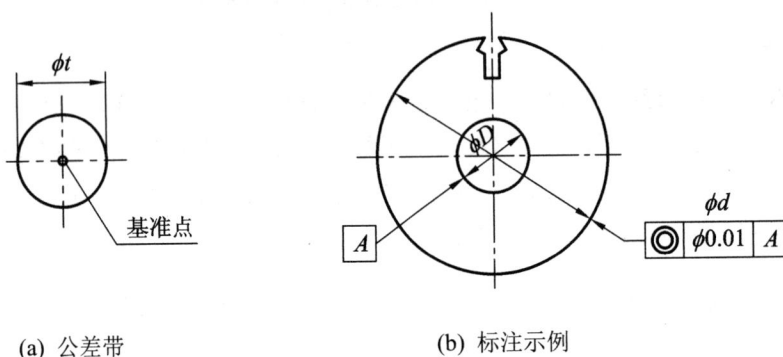

(a) 公差带            (b) 标注示例

图 3-32    同心度

线的同轴度：公差带为直径等于公差值 $\phi t$ 且轴线与基准轴线重合的圆柱面所限定的区域。公差带的位置是固定的。被测圆柱面的实际轴线应限定在直径等于 $\phi 0.08$ mm 且轴线与基准轴线 $A–B$ 重合的圆柱面内，如图 3-33 所示。

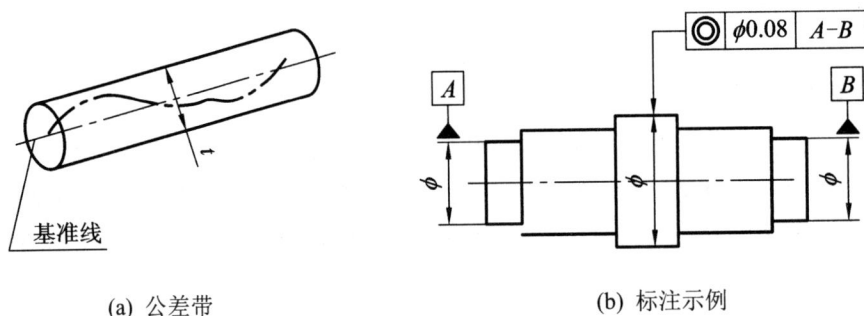

(a) 公差带            (b) 标注示例

图 3-33    同轴度

#### 2. 对称度

被测平面对基准平面的对称度：公差带为间距等于公差值 $t$ 且中心对称于基准平面的两平行平面所限定的区域。公差带位置是固定的。被测实际平面应限定在间距等于 0.08 mm 且中心对称于基准平面 $A$ 的两平行平面之间，如图 3-34 所示。

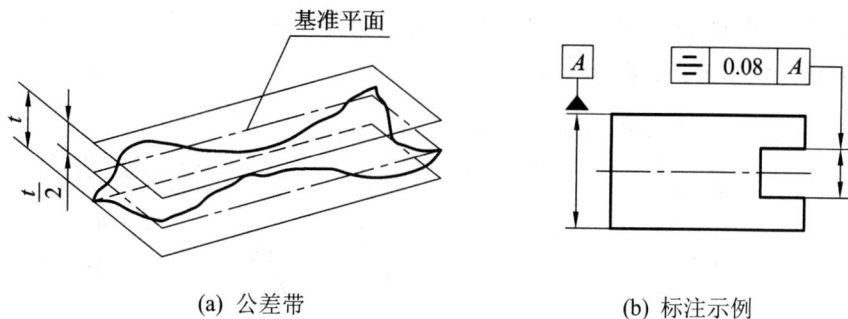

(a) 公差带　　　　　　　　(b) 标注示例

图 3-34　被测平面对基准平面的对称度

被测平面对基准轴线的对称度：公差带为间距等于公差值 $t$ 且中心对称于基准轴线(基准线)的两平行平面所限定的区域。公差带位置是固定的。被测实际平面应限定在间距等于 0.05 mm 且中心对称于基准轴线 $A$ 的两平行平面之间，如图 3-35 所示。

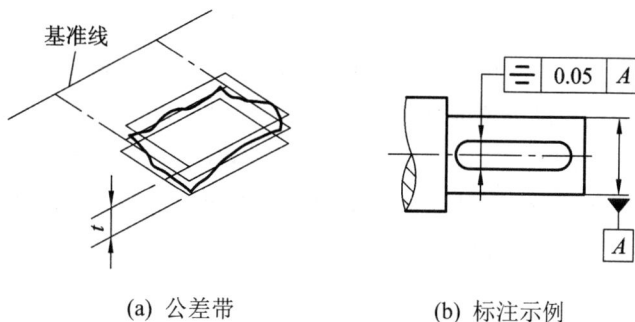

(a) 公差带　　　　　　　　(b) 标注示例

图 3-35　被测平面对基准轴线的对称度

### 3. 位置度

点的位置度：公差带为直径等于公差值 $\phi t$ 的圆所限定的区域，该圆的中心的理论正确位置由基准和理论正确尺寸确定。公差带的位置是固定的。实际圆心应限定在直径等于 $\phi 0.03$ mm 的圆内，圆的中心应处于由基准 $A$ 和基准 $B$ 以及理论正确尺寸所确定的位置，如图 3-36 所示。

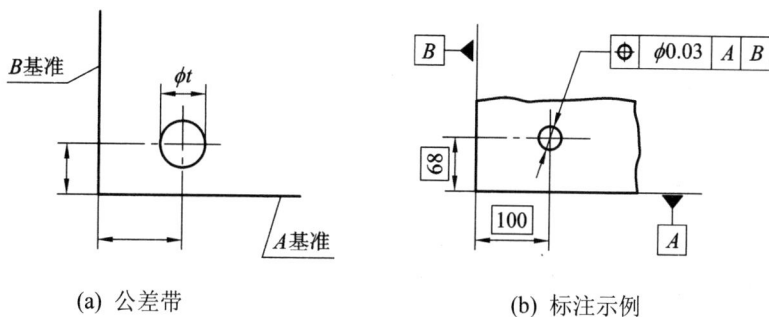

(a) 公差带　　　　　　　　　(b) 标注示例

图 3-36　点的位置度

线的位置度：公差带为直径等于公差值 $\phi t$ 的圆柱面所限定的区域，该圆柱面的轴线的理论正确位置由基准和理论正确尺寸确定。公差带的位置是固定的。孔的实际被测轴线应限定在直径等于$\phi0.08$ mm 的圆柱面内，圆柱面的轴线应处于由基准平面 $A$、$B$、$C$ 和理论正确尺寸所确定的位置，如图 3-37 所示。

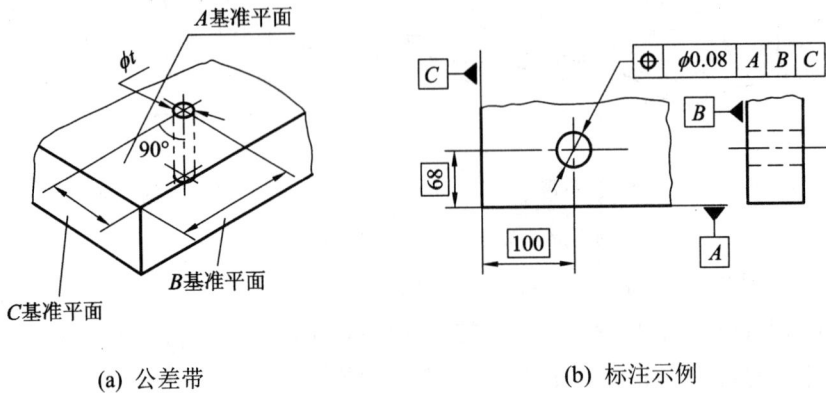

(a) 公差带　　　　　　　　　　　　　　(b) 标注示例

图 3-37　线的位置度

面的位置度：公差带为间距等于公差值 $t$ 且对称于被测表面理论正确位置的两平行平面所限定的区域，理论正确位置由基准平面、基准轴线和理论正确尺寸以及理论正确角度确定。公差带位置是固定的。实际表面应限定在间距等于 0.05 mm 且对称于被测表面理论正确位置的两平行平面之间，理论正确位置由基准平面 $A$、基准轴线 $B$、理论正确尺寸以及理论正确角度确定，如图 3-38 所示。

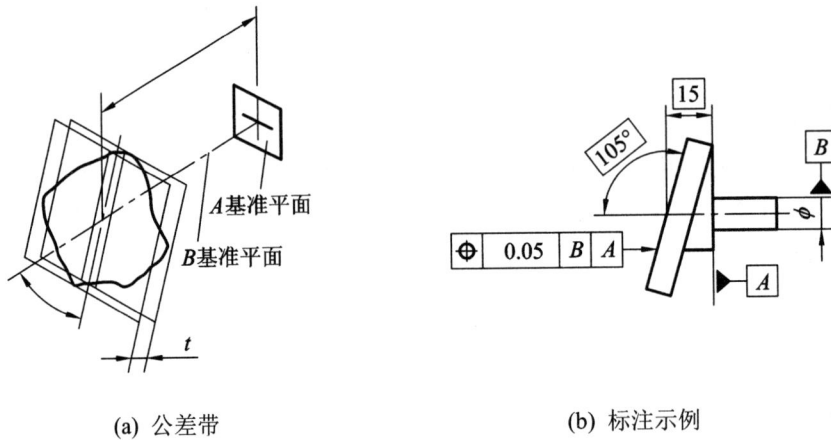

(a) 公差带　　　　　　　　　　　　　　(b) 标注示例

图 3-38　面的位置度

### 4. 有基准的轮廓度

位置公差具有综合控制被测要素位置、方向和形状的职能。在保证功能要求的前提下，对被测要素给出位置公差后，仅在对其方向精度和形状精度有进一步要求时，才另行给出方向公差或形状公差，而方向公差值必须小于位置公差值，形状公差值必须小于方向公差值。例如图 3-39 中，对被测平面同时给出取值为 0.05 mm 的位置度公差、取值为 0.03 mm 的平行度公差和取值为 0.01 mm 的平面度公差。

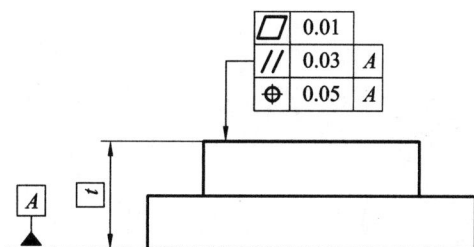

图 3-39 位置度公差、平行度公差和平面度公差下的被测平面

### 3.3.4 跳动公差

#### 1. 基本概念

跳动公差是关联实际要素绕基准轴线回转一周或连续回转时所允许的最大跳动量,跳动量为指示表的最大与最小示值之差。被测要素为回转表面或端面,基准要素为轴线。跳动包括圆跳动和全跳动。

圆跳动是指被测要素在某个测量截面内相对于基准轴线的变动量。圆跳动有径向圆跳动、轴向圆跳动和斜向圆跳动。

全跳动是指整个被测要素相对于基准轴线的变动量。全跳动有径向全跳动和轴向全跳动。

跳动公差是一种综合公差,它可以限制形状误差、方向误差和位置误差。径向圆跳动公差可以限制圆度误差和同心度误差。轴向圆跳动公差可以限制平面对轴的定向误差。径向全跳动公差可以限制圆柱度误差和同轴度误差。轴向全跳动公差可以限制平面对基准轴线的垂直误差和平面度误差(轴向全跳动相当于平面对基准轴线的垂直度)。

由于跳动量容易测量,所以在设计时,通常在相同的功能条件下,优先规定跳动公差。例如,对于装有滚动轴承的圆柱面,应规定圆柱度公差,但在实际设计中,工程师通常用跳动公差代替圆柱度公差。

#### 2. 圆跳动

1) 径向圆跳动

径向圆跳动的公差带为在任一垂直于基准轴线的横截面内、半径差等于公差值 $t$、圆心在基准轴线上的两同心圆所限定的区域。公差带的位置固定。在任一垂直于基准轴线 $A$ 的横截面内,被测圆柱面的实际圆应限定在半径差等于 0.1 mm 且圆心在基准轴线 $A$ 上的两个同心圆之间,如图 3-40 所示。

2) 轴向圆跳动

轴向圆跳动的公差带为与基准轴线同轴的任一直径的圆柱截面上、间距等于公差值 $t$ 的两个等径圆所限定的圆柱面区域。公差带的位置固定。在与基准轴线 $A$ 同轴的任一直径的圆柱截面上,实际圆应限定在轴向距离等于 0.1 mm 的两个等径圆之间,如图 3-41 所示。

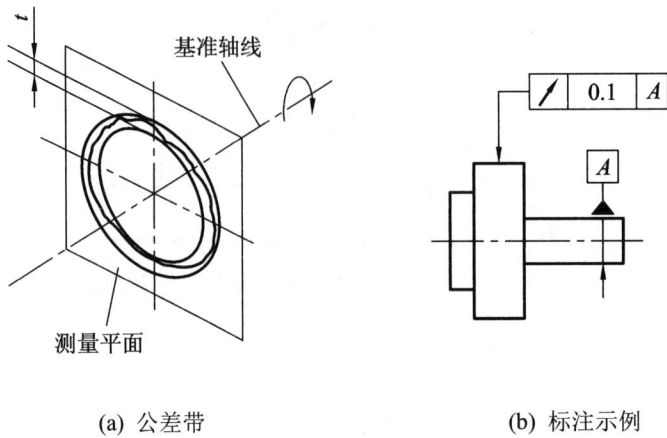

(a) 公差带                    (b) 标注示例

图 3-40    径向圆跳动

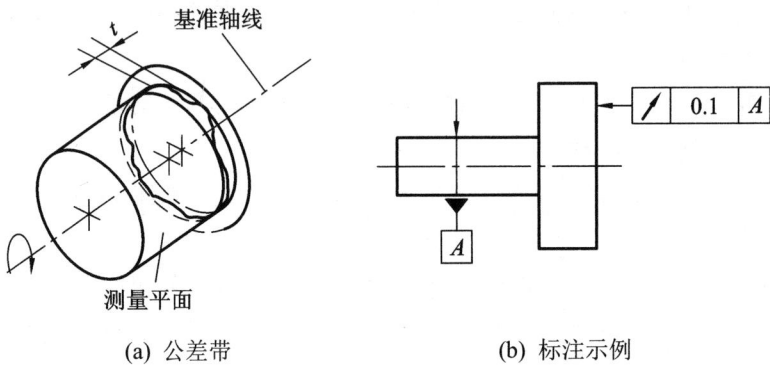

(a) 公差带                    (b) 标注示例

图 3-41    轴向圆跳动

### 3) 斜向圆跳动

斜向圆跳动中，公差带为与基准轴线同轴的某一圆锥截面上、间距等于公差值 $t$ 且直径不相等的两个圆所限定的圆锥面区域，除非另有规定，测量方向应垂直于被测表面。公差带的位置固定，被测平面位于与基准轴线 $A$ 同轴的任一圆锥面上，实际轮廓线应限定在素线方向间距等于 0.1 mm 的直径下的不相等的两个圆之间，如图 3-42 所示。

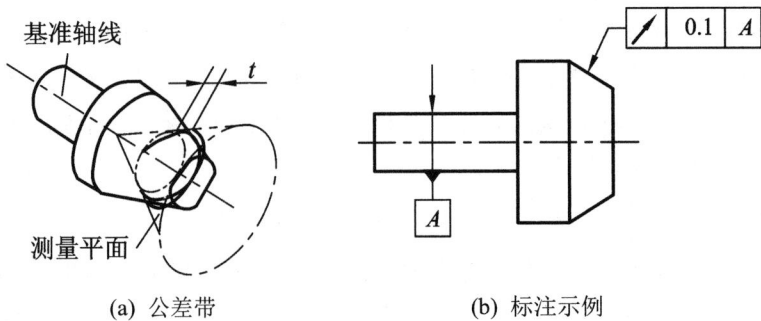

(a) 公差带                    (b) 标注示例

图 3-42    斜向圆跳动

### 3. 全跳动

#### 1) 径向全跳动

径向全跳动中，公差带为半径差等于公差值 $t$ 且被测轴线与基准轴线重合的两个圆柱面所限定的区域。公差带的位置固定。被测圆柱面的整个实际被测表面应限定在半径差等于 0.1 mm 且被测轴线与公共基准轴线 $A$-$B$ 重合的两个圆柱面之间，如图 3-43 所示。

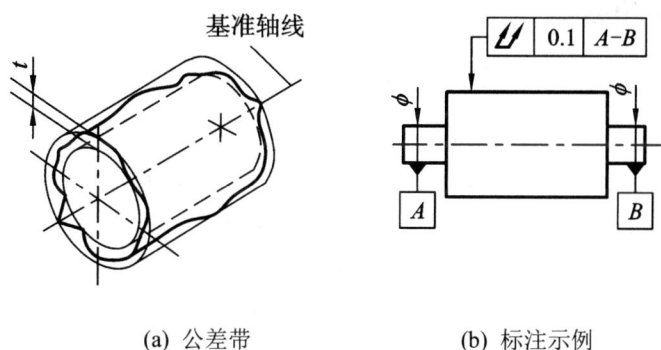

(a) 公差带    (b) 标注示例

图 3-43    径向全跳动

#### 2) 轴向全跳动

轴向全跳动中，公差带为半径差等于公差值 $t$ 且垂直于基准轴线的两个平行平面所限定的区域。公差带的位置固定。被测实际表面应限定在间距等于 0.1 mm 且垂直于基准轴线 $A$ 的两个平行平面之间，如图 3-44 所示。

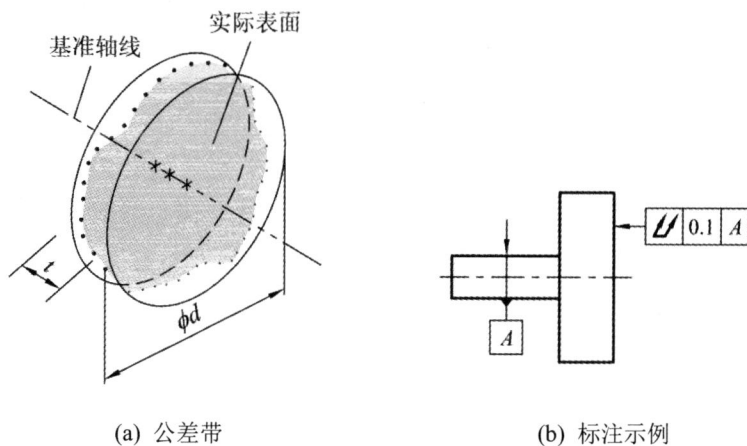

(a) 公差带    (b) 标注示例

图 3-44    轴向全跳动

## 3.4    公差原则与公差要求

在机械零件设计中，需要对关键几何特征同时规定尺寸公差和几何公差，零件几何特征的实际测量结果是尺寸误差和几何误差综合作用的结果。因此，尺寸公差与几何公差的关系应明确。

公差原则是指确定尺寸公差和几何公差之间关系的原则。公差原则包括独立原则和相关要求。相关要求包括包容要求、最大实体要求、最小实体要求和可逆要求。

## 3.4.1　基本术语和定义

### 1. 边界

由设计给定的具有理想形状的极限包容面(如极限圆柱或两平行平面)称为边界。单一要素的边界没有方向或位置的约束，而关联要素的边界则与基准保持图样上给定的几何关系。对于外表面来说，它的边界相当于一个具有理想形状的内表面；对于内表面来说，它的边界相当于一个具有理想形状的外表面。极限包容面的直径或宽度称为边界的尺寸。边界用于综合控制实际要素的尺寸和几何误差。根据零件的功能和经济性要求，一般要求最大实体边界、最小实体边界、最大实体实效边界和最小实体实效边界。

### 2. 最大实体状态下的最大实体尺寸与边界

最大实体状态(MMC)是指实际要素在给定长度上处处位于尺寸极限之内、并具有最大实体时的状态，称为最大实体状态，或者说孔或轴具有允许的材料量最多时的状态。最大实体状态下的尺寸为最大实体尺寸(MMS)。对于外表面(轴)来说，该尺寸为上极限尺寸，用 $d_M$ 表示；对于内表面(孔)来说，该尺寸为下极限尺寸，用 $D_M$ 表示，分别如式(3-1)和式(3-2)所示。

$$d_M = d_{max} \tag{3-1}$$

$$D_M = D_{min} \tag{3-2}$$

最大实体边界(MMB)是指最大实体状态的理想形状的极限包容面，即尺寸为最大实体尺寸时的边界。

### 3. 最小实体状态下的最小实体尺寸与边界

最小实体状态(LMC)是指实际要素在给定长度上处处位于尺寸极限之内、并具有最小实体时的状态，或者说孔或轴具有允许的材料量最少时的状态。最小实体状态下的尺寸为最小实体尺寸(LMS)。对于外表面(轴)来说，该尺寸为下极限尺寸，用 $d_L$ 表示；对于内表面(孔)来说，该尺寸为上极限尺寸，用 $D_L$ 表示，分别如式(3-3)和式(3-4)所示。

$$d_L = d_{min} \tag{3-3}$$

$$D_L = D_{max} \tag{3-4}$$

最小实体边界(LMB)是指最小实体状态的理想形状的极限包容面，即尺寸为最小实体尺寸时的边界。

#### 4. 作用尺寸

作用尺寸包括体外作用尺寸和体内作用尺寸。在被测要素的给定长度上，与实际内表面(孔)体外相接的最大理想面或与实际外表面(轴)体外相接的最小理想面的直径或宽度，称为体外作用尺寸。孔、轴的体外作用尺寸分别用 $D_{fe}$、$d_{fe}$ 表示。单一要素的体外作用尺寸如图 3-45 所示。

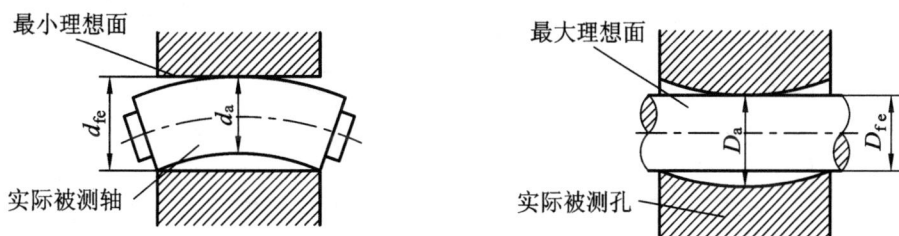

图 3-45 单一要素的体外作用尺寸

由上图可知，有几何误差 $f$ 的内表面(孔)的体外作用尺寸小于其实际尺寸，有几何误差 $f$ 的外表面(轴)的体外作用尺寸大于其实际尺寸，分别如式(3-5)和式(3-6)所示。

$$D_{fe} = D_a - f \tag{3-5}$$

$$d_{fe} = d_a + f \tag{3-6}$$

在被测要素的给定长度上，与实际内表面(孔)体内相接的最小理想面或与实际外表面(轴)体内相接的最大理想面的直径或宽度，称为体内作用尺寸。孔、轴的体内作用尺寸分别用 $D_{fi}$、$d_{fi}$ 表示。单一要素的体内作用尺寸如图 3-46 所示。

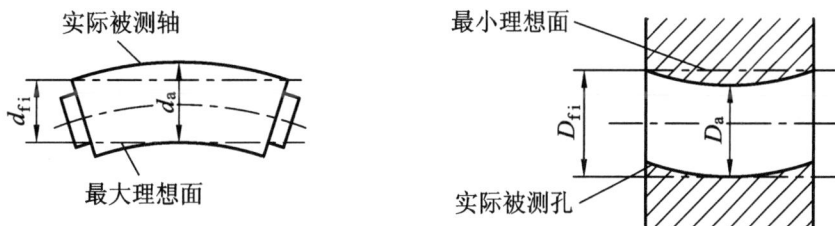

图 3-46 单一要素的体内作用尺寸

由上图可知，有几何误差 $f$ 的内表面(孔)的体内作用尺寸大于其实际尺寸，有几何误差 $f$ 的外表面(轴)的体内作用尺寸小于其实际尺寸，分别如式(3-7)和式(3-8)所示。

$$D_{fi} = D_a + f \tag{3-7}$$

$$d_{fi} = d_a - f \tag{3-8}$$

#### 5. 最大实体实效状态下的最大实体实效尺寸与边界

在给定长度上，实际要素处于最大实体状态且其中心要素的几何误差 $f$ 等于给出公差值 $t$ 时的综合极限状态，称为最大实体实效状态(MMVC)。最大实体实效状态下的体外作用尺寸称为最大实体实效尺寸(MMVS)。孔、轴的最大实体实效尺寸分别用 $D_{MV}$、$d_{MV}$ 表示，如式(3-9)和式(3-10)所示。

$$D_{MV} = D_M - t \tag{3-9}$$

$$d_{MV} = d_M + t \tag{3-10}$$

最大实体实效边界(MMVB)是指尺寸为最大实体实效尺寸时的边界，如图 3-47 所示。

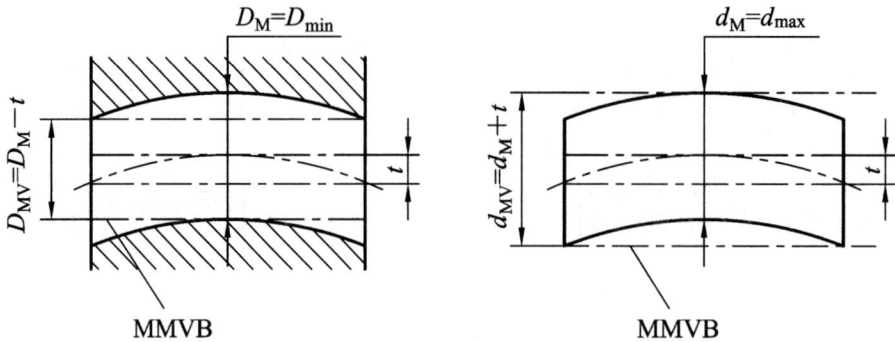

图 3-47    最大实体实效尺寸及边界

### 6. 最小实体实效状态下的最小实体实效尺寸与边界

在给定长度上，实际要素处于最小实体状态且其中心要素的几何误差 $f$ 等于给出公差值 $t$ 时的综合极限状态，称为最小实体实效状态(LMVC)。最小实体实效状态下的体内作用尺寸，称为最小实体实效尺寸(LMVS)。孔、轴的最小实体实效尺寸分别用 $D_{LV}$、$d_{LV}$ 表示，分别如式(3-11)和式(3-12)所示。

$$D_{LV} = D_L + t \tag{3-11}$$

$$d_{LV} = d_L - t \tag{3-12}$$

最小实体实效边界(LMVB)是指尺寸为最小实体实效尺寸时的边界，如图 3-48 所示。

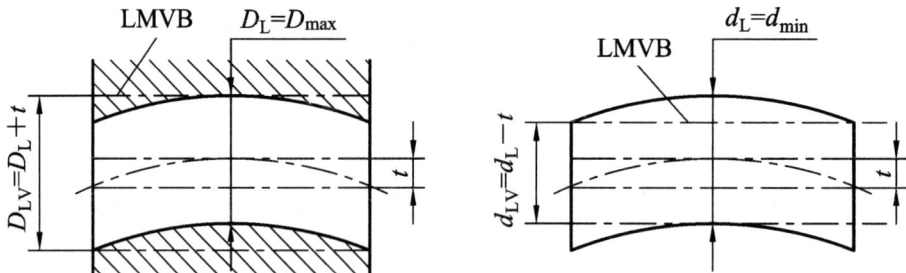

图 3-48    最小实体实效尺寸及边界

**例 3-1**    按图 3-49(a)和图 3-49(b)加工轴、孔零件，测得直径尺寸为 $\phi16$，其轴线的直线度误差为 $\phi0.02$；按图 3-49(c)和图 3-49(d)加工轴、孔零件，测得直径尺寸为 $\phi16$，其轴线的垂直度误差为 $\phi0.2$。试求出四种情况下的最大实体尺寸、最小实体尺寸、体外作用尺寸、体内作用尺寸、最大实体实效尺寸和最小实体实效尺寸。

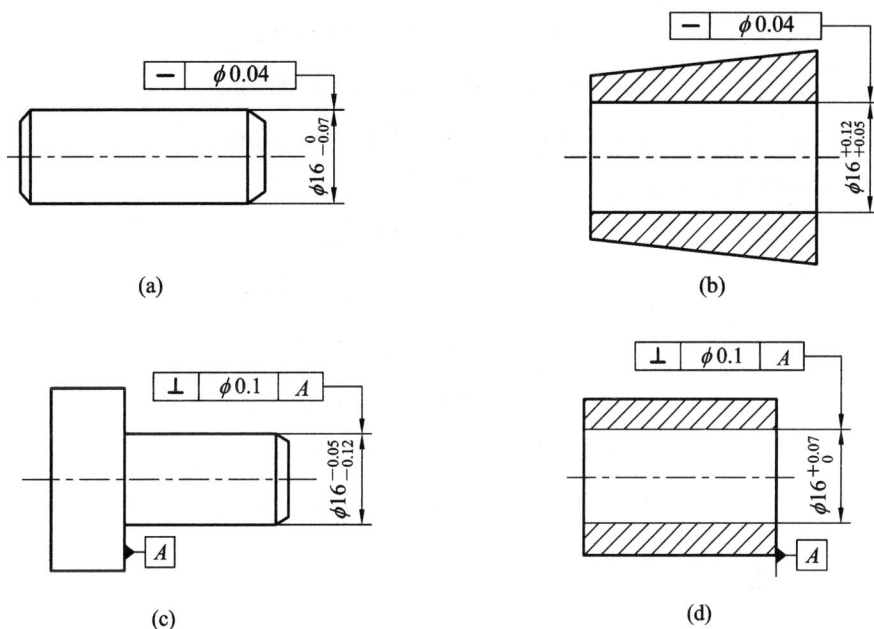

(a)

(b)

(c)

(d)

图 3-49　零件图

解：(1) 按图 3-49(a)加工零件

$$d_M = d_{max} = 16 \text{ mm}$$

$$d_L = d_{min} = 16 + (-0.07) = 15.93 \text{ mm}$$

$$d_{fe} = d_a + f = 16 + 0.02 = 16.02 \text{ mm}$$

$$d_{fi} = d_a - f = 16 - 0.02 = 15.98 \text{ mm}$$

$$d_{MV} = d_M + t = 16 + 0.04 = 16.04 \text{ mm}$$

$$d_{LV} = d_L - t = 15.93 - 0.04 = 15.89 \text{ mm}$$

(2) 按图 3-49(b)加工零件

$$D_M = D_{min} = 16 + 0.05 = 16.05 \text{ mm}$$

$$D_L = D_{max} = 16 + 0.12 = 16.12 \text{ mm}$$

$$D_{fe} = D_a - f = 16 - 0.02 = 15.98 \text{ mm}$$

$$D_{fi} = D_a + f = 16 + 0.02 = 16.02 \text{ mm}$$

$$D_{MV} = D_M - t = 16.05 - 0.04 = 16.01 \text{ mm}$$

$$D_{LV} = D_L + t = 16.12 + 0.04 = 16.16 \text{ mm}$$

(3) 按图 3-49(c)加工零件

$$d_M = d_{max} = 16 - 0.05 = 15.95 \text{ mm}$$

$$d_L = d_{min} = 16 - 0.12 = 15.88 \text{ mm}$$

$$d_{fe} = d_a + f = 16 + 0.2 = 16.2 \text{ mm}$$

$$d_{fi} = d_a - f = 16 - 0.2 = 15.8 \text{ mm}$$

$$d_{MV} = d_M + t = 15.95 + 0.1 = 16.05 \text{ mm}$$

$$d_{LV} = d_L - t = 15.88 - 0.1 = 15.78 \text{ mm}$$

(4) 按图 3-49(d)加工零件

$$D_M = D_{min} = 16 \text{ mm}$$

$$D_L = D_{max} = 16 + 0.07 = 16.07 \text{ mm}$$

$$D_{fe} = D_a - f = 16 - 0.2 = 15.8 \text{ mm}$$

$$D_{fi} = D_a + f = 16 + 0.2 = 16.2 \text{ mm}$$

$$D_{MV} = D_M - t = 16 - 0.1 = 15.9 \text{ mm}$$

$$D_{LV} = D_L + t = 16.07 + 0.1 = 16.17 \text{ mm}$$

### 3.4.2 独立原则

独立原则是指图纸上的每一个规定的尺寸或几何要求都满足相对独立的要求。独立原则是尺寸公差与几何公差的关系应遵循的基本原则。当采用独立原则时，图纸上规定的尺寸公差只控制尺寸误差，不控制几何误差；同时，几何公差只控制几何误差，不控制尺寸误差。当采用独立原则时，图纸上无附加符号。

图 3-50 是用于单个特征的独立原则的示例。加工后，提取特征的局部尺寸应保持在 29.979～30 mm 之间，直线度误差不大于 0.01 mm，圆柱度误差不大于 0.005 mm。同时满足这两个条件时，轴是合格的。

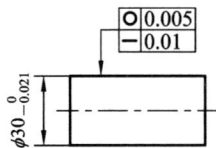

图 3-50  用于单个特征的独立原则示例

对于采用独立原则的被测特征，应分别测量以提取特征的局部尺寸和几何误差。通常采用两点法测量局部尺寸，用通用或专用测量工具测量几何误差。独立原则是最基本的公差原则，因而被广泛应用。

### 3.4.3 包容要求

包容要求是将尺寸误差和几何误差同时控制在尺寸公差范围内的一种公差要求，主要用于必须保证配合性质的要素。用最大实体边界保证必要的最小间隙或最大过盈，用最小实体尺寸防止间隙过大或过盈过小。

在图样上，单一要素的尺寸极限偏差或公差带代号之后标注 Ⓔ 时，表示该单一要素(单个特征)采用包容要求，如图 3-51 所示。

$$\phi20\,_{-0.013}^{\ \ 0}\ \ Ⓔ$$

图 3-51 包容要求在图样上的标注

采用包容要求时，被测要素应遵循最大实体边界，即要素的体外作用尺寸不得超出其最大实体尺寸，且要素的局部实际尺寸不得超出其最小实体尺寸。

此时，从含义上判断零件的合格条件，可以得出孔和轴的零件合格条件分别如式(3-13)和式(3-14)所示。

$$\begin{cases} D_{fe} \geqslant D_M \\ D_a \leqslant D_L \end{cases} \quad 即 \quad \begin{cases} D_a - f \geqslant D_{min} \\ D_a \leqslant D_{max} \end{cases} \tag{3-13}$$

$$\begin{cases} d_{fe} \leqslant d_M \\ d_a \geqslant d_L \end{cases} \quad 即 \quad \begin{cases} d_a + f \leqslant d_{max} \\ d_a \geqslant d_{min} \end{cases} \tag{3-14}$$

从尺寸变化上来理解，包容要求是指当实际尺寸处处为最大实体尺寸时，允许的几何误差(几何公差)为零；当实际尺寸偏离最大实体尺寸时，允许的几何误差(几何公差)可以相应增加，增加量等于实际尺寸偏离最大实体尺寸的偏离量，该量的数值大小等于实际尺寸与最大实体尺寸差值的绝对值。几何公差的最大增加量等于尺寸公差，此时实际尺寸应该处处为最小实体尺寸。上述规定表明，包容要求下，尺寸公差可以转化为几何公差。

此时，根据偏离最大实体状态来判断零件合格条件，按偏离最大实体状态的程度可计算出几何公差的补偿值，如式(3-15)所示。

$$\begin{cases} d_{min} \leqslant d_a \leqslant d_{max} \quad 或 \quad D_{min} \leqslant D_a \leqslant D_{max} \\ f \leqslant t = 补偿值 \end{cases} \tag{3-15}$$

例如图 3-52 的图样标注，其中尺寸公差与几何公差之间的关系可用动态公差图表示。动态公差图，表示轴线直线度公差值 $t$ 随轴的实际尺寸 $d_a$ 变化的规律。

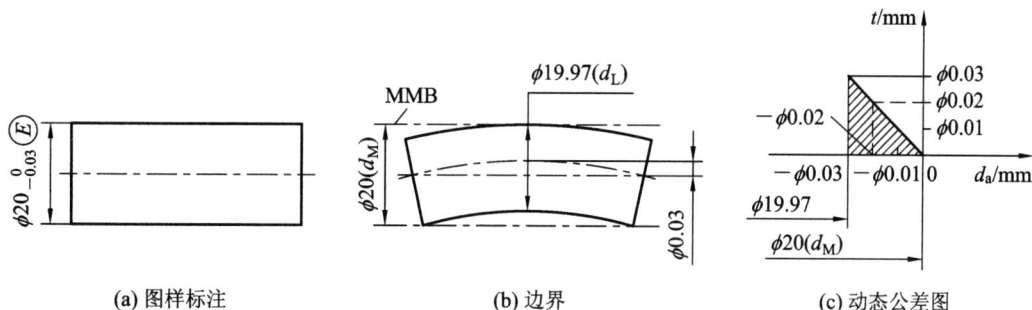

(a) 图样标注    (b) 边界    (c) 动态公差图

图 3-52 包容要求应用举例

当实际要素偏离最大实体状态时，包容要求允许将尺寸公差补偿给形状公差，补偿的公差值取决于实际要素偏离最大实体状态的多少。在表 3-4 中，当实际尺寸为 $\phi19.98$ 时，补偿值大小为 $\phi20$ 减去 $\phi19.98$，即 $\phi0.02$，所指的形状公差可能是轴线直线度，也可能是素线直线度，还可能是圆度，公差值等于补偿值，均为 0.02。

### 表 3-4 包容要求的形状公差值

| 不同情况 | 最大实体状态 | 实际尺寸 | 最小实体状态 | 边界 |
|---|---|---|---|---|
| 尺寸 | $\phi20$ | $\phi19.98$ | $\phi19.97$ | 最大实体边界 $d_M = \phi20$ |
| 公差值 | 0 | 补偿值：$\phi20 - \phi19.98 = \phi0.02$ | $\phi0.03$ | — |

**例 3-2** 按尺寸 $\phi50_{-0.05}^{0}$ 加工一个轴，图样上该尺寸按包容要求加工，加工后测得该轴的实际尺寸 $d_a = \phi49.97$ mm，其轴线直线度误差 $f_- = \phi0.02$ mm，判断该零件是否合格。

**解：** 从含义上判断

$$d_{max} = \phi50 \text{ mm}, \quad d_{min} = \phi49.95 \text{ mm}$$

$$d_{fe} = d_a + f_- = \phi49.97 + \phi0.02 = \phi49.99 < d_M = d_{max} = \phi50$$

$$d_a = \phi49.97 > d_L = d_{min} = \phi49.95$$

故零件合格。

从偏离状态判断

$$d_{max} = \phi50 \text{ mm}, \quad d_{min} = \phi49.95 \text{ mm}$$

$$d_{min} = \phi49.95 < d_a = \phi49.97 < d_{max} = \phi50$$

$$f_- = \phi0.02 < t = d_M - d_a = \phi50 - \phi49.97 = \phi0.03$$

故零件合格。

### 3.4.4 最大实体要求

孔与轴间隙配合时，它们能否自由装配和保证功能要求，通常取决于局部实际尺寸和几何误差的体外综合效应。例如，将两个法兰盘上的螺栓孔与固紧它们的螺栓装配时，当螺栓孔和螺栓的局部实际尺寸都达到最大实体尺寸，且它们的几何误差也都达到给定几何公差(值)时，它们的装配间隙最小；当它们的局部实际尺寸偏离最大实体尺寸而达到最小实体尺寸且几何误差为零时，它们的装配间隙最大。据此，如果螺栓孔和螺栓的局部实际尺寸向最小实体尺寸方向偏离其最大实体尺寸，即使它们的几何误差超出给定几何公差值(但不超出某一限度)，它们也能自由装配。这种装配取决于结合零件的局部实际尺寸及几何误差之间关系的概念，这是建立最大实体要求的理论依据。

只要求装配互换的要素，通常采用最大实体要求。因此，最大实体要求一般主要用于保证可装配性而对其他功能要求较低的场合。这样可以充分利用尺寸公差补偿几何公差，有利于制造和检验。最大实体要求只能用于轴线及中心面的形状公差、方向公差与位置公差。设计时如能正确地应用此原则，将给生产带来有利的经济效果。例如，对于用螺栓或螺钉连接的圆盘零件上圆周处布置的通孔的位置度公差，广泛采用最大实体要求，以便充分利用图样上给出的通孔尺寸公差，获得最佳的技术经济效益。

最大实体要求适用于导出要素(中心要素)。最大实体要求是指,遵守最大实体实效边界,控制被测要素的实际轮廓,使其处于最大实体实效边界之内,当实际尺寸偏离最大实体尺寸时,允许几何误差值超出给定的几何公差值。最大实体要求既适用于被测要素,也适用于基准要素。最大实体要求的符号为Ⓜ。将最大实体要求应用于被测要素时,在几何公差框格的公差值后标注;应用于基准要素时,在几何公差框格的基准字母代号后标注,如图 3-53 所示。

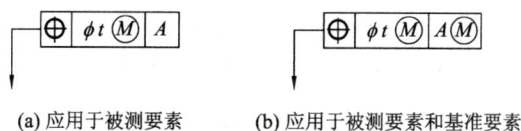

(a) 应用于被测要素        (b) 应用于被测要素和基准要素

图 3-53　最大实体要求在图样上的标注

最大实体要求应用于被测要素时,被测要素的实际轮廓在给定的长度上处处不得超出最大实体实效边界,即其体外作用尺寸不应超出最大实体实效尺寸,且其局部实际尺寸不超出最大实体尺寸和最小实体尺寸。

最大实体要求应用于被测要素时,被测要素的几何公差值是在该要素处于最大实体状态时给出的,当被测要素的实际轮廓偏离其最大实体状态,即其实际尺寸偏离最大实体尺寸时,几何误差值可超出在最大实体状态下给出的几何公差值,即此时的几何公差值可以增大。

当给出的几何公差值为零时,则为零几何公差。此时,被测要素的最大实体实效边界等于最大实体边界,最大实体实效尺寸等于最大实体尺寸。最大实体要求主要应用于关联要素,也可应用于单一要素。

零件的合格条件如下所述。

从含义上判断零件的合格条件,可以得出下列的零件合格条件,孔和轴的合格条件分别如式(3-16)和式(3-17)所示。

$$\begin{cases} D_{\text{fe}} \geqslant D_{\text{MV}} \\ D_{\text{M}} \leqslant D_{\text{a}} \leqslant D_{\text{L}} \end{cases} \quad \text{即} \quad \begin{cases} D_{\text{a}} - f \geqslant D_{\min} - t \\ D_{\min} \leqslant D_{\text{a}} \leqslant D_{\max} \end{cases} \tag{3-16}$$

$$\begin{cases} d_{\text{fe}} \leqslant d_{\text{MV}} \\ d_{\text{L}} \leqslant d_{\text{a}} \leqslant d_{\text{M}} \end{cases} \quad \text{即} \quad \begin{cases} d_{\text{a}} + f \leqslant d_{\max} + t \\ d_{\min} \leqslant d_{\text{a}} \leqslant d_{\max} \end{cases} \tag{3-17}$$

从偏离最大实体状态上判断,按偏离最大实体状态的程度可计算出公差的补偿值,如式(3-18)所示。

$$\begin{cases} d_{\min} \leqslant d_{\text{a}} \leqslant d_{\max} \quad \text{或} \quad D_{\min} \leqslant D_{\text{a}} \leqslant D_{\max} \\ f \leqslant t = 给定值 + 补偿值 \end{cases} \tag{3-18}$$

式中的给定值是公差框格中给定的公差值,补偿值是偏离最大实体状态的偏离值。对于轴来说,补偿值等于最大实体尺寸减去实际尺寸,即 $t = d_{\text{M}} - d_{\text{a}}$;对于孔来说,补偿值等于孔的实际尺寸减去最大实体尺寸,即 $t = D_{\text{a}} - D_{\text{M}}$。

将最大实体要求应用于被测要素,如图 3-54 所示。设实际尺寸为 $\phi 50.12$,允许的轴线垂直度的几何公差如表 3-5 所示。

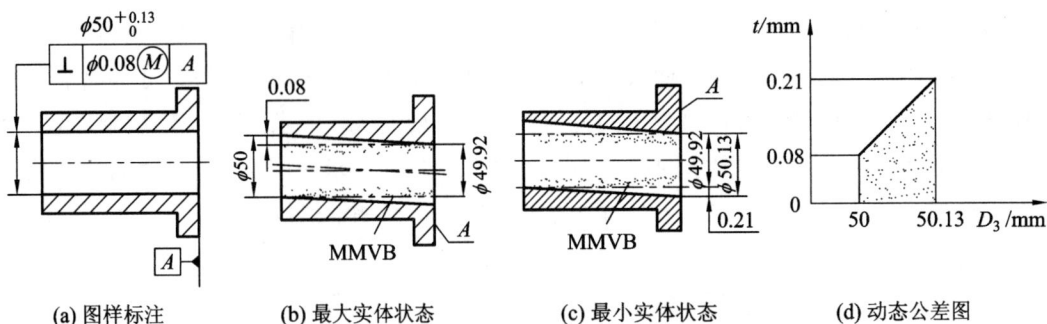

(a) 图样标注　　(b) 最大实体状态　　(c) 最小实体状态　　(d) 动态公差图

图 3-54　最大实体要求应用于被测要素举例

表 3-5　最大实体要求的轴线垂直度的几何公差值

| 不同状态 | 最大实体状态 | 实际尺寸 | 最小实体状态 | 边界 |
|---|---|---|---|---|
| 尺寸 | $\phi50$ | $\phi50.12$ | $\phi50.13$ | 最大实体实效边界 $d_{MV} = \phi49.92$ |
| 公差值 | $\phi0.08$ | 给定值 + 补偿值: $\phi0.08 + (\phi50.12 - \phi50) = \phi0.2$ | 给定值 + 补偿值: $\phi0.08 + (\phi50.13 - \phi50) = \phi0.21$ | — |

**例 3-3** 按图 3-54(a)加工一个孔,加工后测得孔的实际尺寸为$\phi50.02$,轴的垂直度误差值$f$为$\phi0.09$,判断该零件是否合格。

解:从偏离状态判断。

$$D_{max} = \phi50.13 \text{ mm}, \ D_{min} = \phi50 \text{ mm}$$

$$D_{min} = \phi50 < D_a = \phi50.02 < D_{max} = \phi50.13$$

$$f = \phi0.09 < t = 给定值 + 补偿值 = \phi0.08 + (\phi50.02 - \phi50) = \phi0.10$$

故零件合格。

最大实体要求应用于基准要素时,基准要素的相应尺寸要素应遵守规定的边界。若基准要素的实际轮廓偏离其相应的边界,则允许基准要素在一定范围内浮动,其浮动的范围在基准要素的体外作用尺寸与其相应边界尺寸的差值变化范围之内。但这种允许的浮动并不能相应地允许被测要素的几何公差值的增大。

最大实体要求应用于基准要素时,其相应尺寸要素的实际轮廓应遵守的边界存在两种情况:

(1) 最大实体要求应用于基准要素且基准要素本身采用最大实体要求,应遵守最大实体实效边界。此时,基准代号应直接标注在形成该最大实体实效边界的几何公差框格下面。

如图 3-55 和表 3-6 所示,最大实体要求应用于均布四个孔($4 \times \phi7.7_0^{+0.1}$ mm)的轴线,对于基准轴线的任意方向,限制位置度公差,且最大实体要求也被应用于基准要素,基准本身的轴线直线度公差采用最大实体要求。因此,对均布四个孔的位置度公差,基准要素应遵守由直线度公差确定的最大实体实效边界,其边界尺寸为$d_{MV} = d_M + t = \phi20 + \phi0.02 = \phi20.02$ mm。

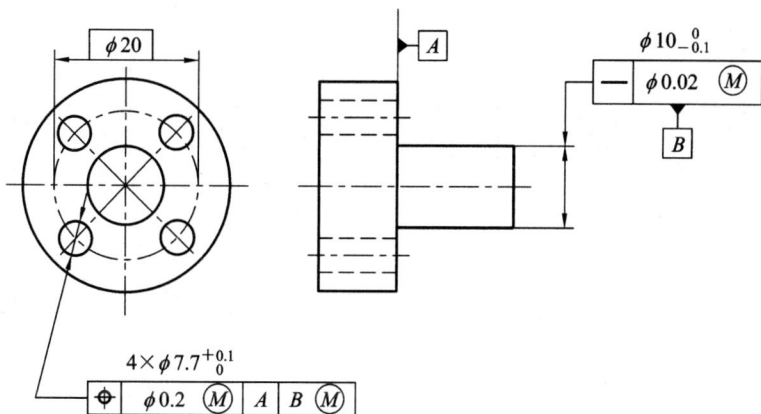

图 3-55　最大实体要求应用于基准要素且基准要求本身采用最大实体要求的情况示意图

### 表 3-6　最大实体要求的几何公差值(对应图 3-55)

| 不同状态 | 最大实体状态 | 实际尺寸 | 最小实体状态 | 边界 |
|---|---|---|---|---|
| 被测孔 | $\phi 7.7$ | $\phi 7.75$ | $\phi 7.8$ | 最大实体实效边界 $D_{MV} = \phi 7.5$ |
| 基准轴 | $\phi 10$ | $\phi 9.95$ | $\phi 9.9$ | 最大实体实效边界 $D_{MV} = \phi 10.02$ |
| 位置度公差值 | 给定值 $\phi 0.2 + \phi 0.02 = \phi 0.22$ | 给定值 + 被测要素补偿值 + 基准要素补偿值 $\phi 0.2 + \phi 0.02 + (\phi 7.75 - \phi 7.7) + (\phi 10 - \phi 9.95) = \phi 0.32$ | 给定值 + 被测要素补偿值 + 基准要素补偿值 $\phi 0.2 + \phi 0.02 + \phi 0.1 + \phi 0.1 = \phi 0.42$ | — |

(2) 最大实体要求应用于基准要素且基准要素本身不采用最大实体要求，应遵守最大实体边界。此时，基准代号应标注在该尺寸要素的尺寸线处，基准代号的连线与尺寸线对齐。若基准要素本身不采用最大实体要求，可能存在两种情况，遵循独立原则或采用包容要求，示例如图 3-56 和表 3-7、表 3-8 所示。

如图 3-56(a)和表 3-7 所示，最大实体要求应用于 $4 \times \phi 8_0^{+0.1}$ mm 均布四个孔的轴线，对于基准轴线的任意方向，限制位置度公差，但最大实体要求没有被应用于基准要素，基准本身遵循独立原则(未注几何公差)。因此，基准要素应遵守其最大实体边界，其边界尺寸为基准要素的最大实体尺寸 $D_M = 20$ mm。

如图 3-56(b)和表 3-8 所示，最大实体要求应用于 $4 \times \phi 8_0^{+0.1}$ mm 均布四个孔的轴线，对于基准轴线的任意方向，限制位置度公差，但最大实体要求没有被应用于基准要素，基准本身采用包容要求。因此，基准要素也应遵守其最大实体边界，其边界尺寸为基准要素的最大实体尺寸 $D_M = 20$ mm。

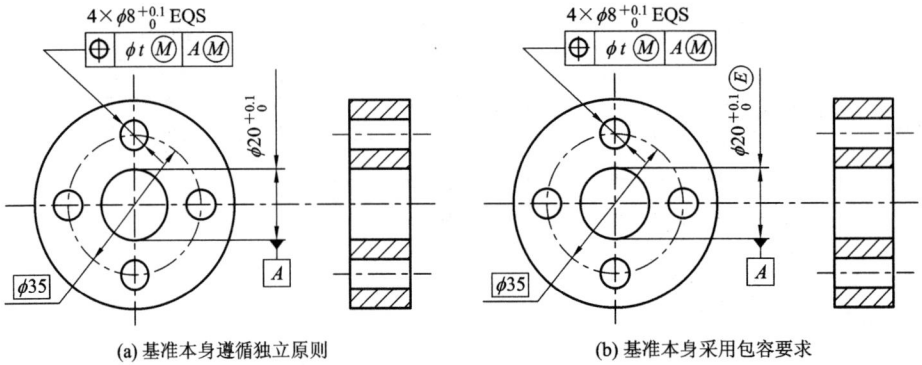

(a) 基准本身遵循独立原则                    (b) 基准本身采用包容要求

图 3-56    最大实体要求应用于基准要素且基准本身不采用最大实体要求

表 3-7    最大实体要求的几何公差值(对应图 3-56(a))

| 不同状态 | 最大实体状态 | 实际尺寸 | 最小实体状态 | 边界 |
|---|---|---|---|---|
| 被测孔 | $\phi 8$ | $\phi 8.05$ | $\phi 8.1$ | 最大实体实效边界 $D_{MV} = \phi 7.8$ |
| 基准孔 | $\phi 20$ | $\phi 20.05$ | $\phi 20.1$ | 最大实体边界 $D_M = \phi 20$ |
| 位置度公差值 | 给定值$\phi 0.2$ | 给定值 + 被测要素补偿值 $\phi 0.2 + (\phi.05 - \phi 8) = \phi 0.25$ | 给定值 + 被测要素补偿值 $\phi 0.2 + \phi 0.1 = \phi 0.3$ | — |

表 3-8    最大实体要求的几何公差值(对应图 3-56(b))

| 不同状态 | 最大实体状态 | 实际尺寸 | 最小实体状态 | 边界 |
|---|---|---|---|---|
| 被测孔 | $\phi 8$ | $\phi 8.05$ | $\phi 8.1$ | 最大实体实效边界 $D_{MV} = \phi 7.8$ |
| 基准孔 | $\phi 20$ | $\phi 20.05$ | $\phi 20.1$ | 最大实体边界 $D_M = \phi 20$ |
| 位置度公差值 | 给定值$\phi 0.2$ | 给定值 + 被测要素补偿值 + 基准要素补偿值 $\phi 0.2 + (\phi 8.05 - \phi 8) + (\phi 20.05 - \phi 20) = \phi 0.3$ | 给定值 + 被测要素补偿值 + 基准要素补偿值 $\phi 0.2 + \phi 0.1 + \phi 0.1 = \phi 0.4$ | — |

这里强调一下，最大实体要求只适用于零件的中心要素(轴线、圆心、中心平面等)，主要用于仅保证零件的可装配性的情况，且多用于位置度公差。

### 3.4.5　最小实体要求

同一零件上相邻要素之间的临界距离(如最小壁厚或最大距离)通常取决于要素的局部实际尺寸和几何误差的体内综合效应。例如，对于零件上相邻两孔之间的壁厚，当两孔的局部实际尺寸都达到最小实体尺寸，且它们之间的位置误差也达到给定的位置度公差时，它们之间的壁厚为最小值。据此，如果两孔的局部实际尺寸从其最小实体尺寸向最大实体尺寸方向偏离，即使它们的位置误差超出给定位置度公差(但不超出某一限度)，它们也能保证最小壁厚。这种临界距离取决于同一零件上相邻要素的局部实际尺寸及几何误差之间关系的概念，这是建立最小实体要求的理论依据。

在获得最佳的技术经济效益的前提下，最小实体要求广泛应用于保证最小壁厚和控制表面至中心要素的最大距离等功能要求的情形，其主要用于限制要素的位置变动，多用于位置公差，适用于导出(中心)要素。

最小实体要求应用于导出要素(中心要素)时，遵守最小实体实效边界，被测要素的实际轮廓处于其最小实体实效边界之内。当实际尺寸偏离最小实体尺寸时，允许几何误差值超出给定的公差值。最小实体要求既适用于被测要素，也适用于基准要素。最小实体要求的符号为 $\textcircled{L}$。应用于被测要素时，该符号在被测要素几何公差框格的公差值后标注；应用于基准要素时，该符号在几何公差框格的基准字母代号后标注。

最小实体要求应用于被测要素时，被测要素的实际轮廓在给定的长度上处处不得超出最小实体实效边界，即其体内作用尺寸不应超出最小实体实效尺寸，且其局部实际尺寸不得超出最大实体尺寸和最小实体尺寸。

最小实体要求应用于被测要素时，在该要素处于最小实体状态时给出被测要素的几何公差值，当被测要素的实际轮廓偏离其最小实体状态，即其实际尺寸偏离最小实体尺寸时，几何误差值可超出在最小实体状态下给出的几何公差值，即此时的几何公差值可以增大。

当给出的几何公差值为零时，则为零几何公差。被测要素的最小实体实效边界等于最小实体边界，最小实体实效尺寸等于最小实体尺寸。最小实体要求主要应用于关联要素，也可用于单一要素。

零件的合格条件如下所述。

从含义上判断零件的合格条件，可以得出下列的零件合格条件，孔和轴的合格条件分别如式(3-19)和式(3-20)所示。

$$\begin{cases} D_{fi} \leqslant D_{LV} \\ D_{M} \leqslant D_{a} \leqslant D_{L} \end{cases} \quad 即 \quad \begin{cases} D_{a} + f \leqslant D_{max} + t \\ D_{min} \leqslant D_{a} \leqslant D_{max} \end{cases} \tag{3-19}$$

$$\begin{cases} d_{fi} \geqslant d_{LV} \\ d_{L} \leqslant d_{a} \leqslant d_{M} \end{cases} \quad 即 \quad \begin{cases} d_{a} - f \geqslant d_{min} - t \\ d_{min} \leqslant d_{a} \leqslant d_{max} \end{cases} \tag{3-20}$$

按照偏离最小实体状态的程度，可计算出公差的补偿值，如式(3-21)所示。

$$\begin{cases} d_{min} \leqslant d_{a} \leqslant d_{max} \quad 或 \quad D_{min} \leqslant D_{a} \leqslant D_{max} \\ f \leqslant t = 给定值 + 补偿值 \end{cases} \tag{3-21}$$

式中，给定值是公差框格中给定的公差值，补偿值是偏离最小实体状态的偏离值。对于轴来说，补偿值等于实际尺寸减去轴的最小实体尺寸，即 $t = d_{a} - d_{L}$；对于孔来说，补偿值等于孔的最小实体尺寸减去实际尺寸，即 $t = D_{L} - D_{a}$。

### 3.4.6 可逆要求

可逆要求是当中心要素的几何误差小于给出的几何公差时,允许在满足零件功能要求的前提下扩大尺寸公差的一种公差要求。如前所述,最大实体要求是指实际尺寸偏离最大实体尺寸时,允许几何公差值增大,即可以获得一定的补偿量,而实际尺寸受其极限尺寸控制,不得超出极限边界。可逆要求是反过来用几何公差补偿尺寸公差,即允许相应的尺寸公差增大。

可逆要求不能单独使用,需要附加于最大实体要求或最小实体要求使用。可逆要求并未改变原本遵守的极限边界,只是在原有尺寸公差补偿几何公差这一关系的基础上,增加几何公差补偿尺寸公差的关系,为加工时根据需要分配尺寸公差和几何公差提供方便。

可逆要求用于最大实体要求时,在符号 Ⓜ 后加注符号 Ⓡ。可逆要求用于最小实体要求时,在符号 Ⓛ 后加注符号 Ⓡ,如图 3-57 所示。

| ⊕ | $\phi0.5$ Ⓜ Ⓡ | B |

(a) 应用于最大实体要求

| ⊕ | $\phi0.5$ Ⓛ Ⓡ | B |

(b) 应用于最小实体要求

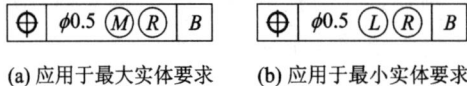

图 3-57 可逆要求在图样上的标注

如图 3-58 所示,可逆要求与最大实体要求共同应用时零件的合格条件:当轴的实际尺寸偏离最大实体尺寸 $\phi0.2$ mm,允许轴的垂直度误差值增大,即遵守最大实体要求;当轴的垂直度误差小于 $\phi0.2$ mm 时,允许轴的直径增大;当轴的垂直度误差值为 0 时,轴的实际尺寸可增大至 $\phi20.2$ mm,轴的实际尺寸应在 $\phi19.9\sim\phi20.2$ mm 之间。

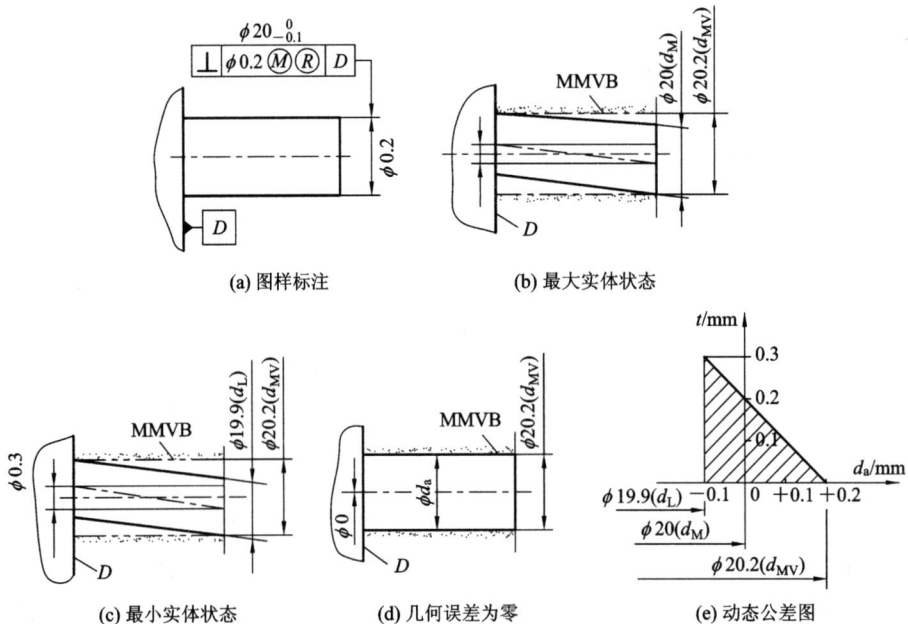

(a) 图样标注

(b) 最大实体状态

(c) 最小实体状态

(d) 几何误差为零

(e) 动态公差图

图 3-58 可逆要求与最大实体要求共同应用案例

# 3.5 几何精度的设计

几何精度的设计方法对保证产品质量和降低制造成本具有十分重要的意义。几何精度的设计主要包括几何公差特征的选择、几何公差值的选择、基准的选择、公差原则与公差要求的选择。

## 3.5.1 几何公差特征的选择

选择几何公差特征时，主要考虑零件几何特征、零件功能要求和检测方便性。

### 1. 零件几何特征

进行形状公差特征的选择时，主要考虑要素的几何形状特征，这是进行单一要素公差项目设计的基本依据。例如，控制零件平面的形状误差应该选择平面度；控制导轨导向面的形状误差应该选择直线度；控制圆柱面的形状误差应该选择圆度或圆柱度。

进行方向公差和位置公差特征的选择时，主要考虑要素之间的几何方位关系，主要以要素与基准要素之间的几何方位关系为基本依据。例如，对于线要素和面要素，可以选择方向公差和位置公差；对于点要素，只能选择位置度公差；对于回转零件，可以选择同轴度公差和跳动公差。

### 2. 零件功能要求

零件的使用要求不同，对几何公差的选用也不同，因此应该分析几何误差对零件功能的影响。平面的形状误差将影响支撑面的稳定性和定位可靠性，影响贴合面的密封性和滑动面的磨损。导轨的形状误差将影响导轨的导向精度。圆柱面的形状误差将影响连接强度和可靠性，以及转动配合的间隙均匀性和运动平稳性。轮廓表面或导出要素的方向误差或位置误差将直接决定机器的装配精度和运动精度，例如，齿轮箱体上两个孔的中心线平行与否，将影响齿轮副的接触精度和承载能力。滚动轴承的定位轴肩和轴线垂直与否，将影响轴承的旋转精度。

### 3. 检测方便性

从检测方便性考虑，有时可用控制效果相同或相近的公差特征来代替所需的公差特征。例如：对于回转零件，因为跳动公差检测方便，可以用径向圆跳动公差来代替圆柱度公差或圆度公差，用轴向全跳动公差代替端面相对中心轴线的垂直度公差。

## 3.5.2 几何公差值的选择

GB/T 1184 中规定图样中标注的几何公差值有两种形式：未注几何公差值和注出几何公差值。

各类工厂中常见设备能够保证未注几何公差值的精度要求。零件大部分要素的几何公差值均应遵守未注几何公差值的要求，图样上不必注出。只有当零件要素的几何精度要求较高时，才需要在几何公差框格中给出公差要求。

### 1. 未注几何公差值的选择

线轮廓度、面轮廓度、倾斜度、位置度和全跳动的未注公差值，均由各要素的注出或未注出的线性尺寸公差或角度公差控制，在图样上不作特殊标记。

圆度的未注公差值等于尺寸公差中规定的直径公差值，但是不能大于给出的径向圆跳动公差值。圆柱度的未注公差值不作单独规定，圆柱度误差由圆度误差和素线平行度误差组成，其中每一项误差均由各自的注出公差值或未注出公差值控制。

平行度的未注公差值等于给出的尺寸公差值，或者取直线度和平面度未注出公差值中的较大者；同轴度的未注出公差值可与径向圆跳动的未注出公差值相等。

GB/T 1184 中规定了直线度和平面度、垂直度、对称度、圆跳动的未注公差等级 H、K、L，选用时应根据技术要求标注出标准号和公差等级代号，例如未注几何公差按 GB/T 1184—H 执行。常见未注几何公差如表 3-9 至表 3-12 所示。

直线度和平面度的未注几何公差值如表 3-9 所示。从表中选择直线度公差时，必须取相应直线的长度为参考量。如果是平面度公差，则必须取较长的表面长度或圆面的直径为参考量。

表 3-9    直线度和平面度的未注几何公差值

| 公差等级 | 公称长度尺寸/mm | | | | | |
|---|---|---|---|---|---|---|
| | ≤10 | >10～30 | >30～100 | >100～300 | >300～1000 | >1000～3000 |
| H | 0.02 | 0.05 | 0.1 | 0.2 | 0.3 | 0.4 |
| K | 0.05 | 0.1 | 0.2 | 0.4 | 0.6 | 0.8 |
| L | 0.1 | 0.2 | 0.4 | 0.8 | 1.2 | 1.6 |

垂直度的未注几何公差值如表 3-10 所示。以形成直角的两侧中较长的一个作为基准。垂直度几何公差的公差带还限制了直线度误差或平面度误差以及形成直角的侧面的轴向跳动误差。因此，垂直度的未注公差不应小于直线度、平面度和轴向跳动的未注公差。

表 3-10    垂直度的未注几何公差值

| 公差等级 | 公称长度尺寸/mm | | | |
|---|---|---|---|---|
| | ≤100 | >100～300 | >300～1000 | >1000～3000 |
| H | 0.2 | 0.3 | 0.4 | 0.5 |
| K | 0.4 | 0.6 | 0.8 | 1.0 |
| L | 0.6 | 1.0 | 1.5 | 2 |

对称度的未注几何公差值如表 3-11 所示。对称度公差带限制了某些直线度误差或平面

度误差，一般对称度公差不应小于平面度公差。

表 3-11　对称度的未注几何公差值

| 公差等级 | 公称长度尺寸/mm | | | |
|---|---|---|---|---|
| | ≤100 | >100～300 | >300～1000 | >1000～3000 |
| H | 0.5 | | | |
| K | 0.6 | | 0.8 | 1.0 |
| L | 0.6 | 1.0 | 1.5 | 2 |

圆跳动(径向、轴向)的未注几何公差值如 3-12 所示。如果支承面被指定，则以支承面为基准。对于径向圆跳动，以较长的特征作为基准。

表 3-12　圆跳动的未注几何公差值

| 公差等级 | 公 差 值 |
|---|---|
| H | 0.1 |
| K | 0.2 |
| L | 0.5 |

### 2. 注出几何公差值的选择

GB/T 1184 中规定了 11 个几何公差特征的公差等级和公差值。对于位置度的几何公差特征，规定了公差值，但未规定公差等级。对于线轮廓度和面轮廓度两个几何公差特征，均未规定公差等级和公差值。注出的几何公差精度高低由公差等级表示，各种注出的公差值见表 3-13 至表 3-16。

表 3-13　直线度和平面度的几何公差值

| 主参数 L/mm | 公 差 等 级 | | | | | | | | | | | |
|---|---|---|---|---|---|---|---|---|---|---|---|---|
| | 1 | 2 | 3 | 4 | 5 | 6 | 7 | 8 | 9 | 10 | 11 | 12 |
| | 公差数值/μm | | | | | | | | | | | |
| ≤10 | 0.2 | 0.4 | 0.8 | 1.2 | 2 | 3 | 5 | 8 | 12 | 20 | 30 | 60 |
| >10～16 | 0.25 | 0.5 | 1.0 | 1.5 | 2.5 | 4 | 6 | 10 | 15 | 25 | 40 | 80 |
| >16～25 | 0.3 | 0.6 | 1.2 | 2 | 3 | 5 | 8 | 12 | 20 | 30 | 50 | 100 |
| >25～40 | 0.4 | 0.8 | 1.5 | 2.5 | 4 | 6 | 10 | 15 | 25 | 40 | 60 | 120 |
| >40～63 | 0.5 | 1.0 | 2 | 3 | 5 | 8 | 12 | 20 | 30 | 50 | 80 | 150 |
| >63～100 | 0.6 | 1.2 | 2.5 | 4 | 6 | 10 | 15 | 25 | 40 | 60 | 100 | 200 |
| >100～160 | 0.8 | 1.5 | 3 | 5 | 8 | 12 | 20 | 30 | 50 | 80 | 120 | 250 |
| >160～250 | 1.0 | 2 | 4 | 6 | 10 | 15 | 25 | 40 | 60 | 100 | 150 | 300 |

续表

| 主参数<br>L/mm | 公 差 等 级 | | | | | | | | | | | |
|---|---|---|---|---|---|---|---|---|---|---|---|---|
| | 1 | 2 | 3 | 4 | 5 | 6 | 7 | 8 | 9 | 10 | 11 | 12 |
| | 公差数值/μm | | | | | | | | | | | |
| >250~400 | 1.2 | 2.5 | 5 | 8 | 12 | 20 | 30 | 50 | 80 | 120 | 200 | 400 |
| >400~630 | 1.5 | 3 | 6 | 10 | 15 | 25 | 40 | 60 | 100 | 150 | 250 | 500 |
| >630~1000 | 2 | 4 | 8 | 12 | 20 | 30 | 50 | 80 | 120 | 200 | 300 | 600 |
| >1000~1600 | 2.5 | 5 | 10 | 15 | 25 | 40 | 60 | 100 | 150 | 250 | 400 | 800 |
| >1600~2500 | 3 | 6 | 12 | 20 | 30 | 50 | 80 | 120 | 200 | 300 | 500 | 1000 |
| >2500~4000 | 4 | 8 | 15 | 25 | 40 | 60 | 100 | 150 | 250 | 400 | 600 | 1200 |
| >4000~6300 | 5 | 10 | 20 | 30 | 50 | 80 | 120 | 200 | 300 | 500 | 800 | 1500 |
| >6300~10000 | 6 | 12 | 25 | 40 | 60 | 100 | 150 | 250 | 400 | 600 | 1000 | 2000 |

注：主参数 L 为轴、直线、平面的长度。

### 表3-14　圆度和圆柱度的几何公差值

| 主参数<br>d(D)/mm | 公 差 等 级 | | | | | | | | | | | |
|---|---|---|---|---|---|---|---|---|---|---|---|---|
| | 1 | 2 | 3 | 4 | 5 | 6 | 7 | 8 | 9 | 10 | 11 | 12 |
| | 公差数值/μm | | | | | | | | | | | |
| ≤3 | 0.1 | 0.2 | 0.3 | 0.8 | 1.2 | 2 | 3 | 4 | 6 | 10 | 14 | 25 |
| >3~6 | 0.1 | 0.2 | 0.4 | 1.0 | 1.5 | 2.5 | 4 | 5 | 8 | 12 | 18 | 30 |
| >6~10 | 0.12 | 0.25 | 0.4 | 1.0 | 1.5 | 2.5 | 4 | 6 | 9 | 15 | 22 | 36 |
| >10~18 | 0.15 | 0.25 | 0.5 | 1.2 | 2 | 3 | 5 | 8 | 11 | 18 | 27 | 43 |
| >18~30 | 0.2 | 0.3 | 0.6 | 1.5 | 2.5 | 4 | 6 | 9 | 13 | 21 | 33 | 52 |
| >30~50 | 0.25 | 0.4 | 0.6 | 1.5 | 2.5 | 4 | 7 | 11 | 16 | 25 | 39 | 62 |
| >50~80 | 0.3 | 0.5 | 0.8 | 2 | 3 | 5 | 8 | 13 | 19 | 30 | 46 | 74 |
| >80~120 | 0.4 | 0.6 | 1.0 | 2.3 | 4 | 6 | 10 | 15 | 22 | 35 | 54 | 87 |
| >120~180 | 0.6 | 1.0 | 1.2 | 3.5 | 5 | 8 | 12 | 18 | 25 | 40 | 63 | 100 |
| >180~250 | 0.8 | 1.2 | 2 | 4.5 | 7 | 10 | 14 | 20 | 29 | 46 | 72 | 115 |
| >250~315 | 1.0 | 1.6 | 2.5 | 6 | 8 | 12 | 16 | 23 | 32 | 52 | 81 | 130 |
| >315~400 | 1.2 | 2 | 3 | 7 | 9 | 13 | 18 | 25 | 36 | 57 | 89 | 140 |
| >400~500 | 1.5 | 2.5 | 4 | 8 | 10 | 15 | 20 | 27 | 40 | 63 | 97 | 155 |

注：主参数 d(D) 为轴(孔)的直径。

表 3-15 平行度、垂直度和倾斜度的几何公差值

| 主参数 d(D)、L/mm | 公 差 等 级 | | | | | | | | | | | |
|---|---|---|---|---|---|---|---|---|---|---|---|---|
| | 1 | 2 | 3 | 4 | 5 | 6 | 7 | 8 | 9 | 10 | 11 | 12 |
| | 公差数值/μm | | | | | | | | | | | |
| ≤10 | 0.4 | 0.8 | 1.5 | 3 | 5 | 8 | 12 | 20 | 30 | 50 | 80 | 120 |
| >10～16 | 0.5 | 1.0 | 2 | 4 | 6 | 10 | 15 | 25 | 40 | 60 | 100 | 150 |
| >16～25 | 0.6 | 1.2 | 2.5 | 5 | 8 | 12 | 20 | 30 | 50 | 80 | 120 | 200 |
| >25～40 | 0.8 | 1.5 | 3 | 6 | 10 | 15 | 25 | 40 | 60 | 100 | 150 | 250 |
| >40～63 | 1.0 | 2 | 4 | 8 | 12 | 20 | 30 | 50 | 80 | 120 | 200 | 300 |
| >63～100 | 1.2 | 2.5 | 5 | 10 | 15 | 25 | 40 | 60 | 100 | 150 | 250 | 400 |
| >100～160 | 1.5 | 3 | 6 | 12 | 20 | 30 | 50 | 80 | 120 | 200 | 300 | 500 |
| >160～250 | 2 | 4 | 8 | 15 | 25 | 40 | 60 | 100 | 150 | 250 | 400 | 600 |
| >250～400 | 2.5 | 5 | 10 | 20 | 30 | 50 | 80 | 120 | 200 | 300 | 500 | 800 |
| >400～630 | 3 | 6 | 12 | 25 | 40 | 60 | 100 | 150 | 250 | 400 | 600 | 1000 |
| >630～1000 | 4 | 8 | 15 | 30 | 50 | 80 | 120 | 200 | 300 | 500 | 800 | 1200 |
| >1000～1600 | 5 | 10 | 20 | 40 | 60 | 100 | 150 | 250 | 400 | 600 | 1000 | 1500 |
| >1600～2500 | 6 | 12 | 25 | 50 | 80 | 120 | 200 | 300 | 500 | 800 | 1200 | 2000 |
| >2500～4000 | 8 | 15 | 30 | 60 | 100 | 150 | 250 | 400 | 600 | 1000 | 1500 | 2500 |
| >4000～6300 | 10 | 20 | 40 | 80 | 120 | 200 | 300 | 500 | 800 | 1200 | 2000 | 3000 |
| >6300～10000 | 12 | 25 | 50 | 100 | 150 | 250 | 400 | 600 | 1000 | 1500 | 2500 | 4000 |

注：主参数 $L$ 为给定平行度时轴线或平面的长度，或给定垂直度、倾斜度时被测要素的长度。主参数 $d(D)$ 为被测要素的轴(孔)的直径。

表 3-16 同轴度、对称度和跳动的几何公差值

| 主参数 d(D)、B、L/mm | 公 差 等 级 | | | | | | | | | | | |
|---|---|---|---|---|---|---|---|---|---|---|---|---|
| | 1 | 2 | 3 | 4 | 5 | 6 | 7 | 8 | 9 | 10 | 11 | 12 |
| | 公差数值/μm | | | | | | | | | | | |
| ≤1 | 0.4 | 0.6 | 1.0 | 1.5 | 2.5 | 4 | 6 | 10 | 15 | 25 | 40 | 60 |
| >1～3 | 0.4 | 0.6 | 1.0 | 1.5 | 2.5 | 4 | 6 | 10 | 20 | 40 | 60 | 120 |
| >3～6 | 0.5 | 0.8 | 1.2 | 2 | 3 | 5 | 8 | 12 | 25 | 50 | 80 | 150 |
| >6～10 | 0.6 | 1.0 | 1.5 | 2.5 | 4 | 6 | 10 | 15 | 30 | 60 | 100 | 200 |
| >10～18 | 0.8 | 1.2 | 2 | 3 | 5 | 8 | 12 | 20 | 40 | 80 | 120 | 250 |
| >18～30 | 1.0 | 1.5 | 2.5 | 4 | 6 | 10 | 15 | 25 | 50 | 100 | 150 | 300 |

续表

| 主参数 | 公　差　等　级 | | | | | | | | | | | |
|---|---|---|---|---|---|---|---|---|---|---|---|---|
| $d(D)$、$B$、$L$/mm | 1 | 2 | 3 | 4 | 5 | 6 | 7 | 8 | 9 | 10 | 11 | 12 |
| | 公差数值/μm | | | | | | | | | | | |
| >30～50 | 1.2 | 2 | 3 | 5 | 8 | 12 | 20 | 30 | 60 | 120 | 200 | 400 |
| >50～120 | 1.5 | 2.5 | 4 | 6 | 10 | 15 | 25 | 40 | 80 | 150 | 250 | 500 |
| >120～250 | 2 | 3 | 5 | 8 | 12 | 20 | 30 | 50 | 100 | 200 | 300 | 600 |
| >250～500 | 2.5 | 4 | 6 | 10 | 15 | 25 | 40 | 60 | 120 | 250 | 400 | 800 |
| >500～800 | 3 | 5 | 8 | 12 | 20 | 30 | 50 | 80 | 150 | 300 | 500 | 1000 |
| >800～1250 | 4 | 6 | 10 | 15 | 25 | 40 | 60 | 100 | 200 | 400 | 600 | 1200 |
| >1250～2000 | 5 | 8 | 12 | 20 | 30 | 50 | 80 | 120 | 250 | 500 | 800 | 1500 |
| >2000～3150 | 6 | 10 | 15 | 25 | 40 | 60 | 100 | 150 | 300 | 600 | 1000 | 2000 |
| >3150～5000 | 8 | 12 | 20 | 30 | 50 | 80 | 120 | 200 | 400 | 800 | 1200 | 2500 |
| >5000～8000 | 10 | 15 | 25 | 40 | 60 | 100 | 150 | 250 | 500 | 1000 | 1500 | 3000 |
| >8000～10000 | 12 | 20 | 30 | 50 | 80 | 120 | 200 | 300 | 600 | 1200 | 2000 | 4000 |

注：主参数 $L$ 为给定两个孔的对称度时的孔心距。主参数 $d(D)$ 为被测要素的轴(孔)的直径(圆锥体的斜向圆跳动公差的主参数为平均直径)。主参数 $B$ 为给定对称度时键槽的宽度。

对于位置度，国家标准只规定了公差值数系，而未规定公差等级，如表 3-17。

**表 3-17　位置度公差值数系**　　　　　　　　　　(单位：μm)

| 1 | 1.2 | 1.5 | 2 | 2.5 | 3 | 4 | 5 | 6 | 8 |
|---|---|---|---|---|---|---|---|---|---|
| $1 \times 10^n$ | $1.2 \times 10^n$ | $1.5 \times 10^n$ | $2 \times 10^n$ | $2.5 \times 10^n$ | $3 \times 10^n$ | $4 \times 10^n$ | $5 \times 10^n$ | $6 \times 10^n$ | $8 \times 10^n$ |

注：$n$ 为正整数。

### 3. 几何公差值的选择原则

几何公差值的选择原则是在满足零件性能要求的前提下，兼顾工艺性、经济性和检测条件，尽量选择较大的公差值。此外，应注意如下几种情况：

(1) 同一要素上给出的形状公差值应该小于方向公差值、位置公差值和跳动公差值。通常应该满足：$t_{形状} < t_{方向} < t_{位置} < t_{跳动}$。例如，两个平行的平面，其平面度公差值应小于平行度公差值，平行度公差值应小于位置度公差值。

(2) 几何公差值通常要小于尺寸公差值。例如，两个平行平面，其平行度公差值应小于其相应的尺寸公差值；圆柱形零件的形状公差值(轴线的直线度除外)应小于其尺寸公差值。

(3) 一般来说，尺寸公差、形状公差、方向公差和位置公差选择同级。

(4) 规定包容要求时，尺寸公差与几何公差的关系：对严格满足配合要求的特征，应规定包容要求。在制造过程中，形状公差值 $T_f$ 的选取依据尺寸公差值 $T_s$，两者关系应满足式(3-23)。

$$T_f = KT_s \tag{3-23}$$

通常尺寸公差等级在 IT5～IT8 之间时，$K = 0.25～0.65$。

(5) 零件结构特点：对于结构复杂、刚性差(如细长轴、薄壁件)或不易加工和测量的零件，在满足功能要求的前提下，可降低 1～2 级的几何公差等级。例如：长径比较大的孔或轴、宽度较大的零件的平面(通常宽度是长度的 1/2 倍)、线对线和线与面之间的垂直或平行、装有滚动轴承的轴孔的圆柱度、机床导轨的直线度、齿轮箱体的平行度。

(6) 几何公差数值除与公差等级有关外，还与主参数有关。主参数的示意图如图 3-59 所示。

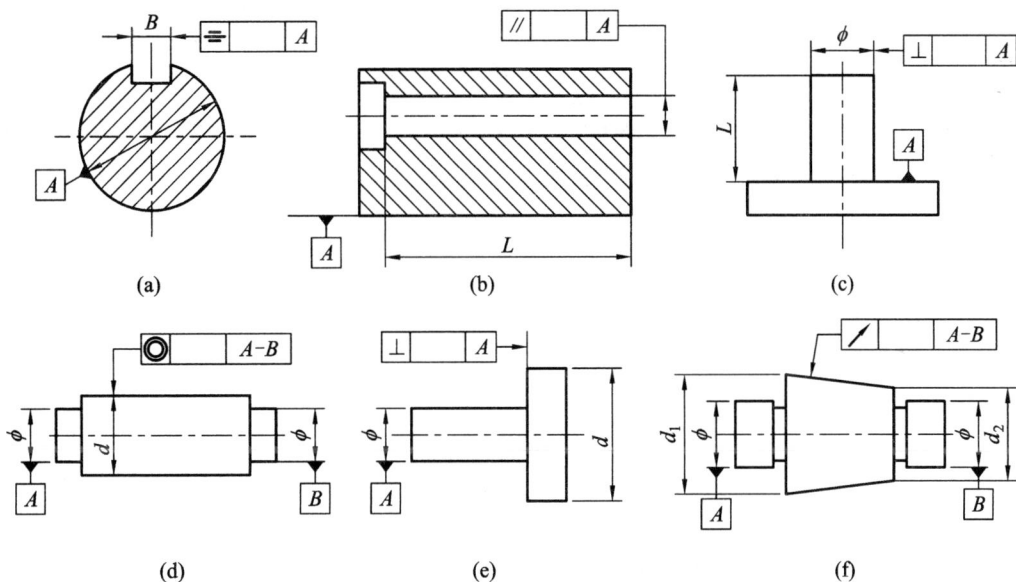

图 3-59　主参数 $B$、$L$、$d$

在图 3-59(a)中，主参数为键槽宽度 $B$；图 3-59(b)和图 3-59(c)中，主参数为长度和高度 $L$；图 3-59(d)和图 3-59(e)中，主参数是直径 $d$；图 3-59(f)表示的是一个圆台，它的主参数是 $d = (d_1 + d_2)/2$。式中 $d_1$ 和 $d_2$ 分别是大圆锥直径和小圆锥直径。几何公差值随主参数的增加而增加。

### 4. 类比法选择几何公差值

几何公差值的选取方法：从经济角度考虑，在满足功能要求的前提下，尽可能选取较大的公差值。到目前为止，还没有可靠的方法来计算几何公差值，只有采用类比法来选择几何公差值。各种情形下的公差等级应用见表 3-18 至表 3-21。

表 3-18　直线度公差、平面度公差等级应用

| 公差等级 | 应 用 举 例 |
|---|---|
| 5 | 平面磨床的纵向和垂向导轨、立柱导轨以及工作台，液压龙门刨床及转塔车床的床身导轨，柴油机进气和排气阀门导杆 |
| 6 | 卧式车床、龙门刨床、滚齿机、自动车床等床身导轨、立柱导轨；柴油机的壳体结合面 |
| 7 | 机床主轴箱；摇臂钻床底座和工作台；镗床工作台；液压泵盖；减速器壳体结合面 |
| 8 | 机床传动箱箱体结合面；车床溜板箱箱体结合面；柴油机气缸缸体结合面；连杆分离面；汽车发动机缸体结合面；曲轴箱结合面；液压管件及法兰连接面 |
| 9 | 自动车床床身底面；摩托车曲轴箱体；汽车变速器壳体；手动机械的支承面 |

表 3-19　圆度公差、圆柱度公差等级应用

| 公差等级 | 应 用 举 例 |
|---|---|
| 5 | 常见测量仪器的主轴、测杆的外圆柱面；陀螺仪的轴颈；常见机床主轴轴颈和主轴轴承孔；柴油机、汽油机的活塞和活塞销；与 P6 级滚动轴承配合的轴颈 |
| 6 | 仪表端盖外圆柱面；常见机床主轴及前轴承孔；泵、压缩机的活塞、气缸；汽油发动机凸轮轴；减速器传动轴轴颈；高速船用柴油机、拖拉机曲轴轴颈；与 P6 级滚动轴承配合的轴承座孔；与 P0 级滚动轴承配合的轴颈 |
| 7 | 大功率低速发动机曲轴的轴颈、活塞、活塞销、连杆、气缸等；高速柴油机箱体轴承孔；千斤顶或液压缸活塞；机车传动轴；水泵及通用减速器转轴轴颈；与 P0 级滚动轴承配合的轴承座孔 |
| 8 | 压力机连杆盖与连杆体；拖拉机气缸、活塞；内燃机曲轴轴颈；柴油机凸轮轴与轴承孔；拖拉机、小型船用柴油机气缸套 |
| 9 | 空气压缩机缸体；通用机械杠杆及拉杆用套筒销；拖拉机活塞环、套筒孔 |

表 3-20　平行度公差、垂直度公差和倾斜度公差等级应用

| 公差等级 | 应 用 举 例 |
|---|---|
| 4、5 | 卧式车床导轨、重要支撑面；机床主轴轴承孔(相)对基准的平行度；精密机床重要零件；计量仪器、量具、模具的基准面和工作面；机床箱体重要孔；通用减速器壳体孔；齿轮泵的油孔端面；发动机轴和离合器的凸缘；气缸支承端面；精密滚动轴承的壳体孔的凸台肩 |
| 6、7、8 | 常见机床的工作面和基准面；机床一般轴承孔对基准的平行度；变速箱箱体孔；主轴花键对定心表面轴线的平行度；重型机械滚动轴承端盖；卷扬机、手动传动装置的传动轴、导轨；气缸配合面对基准轴线以及活塞销孔对活塞轴线的垂直度；滚动轴承内、外圈端面对轴线的垂直度 |
| 9、10 | 低精度零件；重型机械滚动轴承端盖；柴油机箱体曲轴孔、曲轴轴颈；花键轴和轴肩端面；带式运输机法兰端面等对轴线的垂直度；减速器壳体平面 |

表 3-21　同轴度公差、对称度公差和跳动公差等级应用

| 公差等级 | 应 用 举 例 |
|---|---|
| 5、6、7 | 　常用于几何精度要求较高、尺寸公差等级不低于 IT8 的零件。5 级常用于机床主轴轴颈、计量仪器的测杆、涡轮机主轴、高精度滚动轴承外圈、一般精度滚动轴承内圈。6/7 级用于内燃机主轴、凸轮轴、齿轮轴、汽车后轮输出轴、电动机转子、键槽等 |
| 8、9 | 　常用于几何精度要求一般的零件。8 级用于拖拉机发动机分配轴的轴颈、水泵叶轮、离心泵体、键槽等。9 级用于内燃机气缸套配合面、自行车中轴等 |

对于直线度和平面度，常见的加工方法能够达到的几何公差等级如下：

(1) 车削加工：粗加工能够达到 12 级和 11 级精度，半精加工能够达到 10 级和 9 级精度，精加工能够达到 8 级、7 级、6 级和 5 级精度。

(2) 铣削加工：粗加工能够达到 12 级和 11 级精度，半精加工能够达到 11 级和 10 级精度，精加工能够达到 9 级、8 级、7 级和 6 级精度。

(3) 刨削加工：粗加工能够达到 12 级和 11 级精度，半精加工能够达到 10 级和 9 级精度，精加工能够达到 9 级、8 级和 7 级精度。

(4) 磨削加工：粗加工能够达到 11 级、10 级和 9 级精度，半精加工能够达到 9 级、8 级和 7 级精度，精加工能够达到 6 级、5 级、4 级、3 级和 2 级精度。

对于同轴度，常见的加工方法能够达到的几何公差等级如下：

(1) 车削加工：加工孔时能够达到 9 级、8 级、7 级、6 级、5 级和 4 级精度，加工轴时能够达到 8 级、7 级、6 级、5 级、4 级和 3 级精度。

(2) 镗孔加工：加工孔时能够达到 9 级、8 级、7 级、6 级、5 级和 4 级精度。

(3) 铰孔加工：加工孔时能够达到 7 级、6 级和 5 级精度。

(4) 磨孔加工：加工孔时能够达到 7 级、6 级、5 级、4 级、3 级和 2 级精度。

(5) 磨轴加工：加工轴时能够达到 6 级、5 级、4 级、3 级、2 级和 1 级精度。

## 3.5.3　基准的选择

在对关联要素提出方向公差、位置公差或跳动公差要求时，需要同时确定基准要素。进行基准选择时，主要根据零件的功能和设计要求，兼顾基准统一原则和结构特征，通常考虑基准部位、基准数量和基准顺序几个方面。

### 1. 设计方面

依据零件功能要求及要素间的几何关系来选择基准。对于回转类零件(轴或孔类零件)，以轴或孔的中心线为基准，同时考虑主要配合面、支承表面、导向表面和安装定位面等，如图 3-60 所示。

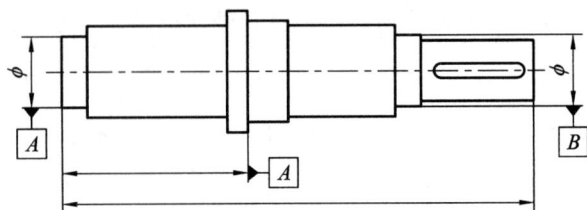

图 3-60  设计零件时基准选择示意图

## 2. 加工方面

加工零件时，通常选择夹具定位要素作为基准，并考虑这些要素作为基准时是否便于工装和夹具的设计，同时尽量保证基准统一。如图 3-61(a)所示，加工台阶轴时，通常将刚度较大的圆柱(变形相对小)作为加工基准，也可将轴线作为加工基准。又如图 3-61(b)所示，加工箱体和支架以及一些复杂的零件时，一般选长度较长、面积较大且刚度较好的面作为加工基准。

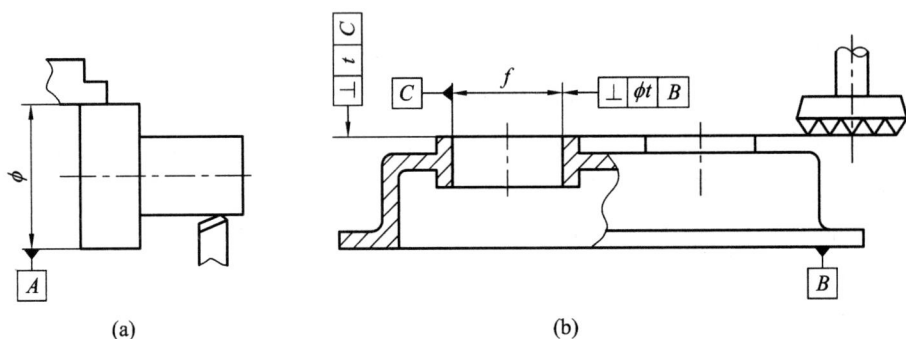

图 3-61  加工零件时基准选择示意图

## 3. 测量方面

在测量、检验零件时，通常选择计量器具定位要素作为基准。如图 3-62(a)所示，测量同轴度误差或径向圆跳动误差时，由于测量基准是轴线 $A$ 和轴线 $B$ 的公共轴线 $A$-$B$，因此可以选择基准 $A$-$B$。如图 3-62(b)所示，测量上部两个台阶面的平行度误差时，由于测量基准是下底面，因此可以选择基准 $C$。

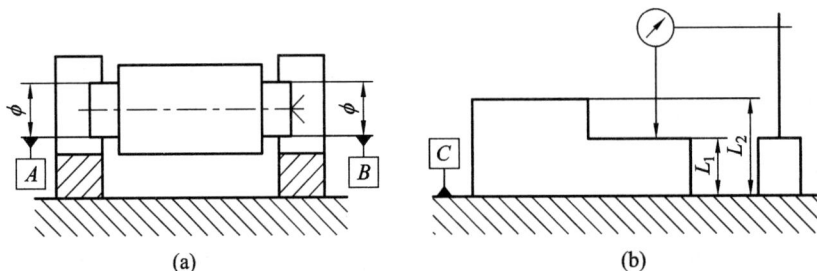

图 3-62  测量零件时基准选择示意图

### 4. 装配方面

通常选择零件相互配合或相互接触的表面作为基准，以保证零件的正确装配。例如，盘类零件的端平面、轴类零件的轴肩端面等。此时的基准选择示意图如图 3-63 所示。

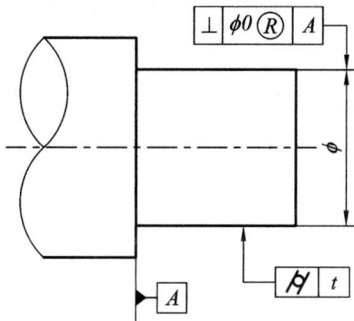

图 3-63　装配零件时基准选择示意图

### 5. 基准的顺序

采用多个基准时，通常选择对被测要素影响最大的表面或定位最稳的表面作为第一基准。例如图 3-64 所示，要求控制 $\phi 10$ 轴线对基准 $A$ 和 $D$ 的位置度。以哪一个基准作为第一基准应视需要而定。若要求端面贴合精密，以 $A$ 为第一基准，如图 3-64(b)。若要求轴与孔配合精密，以 $D$ 为第一基准，如图 3-64(c)。可见，基准的顺序不同，所表达的设计意图不同。因此，在加工和检测时，不可随意调换基准顺序。

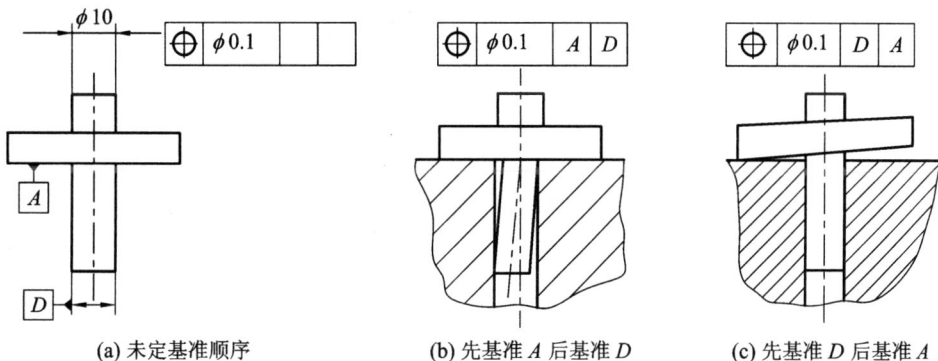

(a) 未定基准顺序　　　(b) 先基准 $A$ 后基准 $D$　　　(c) 先基准 $D$ 后基准 $A$

图 3-64　基准顺序的选择

## 3.5.4　公差原则与公差要求的选择

对于同一零件上同一要素，既有尺寸公差要求又有几何公差要求时，采用何种公差原则或公差要求处理它们之间的关系是本节的重点。本小节介绍公差原则或公差要求的应用场景。

### 1. 独立原则

独立原则是处理尺寸公差和几何公差关系的基本原则，以下情况采用独立原则。

(1) 对零件要素有特殊功能要求时，如对导轨的工作面提出直线度或平面度公差要求。

(2) 当尺寸公差和几何公差均有较严格的要求且需要分别满足时，如齿轮箱箱体孔的尺寸公差与两孔轴线的平行度公差要求、连杆活塞销孔的尺寸公差与圆柱度公差要求。

(3) 当尺寸公差和几何公差要求相差较大时，如平板的形状精度要求较高，尺寸精度要求较低。

(4) 尺寸公差与几何公差无相互联系时采用独立原则。在未注尺寸公差与未注几何公差的情况下，都采用独立原则。

**2. 公差要求**

在需要严格保证配合性质的场合采用包容要求。例如对于滚动轴承内圈与轴颈配合，要严格保证过盈配合性质，轴承内圈与轴颈都应采用包容要求。

对于没有配合性质要求、只要求保证可装配性的场合采用最大实体要求。例如轴承盖与底座装配时，轴承盖上的孔的位置度公差采用最大实体要求，此时利用孔与螺栓之间的间隙步长位置度公差，可以降低加工成本，利于装配。

在需要保证最小壁厚、零件强度或零件的对中性时，采用最小实体要求。

可逆要求只能与最大实体要求或最小实体要求一起使用，主要是在不影响使用性能的前提下，充分利用图样上的公差带以提高经济效益。

# 3.6　几何公差案例分析

## 3.6.1　设计案例

学习几何公差，掌握几何公差的含义与技术要求，并用正确的符号标注在零件图样上，对保证产品质量有重要的作用。作为设计人员，必须能够设计零件图，将几何公差的全部含义：被测要素和基准要素，几何公差的项目，几何公差带的大小、形状、方向和位置，公差原则等，合理正确地标注在图样上。

**1. 减速器轴的设计案例**

根据减速器对轴的功能要求，减速器轴的几何公差设计图如图 3-65 所示，其几何公差设计过程如下：

(1) 轴的外伸段 $\phi45^{+0.042}_{+0.017}$ mm 和轴段 $\phi58^{+0.060}_{+0.041}$ mm 分别与带轮内孔和齿轮内孔配合，为保证配合性质，采用包容要求；为保证带轮和齿轮的定位精度和装配精度，对轴肩和轴颈相对于公共基准轴线 $A$-$B$ 提出轴向圆跳动公差值为 0.015 mm 的要求，对两轴段表面分别提出径向圆跳动公差值为 0.017 mm 和 0.022 mm 的要求。

(2) 两个轴径 $\phi55^{+0.021}_{+0.002}$ mm 与轴承内圈配合，为保证配合性质，同时采用包容要求；为保证轴承的安装精度，对轴颈表面提出圆柱度公差值为 0.005 mm 的要求；为保证旋转精度，对轴环端面相对于公共基准轴线 $A-B$ 提出轴向圆跳动公差值为 0.015 mm 的要求；为保证轴承外圈与箱体孔的配合性质，需要控制两轴颈的同轴度误差，因此对两轴颈提出径向圆跳动公差值为 0.021 mm 的要求。

(3) 为保证轴与轴上零件(齿轮或带轮)的平键连接质量，对 $\phi45^{+0.042}_{+0.017}$ mm 轴段和 $\phi58^{+0.06}_{+0.04}$ mm 轴段上的键槽对称中心面提出对称度公差值为 0.02 mm 的要求，基准都是所在轴的轴线。

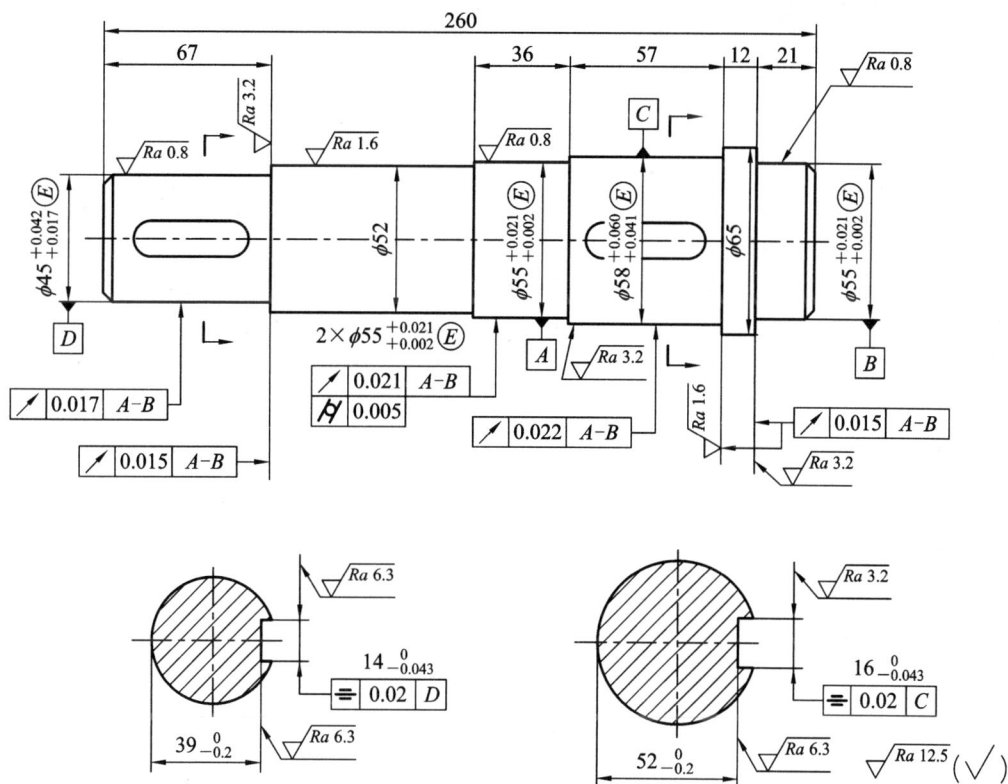

图 3-65　减速器轴几何公差设计

## 2. 减速器齿轮轴的设计案例

根据减速器对齿轮轴的功能要求，减速器齿轮轴的几何公差设计(见图 3-66)过程如下：

(1) 两个 $\phi40^{+0.011}_{-0.005}$ mm 的轴颈与滚动轴承的内圈配合，采用包容要求，以保证配合性质；与滚动轴承配合的轴颈，为了保证装配后轴承的几何精度，在采用包容要求的前提下，又进一步提出了圆柱度公差为 0.004 mm 的要求；两轴颈上安装滚动轴承后，分别将其装配到对应的箱体孔内，为了保证轴承外圈与箱体孔的配合性质，需限制两轴颈的同轴度误差，故又规定了两轴颈的径向圆跳动公差为 0.008 mm。

(2) 轴颈 $\phi50$ mm 的两个轴肩都是止推面，起定位作用。给出了两轴肩相对公共基准轴线 $A-B$ 的端面圆跳动公差为 0.012 mm。

(3) 轴颈 $\phi30^{-0.028}_{-0.041}$ mm 与轴上零件配合，有配合性质要求，因此也采用包容要求。为了保证齿轮的正确啮合,对 $\phi 30_{-0.041}^{-0.028}$ mm 轴颈上的键槽 $8_{-0.036}^{0}$ mm 提出了对称度公差为 0.015 mm 的要求,基准为键槽所在轴颈的轴线。

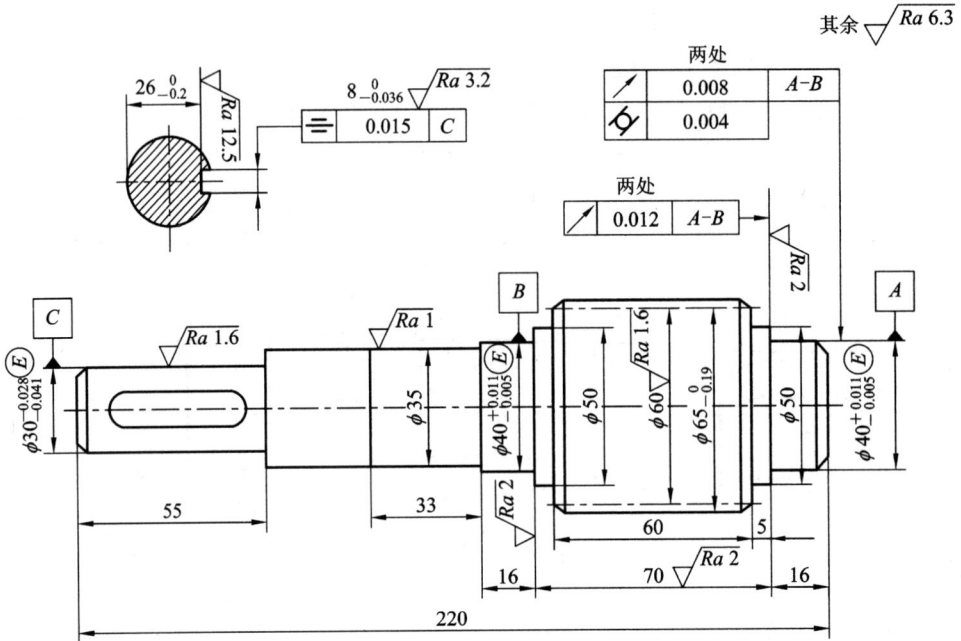

图 3-66　减速器齿轮轴几何公差设计

### 3. 减速器齿轮的设计案例

根据减速器对齿轮的功能要求,减速器齿轮的几何公差设计(见图 3-67)过程如下:

(1) 齿轮的内孔 $\phi 56H7$ 采用包容要求。

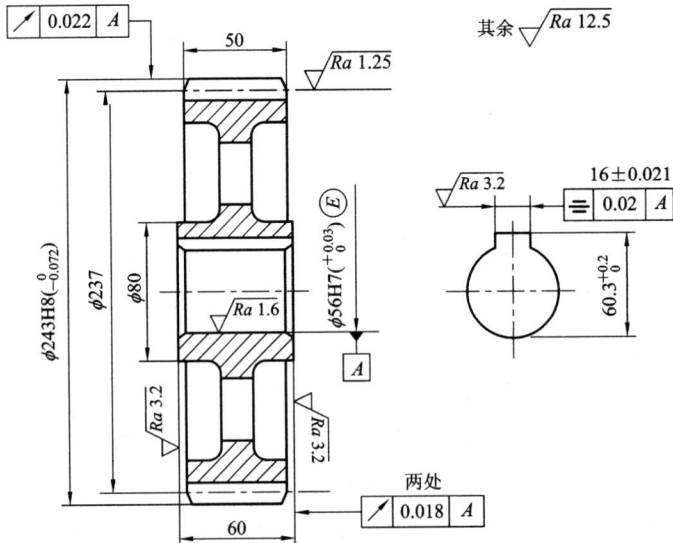

图 3-67　减速器齿轮几何公差设计

(2) 齿坯的定位端面在切齿时作为轴向定位面,其端面圆跳动公差为 0.018 mm。

(3) 顶圆作为齿轮加工时的径向基准，对它提出径向圆跳动公差为 0.022 mm 的要求。

(4) 为了保证齿轮正确啮合，内孔上键槽的对称中心面相对孔的过中心线的中心平面的对称度公差为 0.02 mm。

**4. 减速器轴承盖的设计案例**

根据减速器对轴承盖的功能要求，减速器轴承盖的几何公差设计(见图 3-68)过程如下：

(1) 为了保证轴承盖和底座孔的可装配性，对轴承盖上的孔提出位置度公差值为 $\phi 0.1$ mm 的要求，同时为了获得经济效益，对只保证可装配性的零件采用最大实体要求。

(2) 为了保证装配时螺栓能够顺利装入，采用延伸公差带，并在图样上标注出延伸长度。

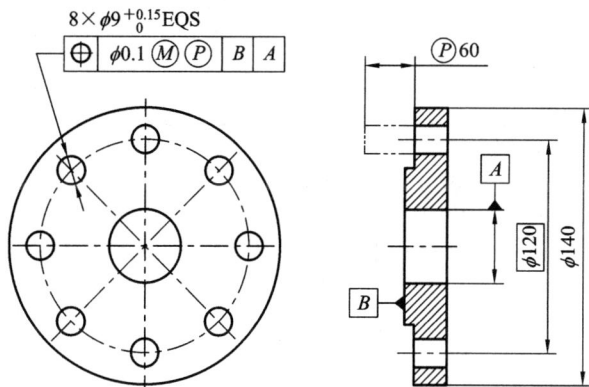

图 3-68　减速器轴承盖几何公差设计

## 3.6.2　解读案例

学习几何公差，掌握零件图样上几何公差符号的含义与技术要求，对保证产品质量有重要的作用。作为生产人员必须能够看懂图，看懂图样上的几何公差。明确几何公差的全部含义：被测要素和基准要素，几何公差的项目，几何公差带的大小、形状、方向和位置，公差原则等。图 3-69 和图 3-70 为两则几何公差标注案例，表 3-22、表 3-23 对这两张图中的标注进行了详细说明。

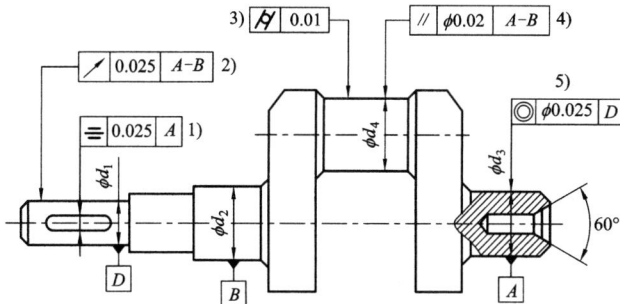

图 3-69　几何公差标注案例(一)

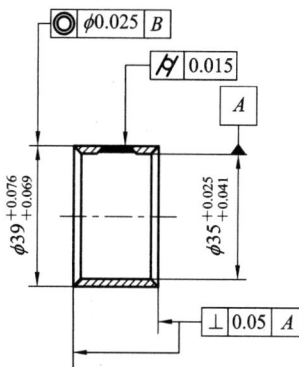

图 3-70　几何公差标注案例(二)

表 3-22　案例一几何公差标注的含义解读

| 序号 | 公差项目 符号 | 公差项目 名称 | 被测要素 | 公差值 | 基准要素 | 公差带 形状 | 公差带 大小 | 公差带 方向 | 公差带 位置 |
|---|---|---|---|---|---|---|---|---|---|
| 1) | ═ | 对称度 | 键槽对称中心面 | 0.025 | $\phi d_1$ 轴的轴线 | 两平行平面 | 0.025 | 与 $\phi d_1$ 轴线平行 | 两平行平面的对称中心面与 $\phi d_1$ 轴线重合 |
| 2) | ↗ | 圆跳动 | 垂直基准 $A-B$ 的任意轴颈圆柱面 | 0.025 | $\phi d_2$ 轴线和 $\phi d_3$ 轴线组成的公共轴线 | 两同心圆 | 0.025 | 与 $\phi d_2$ 轴线和 $\phi d_3$ 轴线组成的公共轴线垂直 | 两同心圆的圆心与 $\phi d_2$ 与 $\phi d_3$ 轴线组成公共轴线重合 |
| 3) | ⌭ | 圆柱度 | $\phi d_4$ 轴的外圆柱面 | 0.01 | 无 | 两同轴圆柱面 | 0.01 | 无 | 无 |
| 4) | ∥ | 平行度 | $\phi d_4$ 轴的轴线 | $\phi 0.02$ | $\phi d_2$ 轴线和 $\phi d_3$ 轴线组成的公共轴线 | 圆柱 | $\phi 0.02$ | 与 $\phi d_2$ 轴线和 $\phi d_3$ 轴线组成的公共轴线平行 | 无 |
| 5) | ◎ | 同轴度 | $\phi d_3$ 轴的轴线 | $\phi 0.025$ | $\phi d_1$ 轴的轴线 | 圆柱 | $\phi 0.025$ | 与 $\phi d_1$ 轴线平行 | 圆柱的轴线与 $\phi d_1$ 轴线重合 |

表 3-23 案例(二)几何公差标注的含义解读

| 公差项目符号 | 名称 | 被测要素 | 基准要素 | 公差带形状 | 公差带大小 | 公差带与基准关系 |
|---|---|---|---|---|---|---|
| ◎ | 同轴度 | 外圆柱轴线 | 孔轴线 | 圆柱面包含的区域 | $\phi0.025$ | 公差带中心轴线与基准重合 |
| ⌭ | 圆柱度 | 外圆柱面 | 无 | 两个同轴圆柱面包含的区域 | 0.015 | 无 |
| ⊥ | 垂直度 | 左右两个端面 | 孔轴线 | 两个平行平面包含的区域 | 0.05 | 公差带与基准垂直 |

## 3.6.3 图样标注案例

将几何公差要求正确地标注在图样上。

### 1. 案例一

(1) 要素 a 的平面度公差为 $t_5$;

(2) 要素 b 的圆跳动公差为 $t_3$,基准为要素 d,基准符号 B;

(3) 要素 c 的圆柱度公差为 $t_4$;

(4) 要素 d 的直线度公差为 $\phi t_1$;

(5) 要素 d 的平行度公差为 $t_2$,基准为要素 a,基准符号 A。

以上要素的图样标注案例见图 3-71。

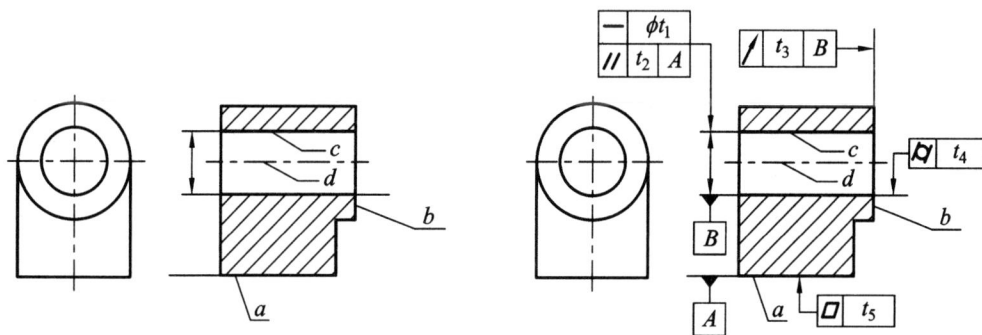

图 3-71 要素标注案例一

### 2. 案例二

(1) 圆锥截面的圆度公差为 0.006 mm;

(2) 圆锥素线的直线度公差为 0.012 mm,并且不允许材料向外凸起;

(3) $\phi$80H7 遵守包容要求,$\phi$80H7 孔表面的圆柱度公差为 0.005 mm;

(4) 圆锥面对 $\phi$80H7 轴线的斜向圆跳动公差为 0.02 mm;

(5) 右端面对左端面的平行度公差为 0.005 mm;

(6) 其余几何公差按 GB/T 1184 中 K 级选用。

案例二的图样标注见图 3-72。

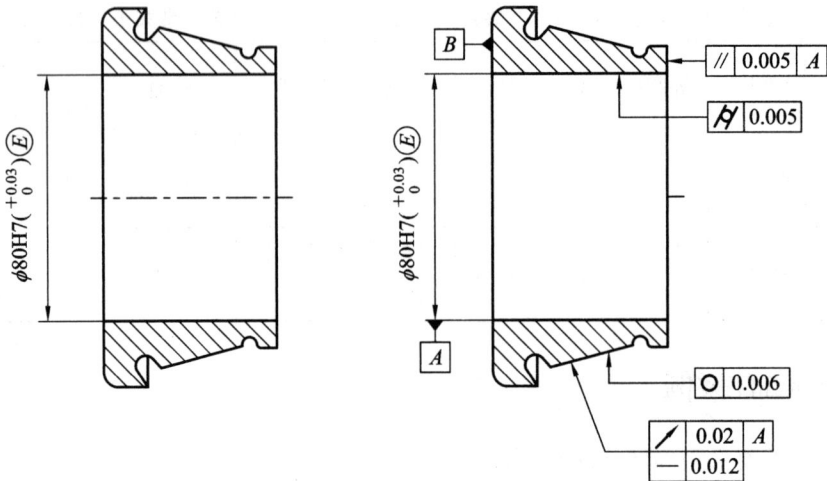

图 3-72　要素标注案例二

## 3. 案例三

(1)　$\phi40^{0}_{-0.039}$ 圆柱面对两 $\phi25^{0}_{-0.021}$ 公共轴线的圆跳动公差为 0.015 mm；

(2)　两 $\phi25^{0}_{-0.021}$ 轴颈的圆度公差为 0.01 mm；

(3)　$\phi40^{0}_{-0.039}$ 左、右端面对两 $\phi25^{0}_{-0.021}$ 公共轴线的端面圆跳动公差为 0.02 mm；

(4)　键槽 $10^{+0.036}_{0}$ 中心平面对 $\phi40^{0}_{-0.039}$ 轴线的对称度公差为 0.015 mm。

案例三的图样标注见图 3-73。

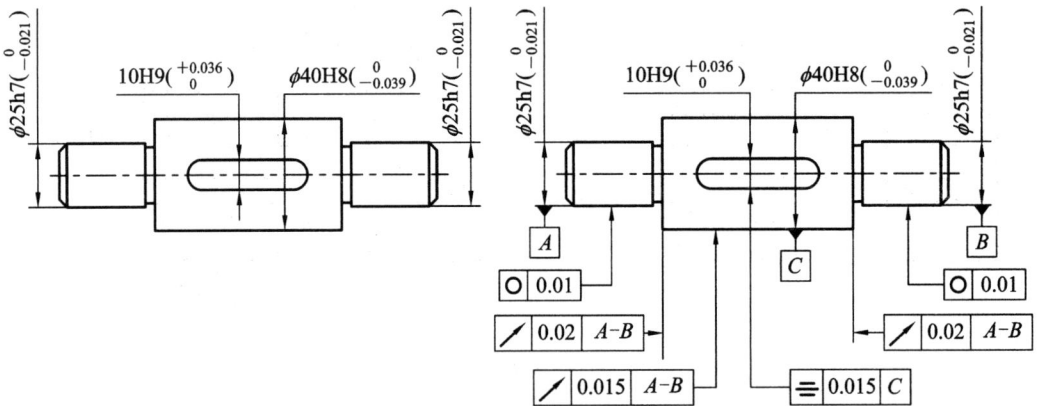

图 3-73　要素标注案例三

## 4. 案例四

(1)　底平面的平面度公差为 0.012 mm；

(2)　$\phi20^{+0.021}_{0}$ 两孔的轴线分别对它们的公共轴线的同轴度公差为 0.015 mm；

(3)　$\phi20^{+0.021}_{0}$ 两孔的轴线对底面的平行度公差为 0.01 mm，两孔表面的圆柱度公差为 0.008 mm。

案例四的图样标注见图 3-74。

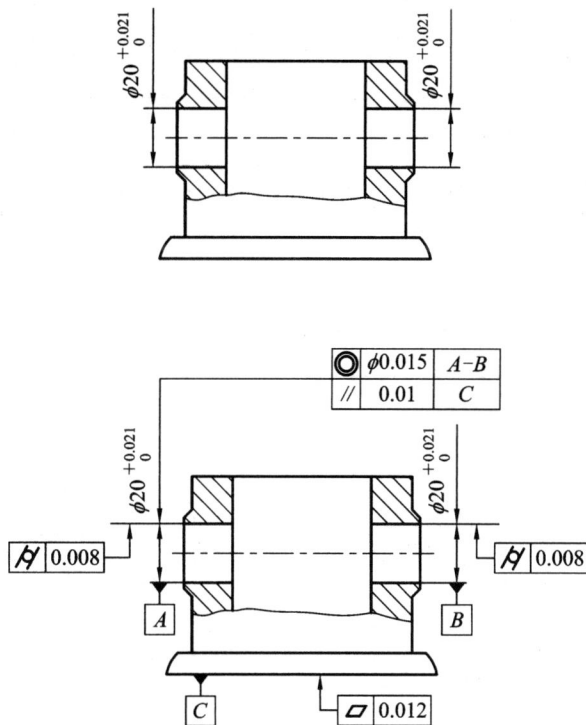

图 3-74　要素标注案例四

## 3.6.4　公差原则与公差要求案例

分析图 3-75 和图 3-76 中的标注内容，按要求将几何公差相关内容分别填入表 3-24 和表 3-25 中。

### 1. 案例一

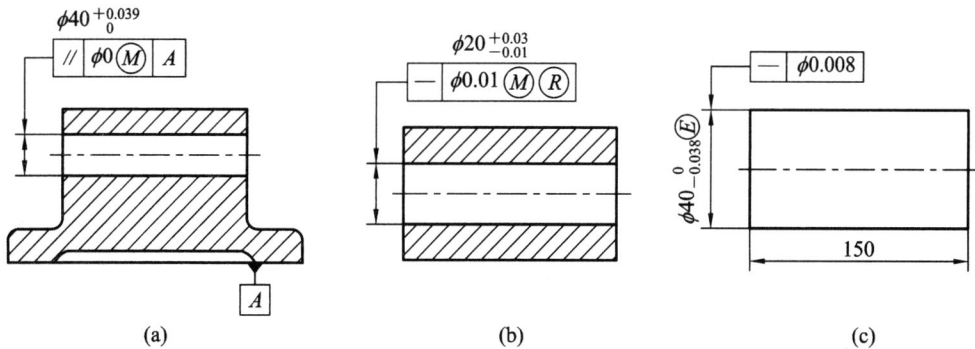

图 3-75　公差原则图样标注案例一

表 3-24　公差原则解读案例一

| 序号 | 最大实体尺寸 | 最小实体尺寸 | 几何公差值 | 几何公差最大允许值 | 边界 | 边界尺寸 | 零件合格条件 |
|---|---|---|---|---|---|---|---|
| (a) | $\phi40$ | $\phi40.039$ | $\phi0$ | $\phi0.039$ | MMVB | $\phi40$ | $D_{fe}\geq\phi40$<br>$\phi40\leq D_a\leq\phi40.039$ |
| (b) | $\phi19.99$ | $\phi20.03$ | $\phi0.01$ | $\phi0.05$ | MMVB | $\phi19.98$ | $D_{fe}\geq\phi19.98$<br>$\phi19.99\leq D_a\leq\phi20.03$<br>当 $t<0.01$ 时，<br>$\phi19.98\leq D_a\leq\phi20.03$ |
| (c) | $\phi40$ | $\phi39.97$ | $\phi0.008$ | $\phi0.038$ | MMB | $\phi40$ | $d_{fe}\leq\phi40$<br>$d_a\geq\phi39.97$ |

**2. 案例二**

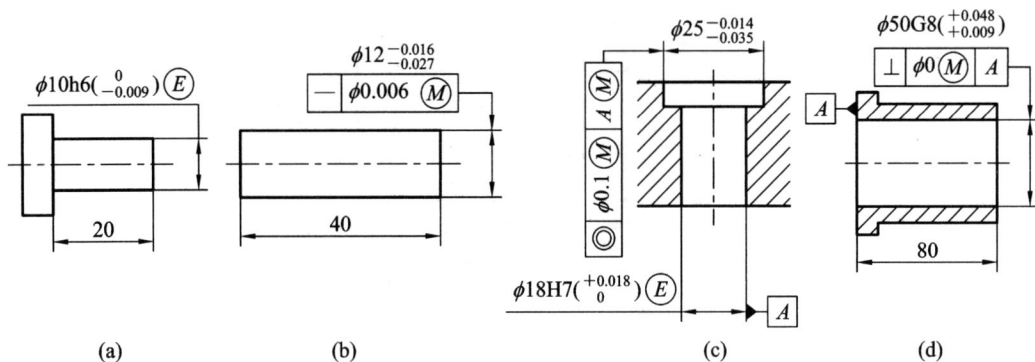

图 3-76　公差原则图样标注案例二

表 3-25　公差原则解读案例二

| 序号 | 最大实体尺寸 | 最小实体尺寸 | 最大实体状态时的几何公差 | 允许的几何公差最大值 | 边界和边界尺寸 | 零件合格条件 |
|---|---|---|---|---|---|---|
| (a) | $\phi10$ | $\phi9.991$ | $\phi0$ | $\phi0.009$ | MMB $d_M=\phi10$ | $d_{fe}\leq\phi10$<br>$d_a\geq\phi9.991$ |
| (b) | $\phi11.984$ | $\phi11.973$ | $\phi0.006$ | $\phi0.017$ | MMVB<br>$d_{MV}=\phi11.990$ | $d_{fe}\leq\phi11.990$<br>$\phi11.984\geq d_a\geq\phi11.973$ |
| (c) | $\phi24.965$ | $\phi24.986$ | $\phi0.1$ | $\phi0.139$ | MMVB<br>$D_{MV}=\phi24.865$ | $D_{fe}\geq\phi24.865$<br>$\phi24.965\leq D_a\leq\phi24.986$ |
| (d) | $\phi50.009$ | $\phi50.048$ | $\phi0$ | $\phi0.039$ | MMVB<br>$D_{MV}=\phi50.009$ | $D_{fe}\geq\phi50.009$<br>$\phi50.009\leq D_a\leq\phi50.048$ |

# 3.7 几何误差测量

## 3.7.1 形状误差测量

形状误差是指形状上的被测实际要素相对其理想要素的变动量。当形状误差值小于或等于相应的公差值时，则认为零件是合格的。

被测实际要素与其理想要素进行比较时，理想要素相对于被测实际要素的位置不同，评定的形状误差值也不同。为了使评定结果唯一，同时使零件最大限度地通过合格检测，国家标准规定，评定形状误差的唯一标准是"最小条件"。所谓最小条件，是指被测实际要素相对其理想要素的最大变动量为最小。形状误差用最小包容区域的宽度或直径表示。最小包容区域是指包容被测实际要素时，具有最小宽度或直径的包容区域，最小包容区域的形状与相应的公差带的形状相同。根据最小包容区域评定形状误差的方法称为最小包容区域法。

直线度误差的测量，如图 3-77 所示。被测要素的理想要素是直线，用两条理想的平行直线包容实际直线的区域有无数个，如图 3-77 所示的 I、II、III 位置，相应的包容区域宽度为 $f_1 > f_2 > f_3$。根据最小条件要求，III 位置处的两理想平行直线的包容区域最小，其对应宽度 $f_3$ 作为直线度误差值。

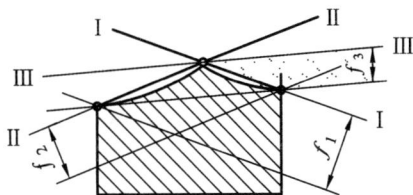

图 3-77 直线度误差最小包容区域

最小包容区域是根据被测实际要素与包容区域的接触状态判别的。如在评定给定平面内的直线度误差时，实际直线应至少有高、低、高(或低、高、低)三点与两包容直线接触，这个包容区域就是最小包容区域，即线 III 所围区域，如图 3-77 所示。

评定圆度误差时，包容区域为两同心圆之间的区域，实际圆轮廓应至少有内外交替的四个点与两包容圆接触，这个包容区域就是最小包容区域 $S$，如图 3-78 所示。

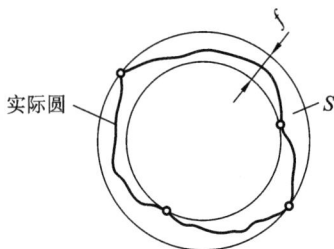

图 3-78 圆度误差最小包容区域

评定平面度误差时，包容区域为两平行平面之间的区域，被测平面至少有四个点分别与两平行平面接触，且要满足下列条件之一：

(1) 至少有三点与一平面接触，有一点与另一平面接触，且该点的投影能落在由上述三点连成的三角形内，如图 3-79(a)所示；

(2) 至少各有两点分别与两平行平面接触，且与同一平面接触的两点连成的直线与另一平面接触的两点连成的直线在空间呈交叉状态，如图 3-79(b)所示。

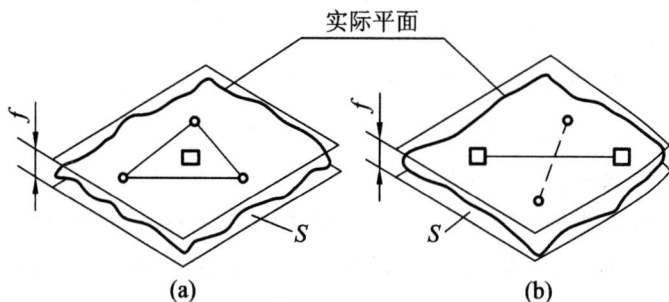

图 3-79　平面度误差最小包容区域

### 3.7.2　方向误差和位置误差测量

方向误差、位置误差是关联实际要素对其理想要素的变动量，理想要素的方向或位置由基准确定。

判定方向误差、位置误差的大小，常采用定向或定位最小包容区域的方法来确定被测要素，但方向误差、位置误差的最小包容区域与形状误差的最小包容区域的概念不同，其区别是，它必须在保证基准要素与给定几何要素关系的前提下，使包容区域的宽度或直径最小。

被测要素为平面，基准要素也为平面时，垂直度的(定向)最小包容区域是包容被测实际平面且与基准平面保持垂直的两平行平面之间的区域，如图 3-80(a)所示。阶梯轴的被测轴线同轴度误差的(定位)最小包容区域是包容被测实际轴线且与基准轴线同轴的圆柱面内的区域，如图 3-80(b)所示。

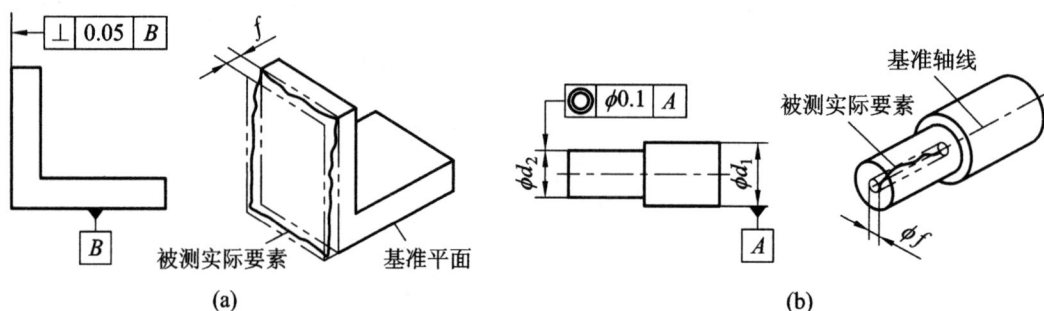

图 3-80　方向和位置最小包容区域

方向误差、位置误差的最小包容区域的形状和其对应的公差带的形状是完全相同的，最小包容区域的宽度或直径由实际被测要素本身决定，当它小于或等于公差带的宽度或直径时，零件的被测要素才是合格的。

应该以理想的基准要素作为评定方向误差、位置误差的基准。但基准要素本身也是实际加工出来的，也存在形状误差。为了正确评定方向误差、位置误差，基准要素的位置应符合最小条件，即根据最小条件找出实际基准要素的理想要素，将该理想要素作为基准来评定方向误差、位置误差。在检测中，通常用形状足够精确的表面模拟基准。例如：基准平面可以用平台、平板的工作面来模拟；孔的基准轴线可以用与孔无间隙配合的心轴、可胀式心轴的轴线来模拟；轴的基准轴线可以用 V 形块来模拟。

### 3.7.3 跳动误差测量

跳动误差是一项综合误差，根据被测要素是线要素或面要素，将跳动误差分为圆跳动误差和全跳动误差。圆跳动误差是实际被测要素围绕基准轴线无轴向旋转一周时，指示表测得示值的最大变动量，如图 3-81(a)所示。全跳动误差是实际被测要素绕基准轴线连续多周回转，同时指示表做平行或垂直于基准轴线的直线运动时，指示表测得示值的最大变动量，如图 3-81(b)所示。

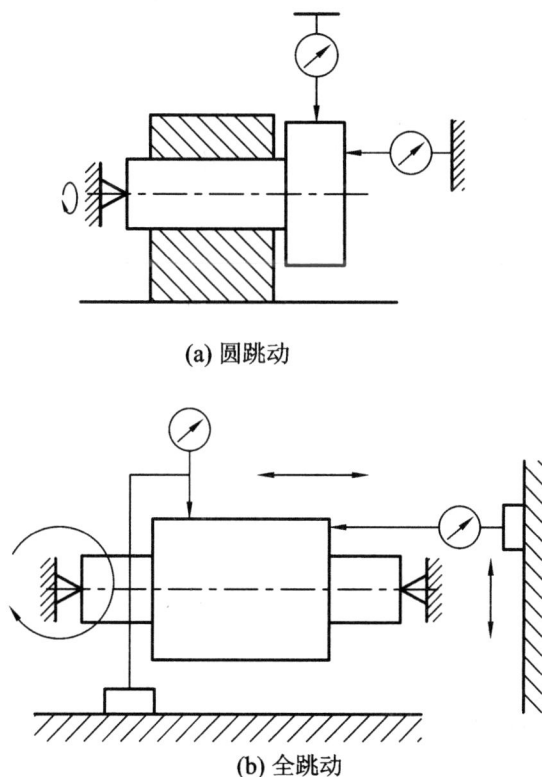

(a) 圆跳动

(b) 全跳动

图 3-81 跳动误差的测量

# 小　　结

## 1. 几何公差项目

几何公差的研究对象是机械零件的几何要素。根据几何特点的不同，国家标准规定了不同种类的几何公差特征项目。应熟悉各个几何公差项目的符号、有无基准要求等。

## 2. 几何公差带

几何公差带是限制实际被测要素变动的区域，包括形状、大小、方向和位置四个要素。公差带形状用于限制被测要素的形状误差，公差带方向用于限制被测要素的形状误差和方向误差，公差带位置用于限制被测要素的形状误差、方向误差和位置误差。

## 3. 公差原则与公差要求

公差原则与公差要求是处理几何公差和尺寸公差关系时的基本原则。需要熟悉公差原则与公差要求的术语及定义，掌握各个公差原则与公差要求的特点和应用场合，能够熟练运用独立原则、包容要求和最大实体要求。

## 4. 几何公差选用

正确选择几何公差，初步具备几何公差项目、基准要素、公差等级和公差原则的选择能力。

# 习　　题

3-1　简答题。

(1) 几何公差特征项目有几项，其名称和符号是什么？

(2) 几何公差带的四个方面要素是什么？常见几何公差带形状有哪些？

(3) 几何公差与尺寸公差有何相同之处和不同之处，处理几何公差与尺寸公差的原则和要求有哪些？

(4) 体内作用尺寸和体外作用尺寸的定义是什么？它们与实际尺寸的关系分别是什么？

(5) 简述下列几何公差项目的公差带的相同之处和不同之处。

(a) 圆度和径向圆跳动；

(b) 圆柱度和径向全跳动；

(c) 轴端面的平面度、轴端面的垂直度、轴端面的轴向全跳动。

3-2　在图 3-82 中标注下列尺寸。

(1) 大圆柱的尺寸要求为 $\phi$45k7，采用包容要求；

(2) 小圆柱的尺寸要求为 $\phi$30h6，采用最大实体要求；

(3) $\phi$45k7 圆柱端面的平面度公差为 0.03 mm；$\phi$45k7 圆柱端面相对 $\phi$30h6 圆柱端面的

平行度公差为 0.05 mm；

(4) $\phi30$h6 圆柱面的圆度公差为 0.03 mm；$\phi30$h6 圆柱面的圆柱度公差为 0.05 mm；

(5) $\phi30$h6 圆柱轴线的直线度公差为 0.01 mm；$\phi30$h6 圆柱轴线相对$\phi45$k7 圆柱端面的垂直度公差为 0.03 mm；$\phi30$h6 圆柱轴线相对$\phi45$k7 圆柱轴线的同轴度公差为 0.05 mm；

(6) $\phi30$h6 圆柱面相对$\phi30$h6 圆柱轴线和$\phi45$k7 圆柱轴线组成的公共基准的全跳动公差为 0.08 mm；$\phi45$k7 圆柱端面相对$\phi30$h6 圆柱轴线和$\phi45$k7 圆柱轴线组成的公共基准的全跳动公差为 0.08 mm；

(7) 其余几何公差按 GB/T 1184 中 K 级选择。

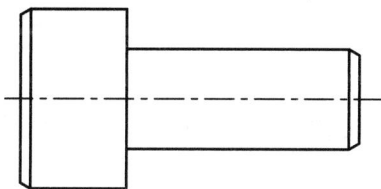

图 3-82　题 3-2 图

3-3　改错题。

(1) 改正图 3-83 中各项几何公差标注上的错误(不得改变几何公差项目)。

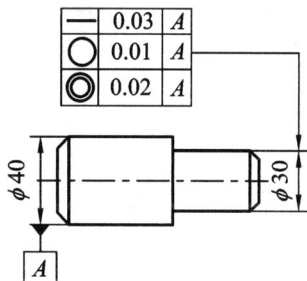

图 3-83　题 3-3(1)图

(2) 改正图 3-84 中各项几何公差标注上的错误(不得改变几何公差项目)。

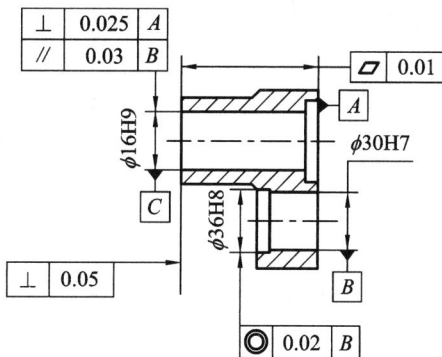

图 3-84　题 3-3(2)图

(3) 改正图 3-85 中各项几何公差标注上的错误(不得改变几何公差项目)。

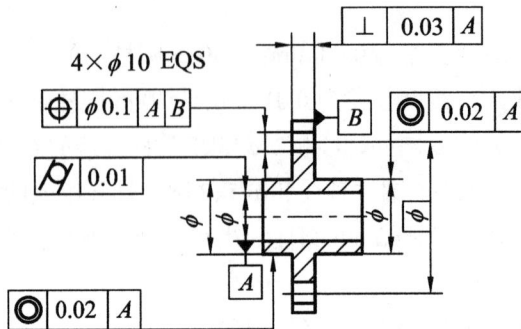

图 3-85　题 3-3(3)图

3-4　综合题。

(1) 根据图 3-86，指出所采用的公差原则、边界、边界尺寸值、给定的几何公差值、可能允许的最大几何误差值。

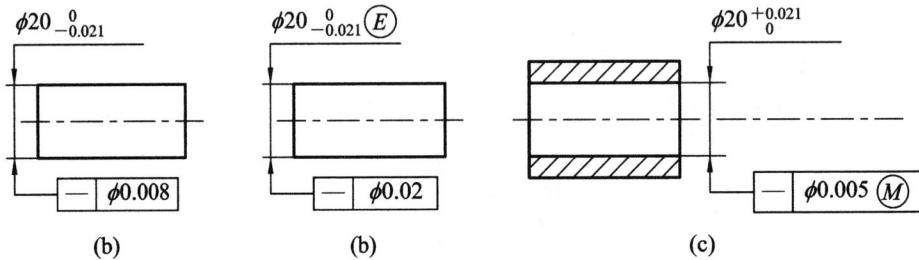

图 3-86　题 3-4(1)图

(2) 根据图 3-87，指出采用的公差原则、边界、边界尺寸值、给定的几何公差值、可能允许的最大几何误差值。

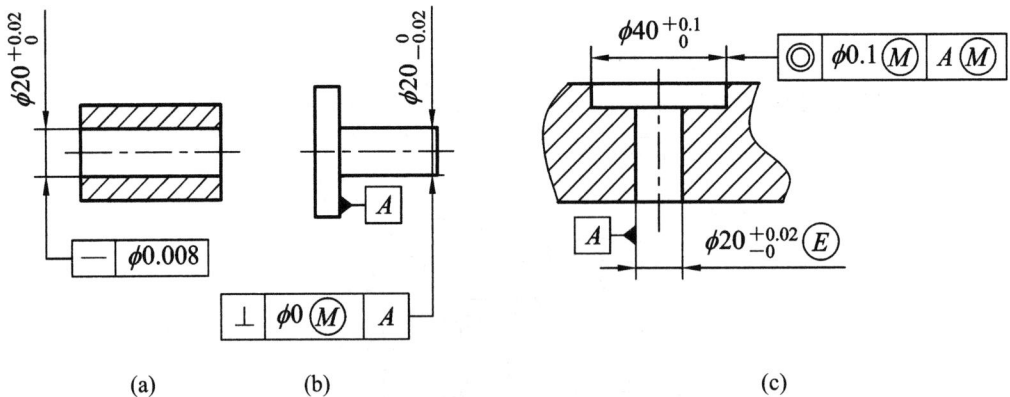

图 3-87　题 3-4(2)图

(3) 如图 3-88 所示，说明垂直度公差分别遵守什么公差原则或者采用什么公差要求，各自遵守什么边界。分别说明他们的尺寸误差和几何误差的合格条件。假设，加工后的零件实测尺寸为 $\phi 19.985$，轴线基于基准 $A$ 的垂直度误差值为 $\phi 0.06$，按照图 3-88(a)、图 3-88(b) 和图 3-88(e) 中标注的公差要求，分别判断此时零件是否合格。

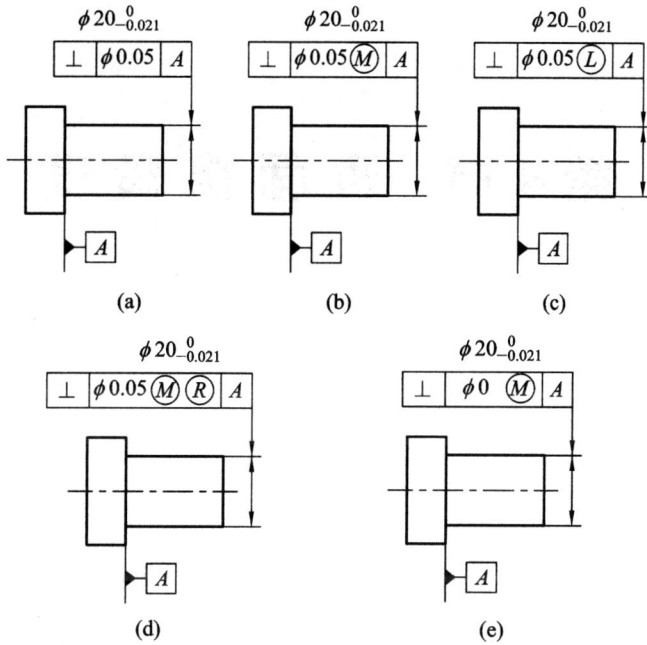

图 3-88　题 3-4(3)图

(4) 如图 3-89 所示，要求：

(a) 指出被测要素遵守的公差原则；

(b) 求出单一要素的最大实体实效尺寸，关联要素的最大实体实效尺寸；

(c) 求被测要素的形状公差、位置公差的给定值和最大允许值；

(d) 画出动态公差图；

(e) 若被测要素实际尺寸处处为 $\phi$19.97 mm，轴线对基准 $A$ 的垂直度误差为 $\phi$0.09 mm，判断其垂直度的合格性，并说明理由。

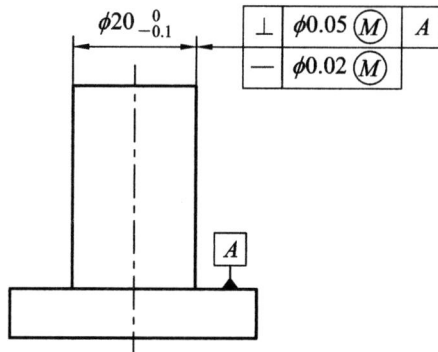

图 3-89　题 3-4(4)图

# 第4章 表面粗糙度

## 导读导学

**【学习要求】**

(1) 明确表面粗糙度的定义及其对机械零件使用性能的影响。

(2) 识别表面粗糙度的代号。

(3) 具备检测表面粗糙度的能力。

**【学习重点和难点】**

(1) 表面粗糙度的评定参数。

(2) 表面粗糙度参数值的合理选用。

(3) 表面粗糙度的检测。

**【学习目标】**

(1) 理解表面粗糙度的概念、表面粗糙度的评定参数。

(2) 掌握表面粗糙度基本参数的名称和代号。

**【相关标准】**

GB/T 1031—2009《产品几何技术规范(GPS)　表面结构　轮廓法　表面粗糙度参数及其数值》

GB/T 131—2006《产品几何技术规范(GPS)　技术产品文件中表面结构的表示法》

GB/T 10610—2009《产品几何技术规范(GPS)　表面结构　轮廓法　评定表面结构的规则和方法》

GB/T 17851—2022《产品几何技术规范(GPS)　几何公差基准和基准体系》

# 4.1　表面粗糙度的基本概念

## 4.1.1　表面粗糙度的定义

表面粗糙度是指加工表面具有的较小间距和峰谷所组成的微观几何形状特性，亦称微观几何不平度。表面粗糙度主要由加工过程中刀具和零件表面之间的摩擦，切屑分离时的塑性变形和金属撕裂，以及在工艺系统中存在高频振动等造成。

零件完工后其截面轮廓形状是复杂的，如图 4-1 所示，经过测量滤波器后，截面轮廓形状的传输特性曲线如图 4-2 所示。

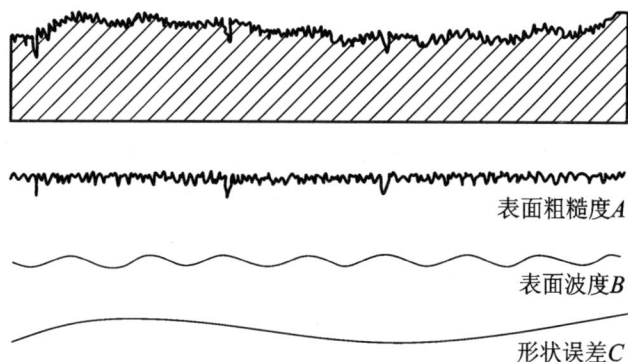

图 4-1　零件表面上的表面粗糙度、表面波度和形状误差

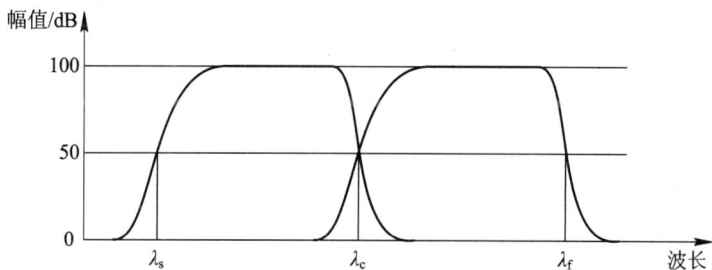

图 4-2　截面轮廓形状的传输特性

波长大于 $\lambda_s$ 的轮廓称为原始实际轮廓(P 轮廓)；波长在 $\lambda_s \sim \lambda_c$ 之间称为表面粗糙度(R 轮廓)；波长在 $\lambda_c \sim \lambda_f$ 之间称为表面波(纹)度(W 轮廓)。波长大于 $\lambda_f$ 就是形状误差。一般表面粗糙度的波长小于 1 mm，波长在 1～10 mm 的属于表面波(纹)度；波长大于 10 mm 的属于形状误差。

## 4.1.2　表面粗糙度的影响

表面粗糙度的大小对零件的使用性能和使用寿命有很大影响。尤其对高温、高速、高压条件下工作的机械零件影响更大。为了合理地选用表面粗糙度的参数及其允许值，首先要了解它对使用性能的影响。

### 1. 对零件运动表面的摩擦和磨损的影响

具有微观几何形状误差的两个表面只能在轮廓的峰顶接触，实际有效接触面积很小，导致单位压力增大。若表面间有相对运动，则峰顶间的接触作用会对运动产生摩擦阻力，同时使零件发生磨损。一般来说，表面越粗糙，则摩擦阻力越大，零件的磨损也越快。必须指出，表面光滑，磨损量不一定越小。磨损量除受表面粗糙度的影响外，还与磨损下来的金属微粒的刻划作用、润滑油被挤出以及分子间的吸附作用等因素有关。所以，特别光滑表面的磨损反而加剧。

### 2. 对配合性质的影响

对于有配合要求的零件表面，无论是哪一类配合，表面粗糙度都影响配合的稳定性。对于滑动轴承的间隙配合，表面微观形状的峰尖在工作过程中的快速磨损会使间隙增大。如果表面粗糙度过大，引起间隙的增大过多，就会破坏原有的配合性质。由于表面粗糙度与公称尺寸的大小无关，但是，配合的公称尺寸越小，表面粗糙度对配合性质的影响越严重。对于过渡配合，表面粗糙度也会在使用和装拆过程中使间隙扩大，从而降低定心程度，改变原来的配合性质。对于过盈配合，由于零件表面凹凸不平，配合零件经过压装后，零件表面轮廓的峰顶会被挤平，以致实际过盈小于理论上计算的过盈量，使连接强度降低。因此，为了保证零件的配合性质，通常采用磨削的方法提高零件的表面粗糙度。

### 3. 对腐蚀性的影响

金属腐蚀往往是由化学作用或电化学作用造成的，零件表面越粗糙，其腐蚀作用也就越严重。由于腐蚀性气体或液体容易积存在凹谷底，腐蚀作用便会从凹谷深入金属内部。表面越粗糙，凹谷越深，腐蚀作用就越严重。因此提高零件表面粗糙度质量，可以增强其抗腐蚀能力。

### 4. 对抗疲劳强度的影响

零件在交变载荷、重载荷及高速工作条件下，其抗疲劳强度除了与零件材料的物理、力学性能有关外，还与表面粗糙度有很大关系。因为零件表面越粗糙，凹痕越深，其根部曲率半径越小，对应力集中越敏感。特别是在交变载荷的作用下，表面粗糙度的影响更大，零件往往因此很快产生裂缝而损坏。所以对于承受交变载荷的零件，若提高其表面粗糙度质量，则可提高其抗疲劳强度，从而可以相应减小零件的尺寸和重量。

### 5. 对结合密封性的影响

粗糙不平的两个结合表面，仅在局部点上的接触必然产生缝隙，影响密封性。对于接触表面之间没有相对滑动的静力密封表面，若表面微观不平的谷底过深，密封材料在装配并受预压后不能完全填满这些微观不平谷底，则将在密封面上留下渗漏间隙。因此，提高零件表面粗糙度质量，可提高其密封性。对于相对滑动的动力密封表面，由于相对运动，两个结合表面间需有一定厚度的润滑油膜，所以应选择适宜的表面微观不平高度，一般为 4～5 μm。

### 6. 其他影响

表面粗糙度对零件性能的影响远不止上述 5 个方面，如其对接触刚度，冲击强度，流体流动阻力，表面高频电流，机器、仪器的外观质量以及测量精度等都有很大影响。

总之，表面粗糙度是精度设计中的一个重要的参数，为保证机械零件的使用性能，必须合理地提出表面粗糙度要求。

## 4.2　表面粗糙度的评定

对于有表面粗糙度要求的零件表面，加工后需要测量和评定其表面粗糙度的合格性。

### 4.2.1　基本术语

#### 1. 取样长度 $lr$

取样长度是指在 $X$ 轴方向上用于判别被评定轮廓的不规则特征的长度，是测量或评定表面粗糙度时所规定的一段基准线长度，它应至少包含 5 个以上轮廓峰和轮廓谷。评定表面粗糙度的取样是从表面轮廓上取得的，取样长度 $lr$ 的方向与轮廓走向一致，即在 $X$ 轴方向上轮廓走向与间距方向一致。规定取样长度的目的是限制和减弱其他几何形状误差，特别是减弱表面波度对测量的影响。一般表面越粗糙，取样长度就越大。

#### 2. 评定长度 $ln$

评定长度是指在 $X$ 轴方向上用于判别被评定轮廓的长度。由于零件表面粗糙度不均匀，为了合理地反映表面粗糙度特征，在测量和评定表面粗糙度时，规定将一段最小长度作为评定长度($ln$)。评定长度可包含一个或几个取样长度。一般情况下，取 $ln = 5lr$；若被测表面比较均匀，可选 $ln < 5lr$；若均匀性差，可选 $ln > 5lr$。取样长度和评定长度标示如图 4-3 所示。

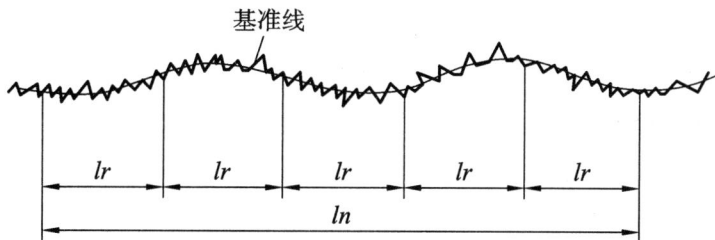

图 4-3　取样长度和评定长度

#### 3. 中线

中线是具有几何轮廓形状并用于划分轮廓的基准线，基准线有轮廓的最小二乘中线(见

图 4-4)和轮廓的算术平均中线(见图 4-5)两种。轮廓的最小二乘中线是指在取样长度内,使轮廓线上各点轮廓偏距,也就是使纵坐标值的平方和为最小的线。轮廓的算术平均中线是指在取样长度内,划分实际轮廓为上下两部分,且使上下两部分面积相等的线。在轮廓图形上确定轮廓的最小二乘中线的位置比较困难,一般使用轮廓算术平均中线进行轮廓划分,通常使用目测估计法来确定轮廓的算术平均中线。

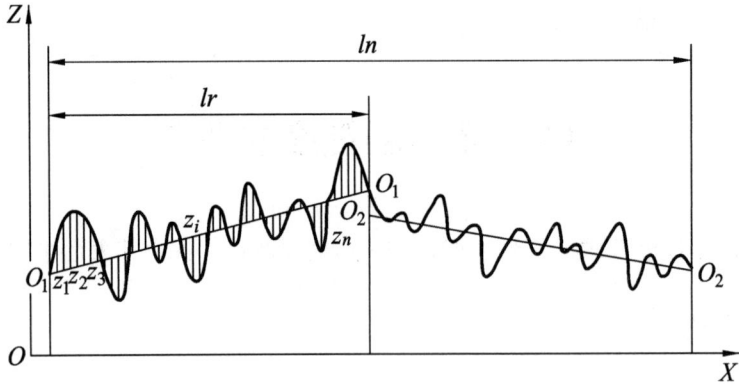

图 4-4　轮廓的最小二乘中线

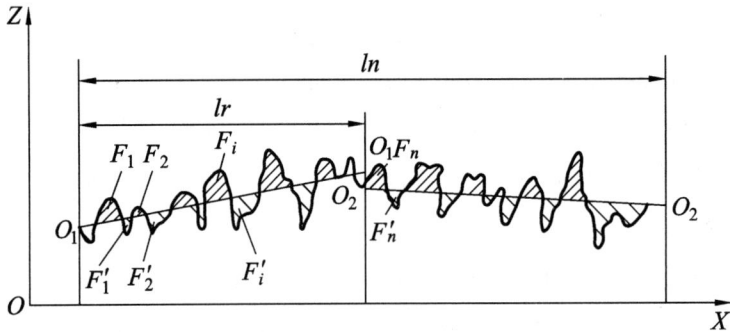

图 4-5　轮廓的算术平均中线

### 4.2.2　评定参数

为了满足对零件表面的不同功能要求,根据表面微观几何形状幅度(高度)、间距和形状三个方面的特征,国标 GB/T 3505 规定了幅度参数、间距参数和混合参数三种评定参数。

#### 1. 幅度参数(高度参数)

轮廓的算术平均偏差 $Ra$,是指在一个取样长度内纵坐标值取绝对值的算术平均值(见图 4-6)。$Ra$ 值的大小能客观地反映被测表面微观几何特性,$Ra$ 值越小,说明被测表面微小峰谷的幅度越小,表面越光滑;反之,$Ra$ 越大,说明被测表面越粗糙。$Ra$ 值是用触针式电感轮廓仪测得的,受触针半径和仪器测量原理的限制,不宜用作过于粗糙或太光滑表面的评定参数,仅适合用于 $Ra$ 值为 0.025～6.3 μm 的表面。

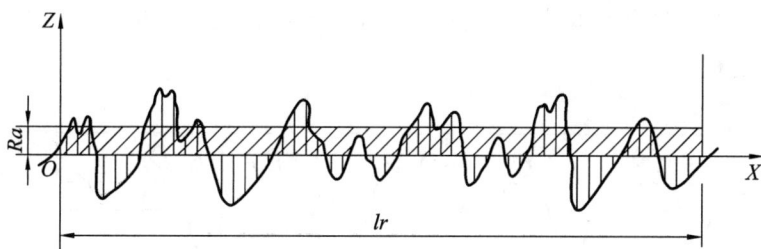

图 4-6 轮廓的算术平均偏差 $Ra$

轮廓的最大高度 $Rz$，是指在一个取样长度内，最大轮廓峰高和最大轮廓谷深之和的高度(见图 4-7)。表面粗糙度轮廓峰是指将表面粗糙度轮廓和横坐标轴相交的两相邻交点连接并指向材料外的表面粗糙度轮廓部分；表面粗糙度轮廓谷是指将表面粗糙度轮廓和横坐标轴相交的两相邻交点连接并指向材料内的粗糙度轮廓部分。

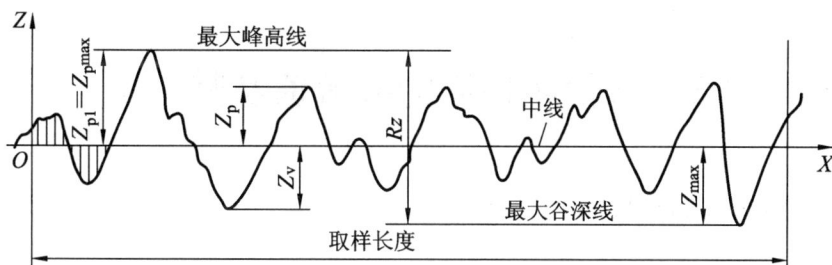

图 4-7 轮廓的最大高度 $Rz$

幅度参数($Ra$、$Rz$)是标准规定必须标注的参数，故又称基本参数。

## 2. 间距参数

间距参数用轮廓单元的平均宽度 $RSm$ 来表示，将轮廓单元的平均宽度 $RSm$ 定义为在一个取样长度内轮廓单元宽度 $X_s$ 的平均值(见图 4-8)。

将在取样长度始端或末端的评定轮廓的向外部分和向内部分看作一个表面粗糙度轮廓峰或轮廓谷。当在若干个连续的取样长度上确定若干个表面粗糙度轮廓单元时，在每一个取样长度的始端或末端评定的峰或谷仅在每个取样长度的始端计入一次。

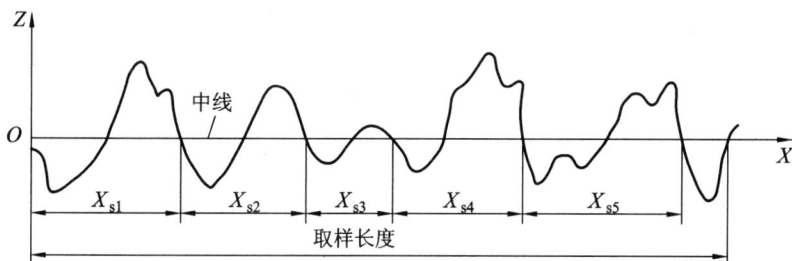

图 4-8 轮廓单元的平均宽度 $RSm$

## 3. 混合参数(形状参数)

混合参数用轮廓的支承长度率 $Rmr(c)$ 来表示，将轮廓的支承长度率 $Rmr(c)$ 定义为在给

定水平距离 $c$ 内的轮廓的实体材料长度与取样长度的比值(见图 4-9)。轮廓的实体材料长度为各段截线 $b_i$ 之和。

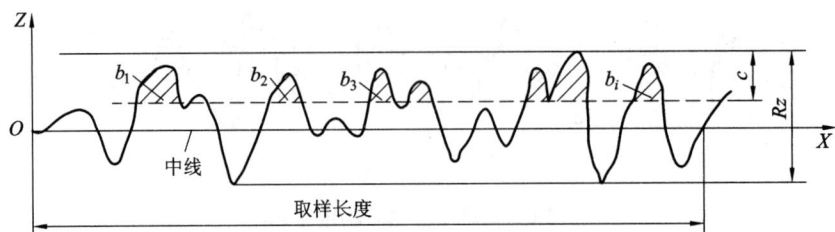

图 4-9　轮廓的支承长度率 $Rmr(c)$

相对于基本参数,间距参数($RSm$)与混合参数 $Rmr(c)$ 被称为附加参数。只有在少数零件的重要表面有特殊使用要求时,才选用这两个附加参数,附加参数不能单独在图样上注出,只能作为幅度参数的辅助参数注出。

# 4.3　表面粗糙度的参数值及其选用

## 4.3.1　表面粗糙度的参数值

表面粗糙度的参数值已经标准化,设计时应按国家标准 GB/T 1031—2006 规定的参数值系列选取。幅度参数值列于表 4-1 和表 4-2,间距参数值列于表 4-3,混合参数值列于表 4-4。

表 4-1　$Ra$ 的数值

| | | | | |
|---|---|---|---|---|
| 0.012 | 0.025 | 0.050 | 0.100 | 0.20 |
| 0.40 | 0.80 | 1.60 | 3.2 | 6.3 |
| 12.5 | 25 | 50 | 100 | — |

表 4-2　$Rz$ 的数值

| | | | | |
|---|---|---|---|---|
| 0.025 | 0.050 | 0.100 | 0.20 | 0.40 |
| 0.80 | 1.60 | 3.2 | 6.3 | 12.5 |
| 25 | 50 | 100 | 200 | 400 |
| 800 | 1600 | — | — | — |

表 4-3　$RSm$ 的数值

| | | | | |
|---|---|---|---|---|
| 0.006 | 0.0125 | 0.025 | 0.050 | 0.100 |
| 0.20 | 0.40 | 0.80 | 1.6 | 3.2 |
| 6.3 | 12.5 | — | — | — |

表 4-4　$Rmr(c)$的数值

| 10% | 15% | 20% | 25% | 30% |
|-----|-----|-----|-----|-----|
| 40% | 50% | 60% | 70% | 80% |
| 90% | — | — | — | — |

在一般情况下，测量 $Ra$ 和 $Rz$ 时，推荐根据表 4-5，选用对应的取样长度值及评定长度值，此时对于取样长度值，可在图样上省略标注。当有特殊要求不能选用表 4-5 中的数值时，应在图样上标注取样长度值。

表 4-5　$lr$ 和 $ln$ 的数值

| $Ra$ | $Rz$ | $lr$ | $ln$ |
|------|------|------|------|
| ≥0.008～0.02 | ≥0.025～0.10 | 0.08 | 0.4 |
| >0.02～0.10 | >0.10～0.50 | 0.25 | 1.25 |
| >0.1～2.0 | >0.50～10.0 | 0.8 | 4.0 |
| >2.0～10.0 | >10.0～50.0 | 2.5 | 12.5 |
| >10.0～80.0 | >50.0～320 | 8.0 | 40.0 |

## 4.3.2　表面粗糙度的选用

### 1. 评定参数的选用

幅度参数是标准规定的基本参数，可以独立选用。对于有表面粗糙度要求的表面，必须选用一个幅度参数。对于幅度方向的表面粗糙度参数值为 0.025～6.3 μm 的零件表面，标准推荐优先选用 $Ra$。这是因为 $Ra$ 能够比较全面地反映被测表面的微小峰谷特征。在表面粗糙度要求特别高或特别低，即 $Ra<0.025$ μm 或 $Ra>6.3$ μm 时，选用 $Rz$。

对于 $RSm$，一般不能作为独立参数选用，只有在评定少数零件的重要表面且有特殊使用要求时其才作为附加参数选用。$RSm$ 主要在对涂漆性能，如喷涂均匀、涂层的附着性和光洁性等有要求时选用。另外，在冲压成形时要求零件表面具备抗裂纹、抗振、抗腐蚀、减小流体流动摩擦阻力等时选用。

混合参数，如轮廓的支承长度率 $Rmr(c)$，主要在耐磨性、接触刚度要求较高的场合附加选用。

### 2. 表面粗糙度参数值的选用

表面粗糙度参数值不仅对产品的使用性能有很大的影响，而且直接关系到产品的质量和制造成本。一般来说，表面粗糙度值(评定参数值)越小，零件的工作性能越好，使用寿命也越长。选择表面粗糙度参数值时，既要考虑零件的功能要求，又要考虑其制造成本。表面粗糙度参数值的选用原则是，首先要满足零件的功能要求，其次要考虑经济性及工艺的可能性。

选择表面粗糙度参数值时遵循如下原则。同一零件上，工作表面的 $Ra$ 或 $Rz$ 值比非工作表面的小。摩擦表面的 $Ra$ 或 $Rz$ 值比非摩擦表面的小。滚动摩擦表面要比滑动摩擦表面的表面粗糙度参数值小。运动速度高、单位面积压力大以及受交变应力作用的重要零件的圆角沟槽的表面粗糙度值都应较小。配合性质要求高的配合表面(如小间隙配合的配合表面),以及要求连接可靠、受重载荷作用的过盈配合表面的表面粗糙度值都应较小;间隙配合要比过盈配合的表面粗糙度值小。配合性质相同,零件尺寸越小,表面粗糙度参数值应越小;同一公差等级,小尺寸要比大尺寸、轴比孔的表面粗糙度参数值小。在确定表面粗糙度参数值时,应注意它与尺寸公差和几何公差间的协调。尺寸公差和几何公差值越小,表面粗糙度的 $Ra$ 或 $Rz$ 值应越小。要求防腐蚀、密封性能好或外表美观的产品,其表面粗糙度参数值应较小。凡有关标准已对表面粗糙度要求作出规定,则应按相关标准确定表面粗糙度参数值。

在实际工程应用中,由于表面粗糙度和功能的关系十分复杂,因而很难准确地确定参数的允许值,在具体设计时,除有特殊要求的表面外,一般根据经验统计资料,采用类比法来选用表面粗糙度。根据类比法初步确定表面粗糙度后,再对比工作条件对其作适当调整。

# 4.4　表面粗糙度符号及其标注

表面完工后,要求在图样上标注表面粗糙度符号和代号。表面粗糙度的标注应符合国家标准 GB/T 131—2006 的规定。

## 4.4.1　表面粗糙度的基本符号

图样上表示零件表面粗糙度的基本符号及其说明如表 4-6 所示。若仅需要加工零件表面(采用去除材料的方法或不去除材料的方法),但对表面粗糙度,没有其他规定要求时,允许只标注表面粗糙度符号。

表 4-6　表面粗糙度符号

| 符　号 | 意 义 及 说 明 |
| --- | --- |
| | 基本符号,表示表面可用任何方法获得 |
| | 基本符号加一短划线,表示表面是采用去除材料的方法获得的。例如:车削、铣削、钻削、磨削等 |
| | 基本符号加一小圆,表示表面是采用不去除材料的方法获得的。例如:铸造、锻造、冲压成形等 |
| | 在前述三个符号的长边上均可加一横线,用于标注有关参数和说明 |
| | 在上面三个符号的横线上均可加一小圆,表示所有表面具有相同的表面粗糙度要求 |

## 4.4.2 表面粗糙度符号的标注

### 1. 表面粗糙度的符号

在表面粗糙度符号周围，要求注写若干数值以及有关规定，这些数值和有关规定注写位置如图 4-10 所示。表面粗糙度符号和这些数值以及各种有关规定共同组成表面粗糙度代号。标准中规定，当允许表面粗糙度参数的所有实测值超过规定值的个数少于总数的 16%时，应在图样上标注表面粗糙度参数的上限值或下限值，即 16%规则。当要求表面粗糙度参数的所有实测值不得超过规定值时，应在图样上标注表面粗糙度参数的最大值，即最大规则。

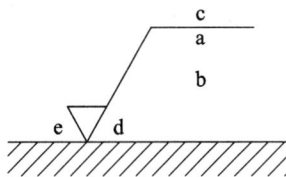

图 4-10    表面粗糙度代号的注法

图 4-3 中，a 位置标注第一表面粗糙度要求(单位为 μm)；b 位置标注第二表面粗糙度要求(单位为 μm)；c 位置标注加工方法(车、铣等)；d 位置标注加工纹理方向符号；e 位置标注加工余量(单位为 mm)。

### 2. 表面粗糙度幅度参数的标注

表面粗糙度幅度参数标注在代号 a 和 b 位置，完整图形符号如图 4-11 所示。图 4-11 中包含以下内容：

(1) 上限或下限的标注：表示双向极限时应标注上限符号"U"和下限符号"L"。如果同一参数具有双向极限要求，在不引起歧义时，可省略"U"和"L"的标注。若为单向下限值，则必需加注"L"。

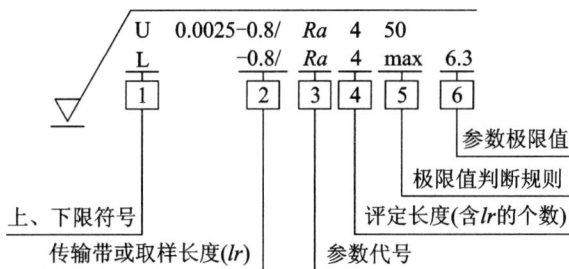

图 4-11    表面粗糙度幅度参数的完整图形符号

(2) 传输带或取样长度的标注：传输带是指两个滤波器的截止波长值之间的波长范围。进行传输带的标注时，短波在前，长波在后，并用中文连字符"-"隔开，如图中 0.0025-0.8。在某些情况下，进行传输带的标注时，只标一个滤波器，也应保留连字符"-"，来区分是短波还是长波。

(3) 参数代号的标注：参数代号标注在传输带或取样长度后，它们之间用"/"隔开，并注明 *Ra* 或 *Rz*。

(4) 评定长度的标注：如果默认评定长度($5lr$)时，可省略标注。如果不等于 $5lr$ 时，则应注出取样长度 *lr* 的个数。

(5) 极限值判断规则和参数极限值的标注：极限值判断规则的标注如图 4-11 中所示，此时上限为"16%规则"，下限为"最大规则"。为了避免误解，在参数代号和极限值之间插入一个空格。

表面粗糙度幅度参数的标注方法及意义如表 4-7 所示。

#### 表 4-7　表面粗糙度幅度参数的标注方法及意义

| 符　号 | 意　义　及　说　明 |
|---|---|
| $\sqrt{}$　*Rz* 0.4 | 选用不允许去除材料方法，单向上限值，默认传输带，轮廓的最大高度为 0.4 µm，评定长度为 5 个取样长度(默认)，16%规则(默认) |
| $\sqrt{}$　*Rz* max 0.2 | 选用去除材料方法，单向上限值，默认传输带，轮廓的最大高度为 0.2 µm，评定长度为 5 个取样长度(默认)，最大规则 |
| $\sqrt{}$　U *Ra* max 3.2<br>L *Ra* 0.8 | 选用不允许去除材料方法，双向极限值，两个极限值均为默认传输带，上限值：算术平均偏差为 3.2 µm，评定长度为 5 个取样长度(默认)，最大规则；下限值：算术平均偏差为 0.8 µm，评定长度为 5 个取样长度(默认)，16%规则(默认) |
| $\sqrt{}$　L *Ra* 1.6 | 选用任意加工方法，单向下限值，默认传输带，算术平均偏差为 1.6 µm，评定长度为 5 个取样长度(默认)，16%规则(默认) |
| $\sqrt{}$　0.008-0.8/*Ra* 3.2 | 选用去除材料方法，单向上限值，传输带 0.008～0.8 mm，算术平均偏差为 3.2 µm，评定长度为 5 个取样长度(默认)，16%规则(默认) |
| 铣<br>$\sqrt{}$　*Ra* 0.8<br>$\perp$　-2.5/*Rz* 3.2 | 选用去除材料方法，两个单向上限值。前者：默认传输带和默认评定长度，算术平均偏差为 0.8 µm，16%规则(默认)；后者：传输带为 -2.5 mm，默认评定长度，轮廓的最大高度为 3.2 µm，16%规则(默认)。表面纹理垂直于视图所在的投影面。加工方法为铣削 |
| 3$\sqrt{}$　0.008-4/*Ra* 50<br>0.008-4/*Ra* 6.3 | 选用去除材料方法，双向极限值。上限值的算术平均偏差为 50 µm，下限值的算术平均偏差为 6.3 µm，上下极限的传输带均为 0.008～4 mm，默认评定长度，16%规则(默认)。加工余量为 3 mm |

### 3. 表面粗糙度其他项目的标注

表面粗糙度代号 c 的位置用于标注加工方法。如果某表面的表面粗糙度要求指定加工方法(如抛光、铣削、镀覆等)，则可以用文字标注。

表面粗糙度代号 d 的位置用于标注加工纹理方向。如果需要控制零件表面的加工纹理方向，则可按加工纹理方向的符号进行标注。

表面粗糙度代号 e 的位置用于标注加工余量。加工余量是指获得本表面粗糙度要求前零件表面的总余量。

### 4.4.3 表面粗糙度标注示例

在 GB/T 131—2006 中表面粗糙度标注有两种，一种是允许用文字的方式表达表面粗糙度的要求，标准规定在报告和合同的文本中可以用文字"PAP""MRR"和"NMR"分别表示允许用任何工艺获得表面、允许用去除材料的方法获得表面以及允许用不去除材料方法获得表面；另一种方法是在图样上的标注。具体的标注示例如表 4-8 所示。

表 4-8　表面粗糙度标注示例

| 序号 | 在 文 本 中 | 在图样上 |
|---|---|---|
| 1 | MRR $Ra$ 0.8；$Rz$1 3.2 | $Ra$ 0.8<br>$Rz$1 3.2 |
| 2 | MRR $Ra$ max 0.8；$Rz$1 max 3.2 | $Ra$ max 0.8<br>$Rz$1max 3.2 |
| 3 | MRR U $Rz$ 0.8；L $Ra$ 0.2 | U $Rz$ 0.8<br>L $Ra$ 0.2 |
| 4 | MRR 车 $Rz$ 3.2 | 车<br>$Rz$ 3.2 |

### 4.4.4 表面粗糙度符号的标注位置与方向

表面粗糙度要求对每一表面一般只标注一次，并尽可能标注在相应的尺寸及其公差的同一视图上。除另有说明外，标注的表面粗糙度要求针对的是已经加工完的零件表面。

标准规定表面粗糙度的标注和读取方向与尺寸的标注和读取方向一致，如图 4-12 所示。

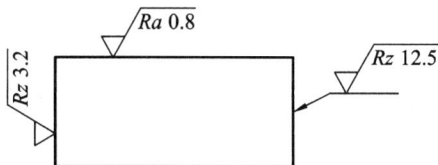

图 4-12　表面粗糙度要求的标注方向

表面粗糙度要求可标注在轮廓线上，其符号应指向材料外并接触表面。必要时，表面粗糙度符号也可用带有箭头或黑点的指引线引出标注，如图 4-13 和图 4-14 所示。

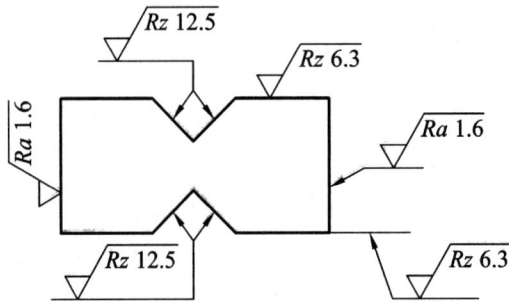

图 4-13　表面粗糙度在轮廓线的标注

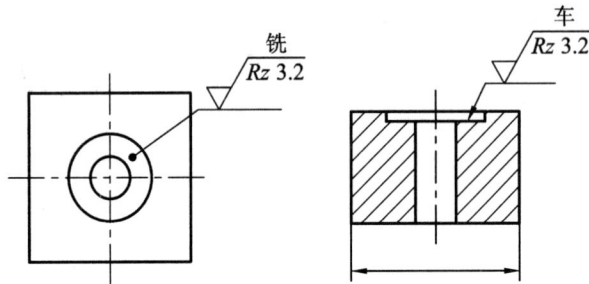

图 4-14　用指引线引出标注表面粗糙度

为不引起误解，表面粗糙度可以标注在给定的尺寸上，如图 4-15 所示。

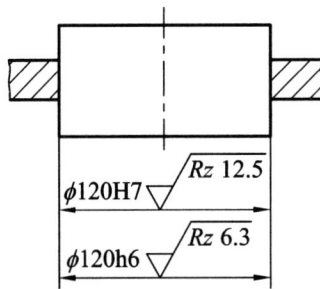

图 4-15　表面粗糙度标注在尺寸线上

表面粗糙度要求可标注在几何公差框格的上方，如图 4-16 所示。

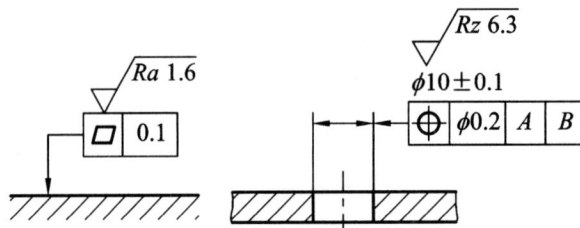

图 4-16　表面粗糙度标注在几何公差框格的上方

　　表面粗糙度要求可以直接标注在尺寸线的延长线上，或用带箭头的指引线引出标注。对于圆柱和棱柱表面的粗糙度要求只标注一次，如图 4-17 所示。若每个棱柱表面使用不同的表面粗糙度要求，则应分别单独标注，如图 4-18 所示。

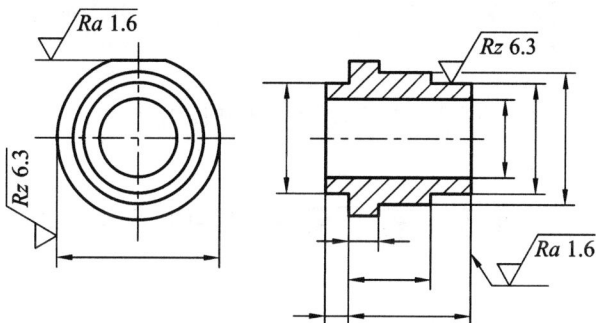

图 4-17　表面粗糙度标注在圆柱特征的延长线上

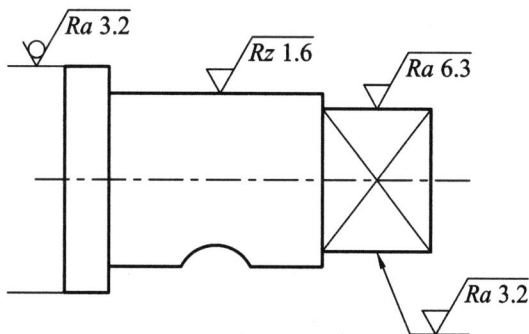

图 4-18　圆柱和棱柱表面粗糙度的注法

　　如果零件多数(全部)表面有相同的表面粗糙度要求，则其表面粗糙度要求可统一标注在图样的标注栏附近，如图 4-19(a)和图 4-19(b)所示。可用带字母的完整符号，在图形或标题栏附近，以等式的形式对有相同表面粗糙度要求的表面进行简化标注，如图 4-20 所示。

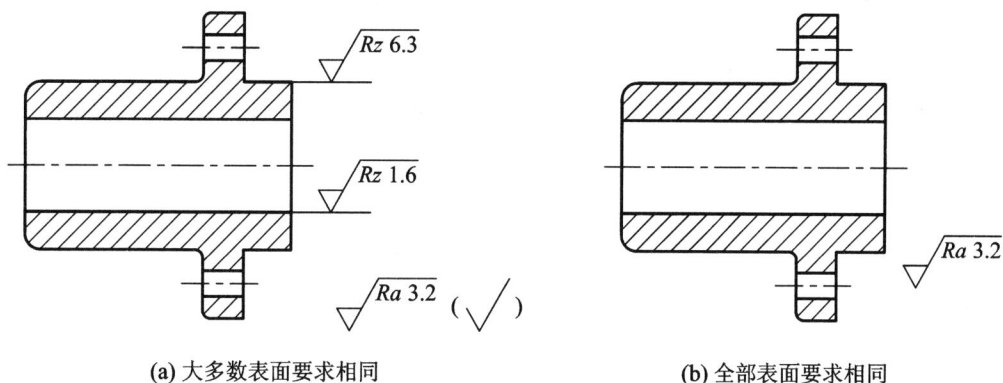

(a) 大多数表面要求相同

(b) 全部表面要求相同

图 4-19　大多数或全部表面有相同的表面粗糙度要求的标注

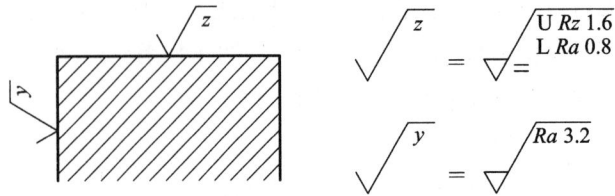

图 4-20　在图纸空间有限时的简化标注

# 4.5　表面粗糙度的测量

对于表面粗糙度，若未指定测量截面的方向，则应在幅度参数最大值的方向上进行测量，也就是说，在垂直于表面加工纹理的方向上测量。测量表面粗糙度时，所用的仪器的结构和操作方法可以参阅相关实验指导书。表面粗糙度的检测方法主要有比较法、光切法、干涉法、针描法、印模法和三维几何表面测量法等。

比较法是通过将被测表面与已知高度参数值的粗糙度样板比较来确定表面粗糙度的一种方法。比较法较为简单，适合在车间使用。其判断的准确性在很大程度上取决于检验人员的经验。

光切法是利用光切原理来测量表面粗糙度的一种方法。按评定参数的定义进行测量并对测量结果进行数据处理，即可确定表面粗糙度的数值。光切显微镜适合用于测量 $Rz$，其测量范围为 0.8～80 μm。

干涉法是用光波干涉原理来测量表面粗糙度的一种方法。常用的仪器是干涉显微镜。这种仪器适宜用测得的 $Rz$ 值来评定表面粗糙度，其测量范围为 0.025～0.8 μm。

针描法是利用触针直接在被测表面上移动，从而测出表面粗糙度的一种方法。电动轮廓仪就是利用针描法测量表面粗糙度的仪器。通常直接显示 $Ra$ 值，测量范围为 0.02～5 μm。

印模法是指用塑性材料将被测表面印下来，然后对印模表面进行测量的方法。对于一些不便用表面粗糙度仪器直接测量的零件表面，如深孔、盲孔、凹槽以及大型零件的内表面等，可用印模法来评定其表面粗糙度。由于印模材料不能完全填满谷底以及印模材料的收缩效应，测得的印模粗糙度与零件实际表面的粗糙度之间有一定差别。因此，一般应根据实验对测量结果进行修正。

三维几何表面测量法是指使用多种测量方法进行表面粗糙度三维评定参数测量。

表面粗糙度的一维和二维测量参数，只能反映表面不平度的某些几何特征，用它表征整个表面的统计特征是很不充分的，只有三维评定参数才能真实地反映被测表面的实际特征。为此，国内外都致力于研究开发三维几何表面测量技术，现已将光纤法、微波法和电子显微镜等测量方法成功地应用于三维几何表面的测量。

# 小 结

### 1. 表面粗糙度的相关规定

表面粗糙度是指加工表面的微观几何不平度。国家标准规定，表面粗糙度的基本评定参数有轮廓的算术平均偏差 $Ra$ 和轮廓的最大高度 $Rz$。

### 2. 表面粗糙度的选择原则

满足使用性能的前提下兼顾经济性，在选择表面粗糙度数值时常采用类比法。

### 3. 测量表面粗糙度的方法

比较法、光切法、干涉法、针描法和印模法等。

# 习 题

4-1 表面粗糙度的定义是什么？其对零件的工作性能有何影响？

4-2 规定取样长度和评定长度的作用和意义是什么？

4-3 表面粗糙度的基本评定参数有哪些？各评定参数的定义是什么？

4-4 选择表面粗糙度参数值时，应考虑哪些因素？

4-5 常用的表面粗糙度测量方法有哪几种？

4-6 填表题。

表 4-9 题 4-6 表

| 代 号 | 意 义 |
| --- | --- |
| $\sqrt{Ra\,3.2}$ | |
| $\sqrt{Ra\,\text{max}\,3.2}$ | |
| | 选用去除材料方法，表面粗糙度评定参数为 $Ra$，单向上限值，默认传输带，轮廓的最大高度为 0.2 μm，评定长度为 5 个取样长度(默认)，最大规则。 |
| | 选用不允许去除材料方法，表面粗糙度评定参数为 $Rz$，双向极限值，两个极限值均为默认传输带，上限值：算术平均偏差为 3.2 μm，评定长度为 5 个取样长度(默认)，最大规则；下限值：算术平均偏差为 0.8 μm，评定长度为 5 个取样长度(默认)，16% 规则(默认)。 |

4-7    标注题。

(1) 选用去除材料方法，$\phi D_1$ 孔的表面粗糙度参数 $Ra$ 的上限值为 3.2 μm，评定长度为 5 个取样长度(默认)，最大规则。

(2) 选用去除材料方法，$\phi D_2$ 孔的表面粗糙度参数 $Ra$ 的上限值为 6.4 μm，下限值为 3.2 μm，评定长度为 5 个取样长度(默认)，16%规则(默认)。

(3) 选用不允许去除材料方法，$\phi d_1$ 和 $\phi d_2$ 圆柱体表面粗糙度参数为 $Rz$，上限值为 3.2 μm，评定长度为 5 个取样长度(默认)，最大规则；下限值为 0.8 μm，评定长度为 5 个取样长度(默认)，16%规则(默认)。

(4) 其余表面的表面粗糙度参数 $Rz$ 的最大值均为 12.5 μm。

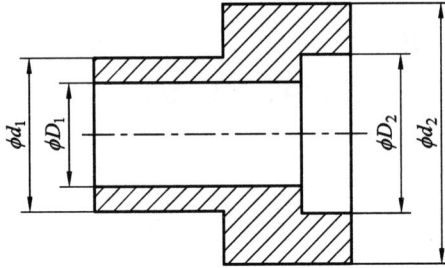

图 4-21    题 4-7 图

# 第5章 几何特征量测量基础

## 导读导学

**【学习要求】**

了解测量的基本概念和测量方法的分类，熟悉计量器具的选择，掌握测量误差的相关概念及测量误差的处理方法。

**【学习重点和难点】**

测量误差与数据处理。

## 5.1 概　　述

机械制造业的发展离不开测量技术，测量技术的发展推动了现代制造技术的发展。对于"设计、制造、测试"三个环节，测量均起着极其重要的作用。

由于零件加工误差不可避免，所以应采用严格的公差标准来规定机械零件的几何(特征)量公差，以实现零件的互换性。检测是测量和检验的总称，检测技术的发展与制造业的发展密不可分，如果没有适当的检测措施，规定的公差将形同虚设，不能发挥作用。零件几何形状合格与否，需要按照测量或检验顺序确定。机械制造中的测量技术，主要用于研究测量零件上某一特征的尺寸、形状、方向或位置等几何特征量，这是实施质量标准的技术保障。

### 5.1.1 测量和检验的概念

测量是通过实验获得一个或多个可以合理归属于一个量的量值的过程。换句话说，就是将几何特征(如长度、角度等)的被测量与带有单位的标准量比较，从而得到对比值的过程。假设被测量是 $L$，标准量是 $E$，那么他们的比值是 $q$，即

$$q = \frac{L}{E} \tag{5-1}$$

被测量 $L$ 的大小等于得到的比值 $q$ 乘以标准量 $E$ 的大小，即

$$L = qE \qquad\qquad (5\text{-}2)$$

检验是通过识别被测零件是否合格、是否在规定的范围内，来判断零件是否满足要求的过程。通常不需要测量具体的值时，一般用定值量具。

### 5.1.2　测量处理过程

任何几何特征量(或称被测量、被测几何量)都由两部分组成，数值代表几何量大小，单位为几何量的计量单位，如 3.69 mm 或 3.690 mm。任何一项测量，首先必须明确测量对象与测量单位，选用适合测量对象的测量方法，并且测量结果应达到要求的精度。

一个完整的几何测量过程应包括被测量、单位、测量方法和测量精度四个特征要素。

(1) 被测量是指某一几何量，即长度(包括角度)、表面粗糙度、几何误差以及螺纹或齿轮的参数等。

(2) 在测量中，长度的单位有米(m)、毫米(mm)、微米(μm)，角度的单位有度数(°)、分(′)、秒(″)等。

(3) 测量方法是测量原理、测量工具和测量条件的总称。测量条件是指测量过程中所处的环境，如温度、湿度、振动、灰尘等。测量工具或测量方法是根据精度、尺寸、重量等要求来确定的。

(4) 测量精度是指测量结果与真值的接近程度，对应的概念是测量偏差或测量误差。由于影响测量结果的因素很多，测量误差不可避免。测量误差越大，测量精度越低；反之，测量误差越小，测量精度越高，没有精度要求的测量是毫无意义的。

## 5.2　测　量　标　准

### 5.2.1　长度和角度的标准规范

在生产和科学实验中，测量需要遵循一定的标准规范，以测量基准作为标准，可以确保测量的精确性。因此，有必要建立一个统一、可靠的测量基本单元作为基准。在几何领域的测量中，测量基准可分为长度和角度的标准。

为了保证长度测量的准确性，首先在测量时需要建立一个统一、可靠的长度标准。在国际单位制中，长度的基本单位是米(m)，中国采用国际单位制。在机械工程中，常用的单位有毫米(mm)、微米(μm)和纳米(nm)。它们之间的关系为 1 m = 1000 mm；1 mm = 1000 μm；1 μm = 1000 nm。在工程图纸中，尺寸和几何公差默认单位为 mm，表面粗糙度幅值单位为 μm，精密测量中，单位一般用 μm；超精密测量中，单位一般用 nm。

角度是重要的几何量之一。圆的圆心角定义为 360°，需要建立一个类似长度的参考标准。角度的测量单位为弧度(rad)、毫弧度(mrad)、微弧度(μrad)、度数、分、秒。

## 5.2.2　长度和角度的传播

在实践中，光不能直接作为测量长度的基准，因此需要建立精确的传播系统，然后使用各种测量仪器进行测量。为了保证测量的可追溯性，必须将测量长度基准的大小准确地传递给生产中使用的测量仪器。长度测量可利用两个平行系统向下传递，一个是端部测量(量规块)，另一个是线规(线性标尺)。

## 5.2.3　量块及其应用

量块是精密测量中常用的标准装置，分为长度量块和角度量块。这里讲的是长度量块。

量块是一块金属或陶瓷块，两相对表面被精确地打磨成平面或平行平面，彼此之间有精确的相对位置。标准量块由淬硬钢合金制成，而校准量块通常由碳化钨或碳化铬制成，硬度高，磨损少。轨距量块是一组不同长度的量块，通过堆叠它们来产生各种标准长度。每个量块的长度实际上略短于所冲压的公称长度，因为冲压长度还包括了一个油膜的长度。在正常使用中，油膜是一种将相邻量块表面分开的润滑剂。

在使用中，取出量块，清洁其保护涂层(由凡士林或油形成)，形成一个所需尺寸的堆叠。量块经过校准，在 20℃下保持准确，测量时应保持这个温度，可以减小热膨胀的影响。磨损块由硬质合金等较硬材料制成，应尽可能地放在堆叠的两端，以起到保护量规块的作用。

若量块尺寸小于 10 mm，截面尺寸为 30 mm×9 mm。若尺寸在 10～1000 mm 范围内，断面尺寸为 35 mm×9 mm。

为了满足不同场合的需要，量块可制成不同的精度等级。根据量块的制造精度和校准精度，将量块的精度定义为若干"等级"和"水平"。

量块的"等级"和"水平"是批量生产和个别校准时要求的精度。根据"等级"，将量块上标注的公称尺寸作为工作尺寸，其中包括制造误差。根据"水平"，将检定后的实际尺寸作为工作尺寸，该尺寸不包含制造误差，但包含校准后的测量误差。对于同一量块，测量误差比制造误差小得多。因此，按"水平"要求的精度高于按"等级"要求的精度，并可在保持量块原有精度的基础上延长使用寿命。

# 5.3　计量设备和测量方法

## 5.3.1　计量设备

计量设备是指测量工具、测量仪器以及其他用于实现测量技术目的的通用设备(如计量装置)。

### 1. 测量工具

测量工具是指以固定形式获得量值的计量设备，包括单值测量工具，如量块、方尺、量规等；通用测量工具，如直尺、卷尺等；游标量具，如游标卡尺、游标深度尺、游标角度尺等；螺杆千分尺如内千分尺、外千分尺和螺旋千分尺。它们可以用来检测零件尺寸误差或几何误差，判断零件合格与否，但是使用普通极限量规、定位量规、螺纹量规等，无法测得几何量。

### 2. 测量仪器

测量仪器是指被测几何量能够转化为直接示值或等效示值的测量仪器。测量仪器本身包括一个可移动的测量元件，用来确定具体的测量值。根据信号转换的原理可将测量仪器分为以下几种。

(1) 机械仪器：是指用机械方法测试原始信号的仪器，一般带有机械测微机构。这些仪器具有结构简单、性能稳定、使用方便等优点，如指示器、比较仪等。

(2) 光学仪器：是指用光学方法来实现原始信号测量的仪器，一般带有光放大(测微计)机构。这些仪器具有精度高、性能稳定的优点，如光学比较仪、工具显微镜、干涉仪等。

(3) 电动仪表：指的是能将原始信号转换成电信号的仪表，通常带有放大电路、滤波电路等。这些仪器具有高精度，测量信号通过模拟/数字(A/D)转换，易于连接到计算机接口，实现测量和数据处理的自动化。电感比较仪、电轮廓仪、圆度仪等是常见的电动仪表。

(4) 气动仪表：是用压缩空气作为介质，通过改变气动系统的流量或压力来实现原有信号转换的测量仪表。该仪表结构简单，测量精度和效率高，操作方便，但指示范围小，如水柱式气动测量仪、浮子式气动测量仪等。

### 3. 计量装置

计量装置是指由必要的测量仪器和辅助设备来确定被测几何量值的装置。它能够测量同一零件的多个特征和复杂形状的零件，有助于半自动化或自动化的检测。如精密齿轮综合测试仪、发动机气缸孔几何精密测量仪等。

计量设备的基本技术性能指标是合理选择和使用计量设备时的重要依据。

## 5.3.2　测量方法

根据不同的测量标准，测量方法可以被分为多种类型。

### 1. 绝对测量与相对测量

根据是否获得直接的测量数据，测量方法可以分为绝对测量和相对测量。绝对测量(直接测量)是指通过测量可以直接获得被测尺寸的全部值。例如，我们用游标卡尺、千分尺、测长仪等来测量轴的直径。相对测量(比较测量)是指通过测量获得被测尺寸与已知标准值的偏差或比值。相对测量是指将被测对象与参考基准进行比较，或按比例估计被测对象，被测结果等于被测尺寸值与已知标准值的代数和或者乘积。一般来说，相对测量方法具有精度高、操作简单等优点，被广泛应用于精密长度测量中。

### 2. 直接测量与间接测量

根据实际被测值是否被直接测量，将测量方法分为直接测量和间接测量。

直接测量：被测量与其他实际被测量之间不存在函数关系，被测量可以直接得到。我们在测量仪器上得到的示值可以是测量尺寸的全值，也可以是标准差。例如，我们用线尺或量块测量长度就是直接测量。一般情况下，直接测量简单，没有复杂的函数计算。

间接测量：指的是通过测量某个值来得到实际要测的值。待测量与其他实际被测量之间存在函数关系，待测量需通过函数辅助计算得到。一般来说，间接测量比较麻烦。当被测尺寸不能直接测量或直接测量不能达到所要求的精度时，我们常常不得不采用间接测量。在实际测量中，测量一个角度、一个锥度、一个孔距、一个圆弧的曲率半径及相关交点的大小，一般采用间接测量方法。

### 3. 单参数测量与综合测量

根据同时被测零件是否有多个几何量，将测量方法分为单参数测量和综合测量。

单参数测量：指单独测量各个互不接触的参数。例如，我们分别测量螺纹的节径、节距和侧倾角等。一般情况下，单参数测量效率较低。对于精度较高的零件或对其进行过程分析时，应采用单参数测量。

综合测量：通过测量与零件若干参数相关联的综合参数，综合判断零件是否合格。这个过程被称为综合测量。比如我们用螺纹量规来检查螺纹。综合测量方法效率高，适合大批量生产。

### 4. 接触式测量与非接触式测量

根据被测物体与测量仪器探头之间是否存在机械力，将测量方法分为接触式测量和非接触式测量。

接触式测量：指测量仪器的敏感元件与被测零件表面直接接触的测量方法。例如，用游标卡尺测量直径。接触式测量的特点是存在测量力，它能使接触可靠。但同时，也会造成测量仪器和被测零件的变形，造成测量误差。

非接触式测量：指测量仪器的敏感元件与被测零件表面不直接接触的方法。例如，用投影法和光干涉法测量零件。

### 5. 被动测量与主动测量

根据测量是否在加工过程中进行，将测量方法分为被动测量和主动测量。

被动测量(离线测量)：被动测量是指零件加工后对其进行的测量。它的作用是发现和识别报废品。

主动测量(在线测量)：主动测量是指在加工过程中对零件进行的测量。该方法直接实时控制加工过程，以决定是否继续加工或是否对机床进行调整后再加工。它的作用是在加工过程中发现和识别误差，防止产生报废品。在线测量在加工过程中进行，可以缩短零件的生产周期。

测量方法有许多分类。例如，根据测量条件在过程中是否发生变化，测量方法可分为等精度测量和非等精度测量，这里不再赘述。以上对测量的分类是从不同的角度来考虑的，但是，对于一个特定过程的测量，它可能具有几种测量方法的特点。利用三坐标测量机测量零件轮廓，它涉及直接测量、接触测量、主动测量等。因此，测量方法的选择应考虑被测对象的结构特点、精度要求、生产批次、技术条件和经济效益等因素。

# 5.4　测量误差及数据处理

## 5.4.1　测量误差的分类

测量的目的是获取被测对象的准确值。例如，测量值可以是容器的体积，电池两端的电位差、烧瓶中铅的质量浓度。没有绝对精确的测量。当一个量被测量时，结果受到测量系统、测量程序、操作者的技能和环境以及其他因素的影响。假设测量系统有足够的分辨率，一个量要被测量几次，用同样的方法和在同样的情况下，每次都会得到不同的测量值。

测量值的离散度决定测量结果的可靠性，多次测量的平均值提供了一个真实值的估计值，通常比单个测量值更可靠。作为对真实值的估计，平均值取决于测量值的离散度和测量样本数量。但是，通常情况下，样本的数量是不充足的。

将测量误差(也称观测误差，简称误差)定义为被测(量)值减去参考(量)值。绝对误差是测量值(近似值)和真实值(精确值)之间的差值，测量单位应保持一致。相对误差是绝对误差的绝对值与其真实值的比值，相对误差是无量纲数，通常用百分数表示。

由于测量误差的存在，测量值只能近似反映被测几何量的真实值。为了减少测量误差，必须分析测量误差产生的原因，提高测量精度。在实际测量中，造成测量误差的因素有很多，主要有以下几个方面。

(1) 测量仪器的误差：指测量仪器本身的误差，包括测量仪器在设计、制造和使用过程中的各种误差，这些误差的总和反映在测量的示值误差和测量的重复性上。

(2) 测量方法误差：指测量方法不完善(包括计算公式不准确、测量方法选择不恰当、零件安装位置不准确等)产生的误差。例如，在接触测量过程中，测量装置和被测零件受探头测量力的影响而发生变形，产生测量误差。

(3) 环境误差：指测量时因环境条件不符合标准而引起的误差。

(4) 人员误差：指由测量人员造成的人为误差，如测量目标读数不准确或估计读数差错等。

根据测量误差的特点和性质，可将测量误差分为系统误差、随机误差和粗大误差三种。

(1) 系统误差。系统误差是指在一定的测量条件下，对于重复测量的同一被测量对象，误差一直存在。系统误差又分为定值系统误差和变值系统误差。误差的符号和大小保持不变，称为定值系统误差。例如，量具的制造误差带来的测量误差。而误差的符号和大小发生改变，称为变值系统误差。例如，千分尺调零不正确导致的测量误差。

(2) 随机误差。随机误差是指在一定的测量条件下，对同一被测对象进行重复测量时，误差的符号和大小以不可预测的方式变化。随机误差主要是由测量过程中的一些随机或不确定因素造成的。传动机构间隙和摩擦、不稳定的测量力以及温度波动等引起的误差都属于随机误差。

(3) 粗大误差。粗大误差是指在一定条件下的测量结果变化超出了预期，即测量结果的误差被扭曲。含有粗大误差的测量值称为离群值，其值比较大。粗大误差的产生既有主观原因又有客观原因，主观原因如测量人员的疏忽造成的读数误差，客观原因如外部突然振动造成的测量误差。由于粗大误差对测量结果的扭曲明显，因此在对测量数据进行处理时，应将其判别并剔除。

## 5.4.2　误差数据处理方法

误差数据处理方法是指对测量结果进行数据处理，找出其中最可信的数值，并评定这一数值所包含的误差。在相同的测量条件下，若统一对被测几何量进行连续多次测量，可得到一系列测量数据。这些数据中可能同时存在随机误差、系统误差和粗大误差。因此，必须对这些误差进行处理，以减小或消除各类测量误差的影响，实现提高测量精度的目的。

### 1. 随机误差处理

1) 随机误差的分布规律和特性

随机误差不可能被修正或消除，但可以应用概率论与数理统计的方法，估计出随机误差的大小和规律，并设法降低误差对精度的影响。

对某一个零件用相同的方法进行 $n$ 次测量，测得 $n$ 个测量值 $x_1$，$x_2$，…，$x_n$。假设测得结果中不存在系统误差和粗大误差，且被测几何量的真值为 $x_0$，则可以计算出每次测量值的随机误差分别为

$$\delta_1 = x_1 - x_0，\quad \delta_2 = x_2 - x_0，\quad \cdots，\quad \delta_n = x_n - x_0$$

对大量测量实践结果的统计分析表明，随机误差曲线一般呈正态分布，如图 5-1 所示。图中横坐标表示随机误差，纵坐标表示随机误差的概率密度。

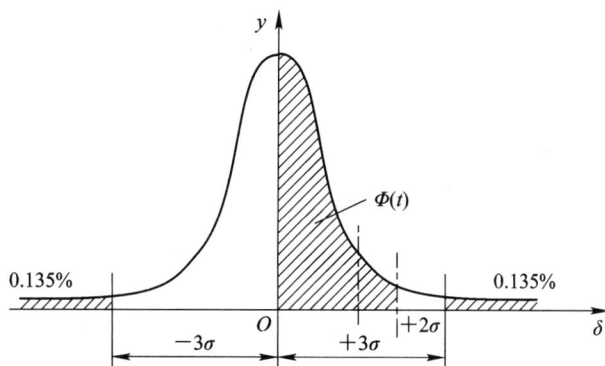

图 5-1　随机误差的正态分布曲线

正态分布曲线的数学表达式为

$$y = \frac{1}{\sigma\sqrt{2\pi}} \exp\left(-\frac{\delta^2}{2\sigma^2}\right) \tag{5-3}$$

式中，$y$ 为概率密度；$\sigma$ 为标准偏差；$\delta$ 为随机误差。

概率密度最大值随标准偏差的不同而不同，如图 5-2 所示。标准偏差越小，概率密度最大值越大，正态分布曲线就越陡，随机误差的分布就越集中，测量精度就越高。标准偏差越大，概率密度最大值越小，正态分布曲线就越平坦，随机误差的分布就越分散，测量精度就越低。

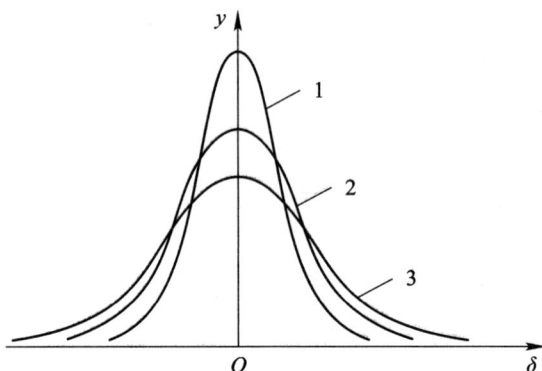

图 5-2　标准偏差对概率密度的影响

根据误差理论可知，标准偏差的计算公式为

$$\sigma = \sqrt{\frac{\sigma_1^2 + \sigma_2^2 + \cdots + \sigma_n^2}{n}} \tag{5-4}$$

标准偏差是反映测量数据分散程度的一项指标。由概率论相关知识可知，正态分布曲线和横坐标轴之间包含的面积等于各随机误差出现的概率总和。

令 $t = \dfrac{\delta}{\sigma}$，可以得出 $t = 1$、2、3、4 四个特殊值所对应的概率结果，如表 5-1 所示。

表 5-1　四个特殊 $t$ 值对应的概率

| $t$ | $\delta$ | 不超出的概率 | 超出的概率 |
|---|---|---|---|
| 1 | $\pm\sigma$ | 0.6826 | 0.3174 |
| 2 | $\pm2\sigma$ | 0.9544 | 0.0456 |
| 3 | $\pm3\sigma$ | 0.9973 | 0.0027 |
| 4 | $\pm4\sigma$ | 0.99936 | 0.00064 |

当 $t = 3$ 时，随机误差在 $\pm3\sigma$ 范围内的概率为 99.73%，超出此范围的概率只有 0.27%。因此，通常把置信概率 99.73%的 $\delta = \pm3\sigma$ 作为测量极限误差范围。

2) 随机误差的处理步骤

由于被测量的真值是未知量，通常用各个测量值的算术平均值作为真值，并估算出标准偏差，进而确定测量结果。

**步骤 1**：计算多次测量的算术平均值

$$\bar{x} = \frac{x_1 + x_2 + \cdots + x_n}{n} \tag{5-5}$$

**步骤 2**：计算残余误差

$$v_i = x_i - \bar{x} \tag{5-6}$$

**步骤 3**：计算单次测量值的标准偏差

$$\sigma = \sqrt{\frac{v_1^2 + v_2^2 + \cdots + v_n^2}{n-1}} \tag{5-7}$$

此时，单次的测量结果可以用如下公式表示

$$x_e = x_i \pm 3\sigma \tag{5-8}$$

**步骤 4**：计算测量数据算术平均值的标准偏差

$$\sigma_{\bar{x}} = \frac{\sigma}{\sqrt{n}} \tag{5-9}$$

通常，$n$ 的取值在 10～15。

**步骤 5**：确定测量数据算术平均值的测量极限误差

$$\delta_{\lim(\bar{x})} = \pm 3\sigma_{\bar{x}} \tag{5-10}$$

**步骤 6**：确定测量结果

$$x_e = \bar{x} \pm 3\sigma_{\bar{x}} \tag{5-11}$$

此时的置信概率为 99.73%。

### 2. 系统误差处理

1) 定值系统误差

从多次连续测量得到的一系列数据中，很难发现定值系统误差的存在。这是因为定值系统误差影响测得的算术平均值，影响测量误差中心的位置分布。对于确定有无定值系统误差，可以通过使用更高精度的仪器来检定测量工具和测量方法的测量准确性。

2) 变值系统误差

变值系统误差对每个测量值有不同的影响，但是，该影响有确定的规律，不是随机的。它既影响曲线分布的位置，又影响曲线的形状。将一系列测量值的残余误差按测量顺序排列，如果各残余误差大体上正、负相间，又没有明显的变化，如图 5-3(a)，则不存在变值系统误差。如果各残余误差变化近似线性规律(递增或递减)，如图 5-3(b)，则可以判定存在线性系统误差，即存在变值系统误差。如果各残余误差按大小和符号存在规律性周期变化，如图 5-3(c)，则可以判定存在周期性系统误差，即存在变值系统误差。

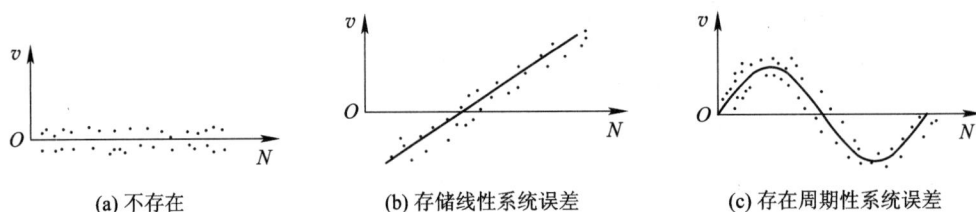

(a) 不存在            (b) 存储线性系统误差          (c) 存在周期性系统误差

图 5-3    变值系统误差

**3) 系统误差的消除**

测量前，对测量过程中可能发生系统误差的环节进行认真分析，仔细调整仪器设备，调整零位，防止测量过程中仪器示值零位的变动。

测量中，将系统误差计算出来，并将结果值取相反符号作为修正值，用代数法将修正值加到实际测量值上，即可得到包含最小系统误差的测量结果。

测量后，如果两次测量结果所产生的系统误差大小相等且符号相反，则取其平均值作为测量结果，用来消除定值系统误差。

**3. 粗大误差处理**

粗大误差会对测量结果产生明显的影响，因而应根据粗大误差的判断准则，将粗大误差从测量数据中剔除，通常用 $3\sigma$ 准则来判断。

$3\sigma$ 准则主要适用于服从正态分布、测量重复次数又比较多的情况。具体方法是，首先，根据测量数据，先计算出标准偏差 $\sigma$；然后，用 $3\sigma$ 作为边界来检查所有的残余误差，若某一个测量值的残余误差大于 $3\sigma$，则该测量值包含粗大误差，应将其剔除；最后，重新计算标准偏差，再对新计算出的残余误差进行判断，直至将其完全剔除为止。

# 5.5    误差数据处理案例分析

首先，应查找并判断测量数据中是否存在系统误差。若存在系统误差，则应该采取措施加以消除，之后计算测量数据的算术平均值、残余误差和单次测量值的标准偏差。

其次，查找并判断测量数据中是否存在粗大误差。若存在粗大误差，则应该把含有粗大误差的测量值剔除。

然后，重新计算消除系统误差且剔除粗大误差后的数据的算术平均值、残余误差、单次测量值的标准偏差、算术平均值的标准偏差及测量极限误差。

最后，确定测量结果。

**例 5-1**    对一个零件尺寸进行 10 次等精度测量，得到测量值如表 5-2 所示。试求测量结果。

表 5-2　测 量 数 据

| 测量序号 $i$ | 测量值 $x_i$/mm | 残余误差 $v_i$/μm | 残余误差平方 |
|---|---|---|---|
| 1 | 27.784 | +1 | 1 |
| 2 | 27.780 | −3 | 9 |
| 3 | 27.784 | +1 | 1 |
| 4 | 27.785 | +2 | 4 |
| 5 | 27.783 | 0 | 0 |
| 6 | 27.784 | +1 | 1 |
| 7 | 27.783 | 0 | 0 |
| 8 | 27.782 | −1 | 1 |
| 9 | 27.784 | +1 | 1 |
| 10 | 27.781 | −2 | 4 |
| 算术平均值 27.783 mm | | $\sum\limits_{i=1}^{10} v_i = 0$ | $\sum\limits_{i=1}^{10} v_i^2 = 22$ |

**解：** (1) 判断定值系统误差

假设经过判断，测量数据中不存在定值系统误差。

(2) 计算算术平均值

$$\bar{x} = \frac{x_1 + x_2 + \cdots + x_{10}}{10} = 27.783 \text{ mm}$$

(3) 判断变值系统误差

先计算残余误差，按照残余误差观察法，可知这些残余误差符号大致正负相间，且不存在周期变化。因此，可以判断测量数据中不存在变值系统误差。

(4) 计算单次测量的标准偏差

$$\sigma = \sqrt{\frac{v_1^2 + v_2^2 + \cdots + v_{10}^2}{10 - 1}} \approx 1.56 \text{ μm}$$

(5) 判断粗大误差

根据 $3\sigma$ 准则，可以确定测量数据中没有绝对值大于 $3\sigma$ 的残余误差。因此，可以判断测量数据中不存在粗大误差。

(6) 计算测量数据的标准偏差

$$\sigma_{\bar{x}} = \frac{\sigma}{\sqrt{n}} = \frac{1.56}{\sqrt{10}} \approx 0.49 \text{ μm}$$

(7) 计算测量极限误差

$$\delta_{\lim(\bar{x})} = \pm 3\sigma_{\bar{x}} = \pm 1.47 \text{ μm} \approx 0.0015 \text{ mm}$$

(8) 确定测量结果

$$x_e = \bar{x} \pm 3\sigma_{\bar{x}} = (27.783 \pm 0.0015)\ \text{mm}$$

此时的置信概率为 99.73%。

# 小　结

## 1. 测量基础知识

测量基础知识主要包括测量和检验的概念、测量处理过程的四个特征要素、测量标准、计量设备和测量方法等。

## 2. 测量数据处理

测量数据处理主要介绍了测量误差的分类和特点、误差数据处理方法。

# 习　题

5-1　测量的本质是什么？测量过程具有哪些特征要素？

5-2　长度的法定单位是什么？

5-3　示值范围和测量范围有什么区别，请举例说明。

5-4　举例说明绝对测量与相对测量、直接测量与间接测量的区别。

5-5　测量误差按照性质可以分为哪几类？随机误差的分布规律和特性是什么？

5-6　在相同条件下，用测量仪器重复测量某轴的同一部位直径 15 次。按照测量顺序记录测量值(单位 mm)为 30.042—30.043—30.040—30.043—30.041—30.039—30.040—30.041—30.043—30.039—30.041—30.042—30.040—30.040—30.039—30.042。

假设测量结果中不存在定值系统误差，试确定：

(1) 测量值的算术平均值；

(2) 判断有无变值系统误差；

(3) 判断有无粗大误差，若有，请剔除；

(4) 计算测量数据算术平均值的标准偏差；

(5) 计算测量数据算术平均值的测量极限误差；

(6) 写出测量结果。

# 第6章 典型零部件的公差与配合

## 导读导学

### 【学习要求】

(1) 具备选择键连接和花键连接、螺纹连接、滚动轴承、齿轮配合精度的能力。

(2) 具有运用标准、规范、手册、图册和查阅有关技术资料的能力。

### 【学习重点和难点】

(1) 键连接和花键连接精度的选择方法。

(2) 螺纹配合的精度选择方法。

(3) 齿轮误差的形成与评定指标及单个齿轮连接精度的选择。

### 【学习目标】

(1) 了解单键连接的结构和类型及其主要参数，掌握键连接和花键连接的配合精度、选择与检测。

(2) 了解螺纹的类型和几何参数，掌握螺纹配合的精度、选择与检测。

(3) 了解滚动轴承的公差与配合。

(4) 了解齿轮传动的使用要求、单个齿轮精度的评定指标和检测。

### 【相关标准】

GB/T 1184—1996《形状和位置公差 未注公差值》

GB/T 1095—2003《平键 键槽的剖面尺寸》

GB/T 1096—2003《普通型 平键》

GB/T 1098—2003《半圆键 键槽的剖面尺寸》

GB/T 1099.1—2003《普通型 半圆键》

GB/T 1144—2001《矩形花键尺寸、公差和检验》

GB/T 197—2018《普通螺纹 公差》

GB/T 10095.1—2008《圆柱齿轮　精度制　第 1 部分：轮齿同侧齿面偏差的定义和允许值》

GB/T 10095.2—2008《圆柱齿轮　精度制　第 2 部分：径向综合偏差与径向跳动的定义和允许值》

GB/T 17851—2022《产品几何技术规范(GPS)　几何公差、基准和基准体系》

GB/Z 18620.1—2008《圆柱齿轮　检验实施规范　第 1 部分：轮齿同侧齿面的检验》

GB/Z 18620.2—2008《圆柱齿轮　检验实施规范　第 2 部分：径向综合偏差、径向跳动、齿厚和侧隙的检验》

# 6.1　渐开线圆柱齿轮

齿轮传动是一种重要的传动方式，广泛应用于各种机器和仪表的传动装置中，常用来传递运动和动力。齿轮传动装置是指齿轮、轴、轴承和箱体等零件的总和。齿轮传动性能对机械产品的承载能力、工作精度和使用寿命影响很大，影响齿轮传动性能的主要因素是齿轮精度，包括齿轮制造精度和齿轮装配精度。

## 6.1.1　齿轮精度评定

GB/T 10095.1～10095.2 考虑齿轮传动要求和误差来源。

### 1. 齿轮传动要求和误差来源

齿轮传动的基本要求有：

(1) 传递运动准确性。要求从动轮与主动轮运动协调，为此应在一转内限制齿轮传动比的波动。

(2) 传动平稳性。要求在传递运动的过程中工作平稳，振动、冲击和噪声小，限制在一齿范围内瞬时传动比的变化。

(3) 载荷分布均匀性。该要求指啮合齿轮的轮齿和齿宽均匀接触，在传递载荷时避免因接触不均匀使局部接触应力过大而导致过早磨损。

(4) 侧隙合理性。该要求指为储存润滑油和补偿因温度、弹性变形、制造误差及安装误差所引起的尺寸变动，防止轮齿卡住，在齿侧非工作面间应有一定的间隙，即齿侧间隙。

以上 4 项要求中，前 3 项是针对齿轮本身提出的要求，第 4 项是对齿轮副的要求。对于读数装置和分度机构的齿轮，主要要求是传递运动准确性；对于低速重载齿轮，如矿山机械、起重机械中的齿轮，主要要求是载荷分布均匀性，而对传递运动准确性要求不高；

对于高速重载齿轮，如汽轮机减速器中的齿轮，对传递运动准确性、传动平稳性和载荷分布均匀性要求都很高，而且要求有较大的侧隙以满足润滑需要。通常的汽车、拖拉机及机床的变速箱齿轮往往主要考虑平稳性要求，以降低噪声。

齿轮传动的误差主要来源于加工齿轮的机床、刀具、夹具和齿坯本身的误差，以及齿轮安装和调整误差。主要有：

(1) 径向误差：由齿坯在机床上的定位误差、刀具的径向圆跳动、齿坯轴或刀具轴位置的周期性变动而造成的刀具与被切齿轮之间径向距离的偏差。

(2) 切向误差：由刀具与工件的展成运动遭到破坏或分度不准确而产生的加工误差。

(3) 轴向误差：由机床导轨的不精确、齿坯轴线的歪斜而造成的刀具沿工件轴向移动所产生的误差。

**2. 测开线圆柱齿轮精度的评定参数。**

渐开线圆柱齿轮精度的评定参数分为轮齿同侧齿面偏差、齿轮径向综合偏差与径向跳动、齿厚偏差与齿侧间隙几个方面。

1) 轮齿同侧齿面偏差

(1) 齿距偏差。

① 单个齿距偏差($f_{pt}$)：在端平面上，在接近齿高中部的一个与齿轮轴线同心的圆上，实际齿距与理论齿距的代数差。若齿轮存在齿距偏差，会造成一对齿轮啮合完而另一对齿轮进入啮合时，主动齿与被动齿发生碰撞，影响齿轮传动的平稳性精度。

② 齿距累积偏差($F_{pk}$)：任意 $k$ 个齿距的实际弧长与理论弧长的代数差。理论上它等于这 $k$ 个齿距的单个齿距偏差的代数和。齿距累积偏差过大，会产生振动和噪声，影响传动的平稳性精度。

③ 齿距累积总偏差($F_p$)：齿轮同侧齿面任意弧段内的最大齿距累积偏差。齿距累积总偏差可反映齿轮在转一转的过程中传动比的变化，影响齿轮的传动精度。

以上三项均可由齿距仪或万能测齿仪进行测量。

(2) 齿廓偏差。

① 齿廓总偏差($F_a$)：在计值范围内，包容实际齿廓迹线的两条设计齿廓迹线间的距离。齿廓总偏差主要影响齿轮传动的平稳性精度。

② 齿廓形状偏差($f_{fa}$)：在计值范围内，包容实际齿廓迹线的两条曲线(与平均齿廓迹线完全相同的曲线)间的距离。两条曲线与平均齿廓迹线的距离为常数。

③ 齿廓倾斜偏差($f_{Ha}$)：在计值范围的两端，与平均齿廓迹线相交的两条设计齿廓迹线间的距离。

齿廓偏差的检验也称为齿形检验，可在渐开线检查仪上测量。可通过将被测齿轮的齿形与理论渐开线比较，来确定齿廓偏差。

(3) 切向综合偏差。

① 切向综合总偏差($F_i'$)：被测齿轮与测量齿轮单面啮合检验时，被测齿轮转一转内，齿轮分度圆上实际圆周位移与理论圆周位移的最大差值。其为反映齿轮传动运动精度的检查项目。

② 一齿切向综合偏差($f_i'$)：被测齿轮与测量齿轮单面啮合时，在被测齿轮的一个齿距内，齿轮分度圆上实际圆周位移与理论圆周位移的最大差值。其为反映齿轮传动平稳性精度的检查项目。

切向综合总偏差是几何偏心、运动偏心引起误差的综合反映。一齿切向综合偏差反映齿轮工作时振动、冲击和噪声等高频运动误差的大小，是齿轮齿廓、齿距等各项误差综合的结果。切向综合偏差是在单面啮合综合检查仪上进行测量的。

(4) 螺旋线偏差。螺旋线偏差是在端面基圆切线方向上测得的实际螺旋线偏离设计螺旋线的量。

① 螺旋线总偏差($F_\beta$)：在计值范围内，包容实际螺旋线迹线的两条设计螺旋线迹线间的距离。

② 螺旋线形状偏差($f_{f\beta}$)：在计值范围内，包容实际螺旋线迹线的两条与平均螺旋线迹线完全相同的曲线间的距离，且两条曲线与平均螺旋线迹线的距离为常数。

③ 螺旋线倾斜偏差($f_{H\beta}$)：在计值范围内的两端，与平均螺旋线迹线相交的设计螺旋线迹线间的距离。

**2) 齿轮径向综合偏差与径向跳动**

① 径向综合总偏差($F_i''$)：在径向(双面)综合检验时，产品齿轮的左右齿面同时与测量齿轮接触，并转过一整圈时出现的中心距最大值与最小值之差。其为反映齿轮运动精度的检查项目。

② 一齿径向综合偏差($f_i''$)：当产品齿轮与测量齿轮双面啮合一整圈时，对应的一个齿距($360°/z$)的径向综合偏差值。其为反映齿轮传动平稳精度的检查项目。

③ 齿轮径向跳动($F_r$)：将测头(球形、圆柱形、砧形)相继置于每个齿槽内时，从测头到齿轮轴线的最大径向距离和最小径向距离之差。其为反映齿轮运动精度的检查项目。

**3) 齿厚偏差与齿侧间隙**

① 齿厚偏差($E_{sn}$)：在分度圆柱面上，齿厚的实际值与公称值的差值。

② 公法线平均长度偏差($E_{bn}$)：在齿轮一周内，公法线长度测量值的平均值与公称值的差值。

③ 齿侧间隙：为保证齿轮润滑、补偿齿轮的制造误差、安装误差和热变形误差等，必须在非工作面留有的侧隙。

## 6.1.2　齿轮精度等级

### 1. 齿轮精度等级的划分与选用

GB/T 10095.1 标准对单个渐开线圆柱齿轮规定了 13 个精度等级，其中 0 级是最高的精度等级，而 12 级是最低的精度等级。0～2 级为展望精度级，3～5 级为高精度级，6～8 级为中等精度级，9～12 级为低精度级。

齿轮精度等级的选用与齿轮传动的用途、使用要求、工作条件和相关技术要求有关，总体选用的原则是"满足使用要求的前提下，尽量选择较低精度等级"。齿轮精度等级的选用方法一般有计算法和类比法，大多情况下采用类比法确定。表 6-1 给出了各种常用机械采用的齿轮精度等级范围，供类比时参考。

表 6-1　各类常用机械中齿轮精度等级的应用

| 应　　用 | 精度等级 |
| --- | --- |
| 啮合仪中使用的测量齿轮 | 2～5 |
| 涡轮机减速器 | 3～6 |
| 精密切削机床 | 3～7 |
| 一般切削机床 | 5～8 |
| 航空发动机 | 4～7 |
| 轻型汽车 | 5～8 |
| 内燃机车或电气机车 | 6～8 |
| 重载汽车 | 6～9 |
| 通用减速器 | 6～9 |
| 拖拉机 | 6～10 |
| 轧钢机 | 6～10 |
| 起重机 | 7～10 |
| 矿用绞车 | 8～10 |
| 农业机械 | 8～11 |

### 2. 齿轮精度评定项目

目前的标准还没有对齿轮的某一工作要求规定具体的检验项目。

GB/T 10095.1 标准规定，切向综合偏差是该标准的检验项目，但不是必检项目。齿廓和螺旋线的形状偏差和倾斜极限偏差有时可作为有用的参数和评定值，但也不是必检项目。所以，为评定单个齿轮的加工精度，应检验单个齿距偏差 $f_{pt}$、齿距累积总偏差 $F_p$、齿廓总偏差 $F_\alpha$、螺旋线总偏差 $F_\beta$。齿距累积偏差 $F_{pk}$ 是在高速齿轮中使用的。当检验切向综合偏差，即包括 $F_i'$ 和 $f_i'$ 时，可不必检验单个齿距偏差 $f_{pt}$ 和齿距累积总偏差 $F_p$。

GB/T 10095.2 标准中规定，对于径向综合偏差和径向圆跳动，由于检测其时是双面啮合，与齿轮工作状态不一致，只反映径向偏差，不能全面反映同侧齿面的偏差，所以只能作为辅助检验项目。当批量生产齿轮时，用 GB/T 10095.1 标准规定的项目进行首检，然后对于用同样方法生产的其他齿轮，就可只检查径向综合偏差，即包括 $F_i''$ 和 $f_i''$ 或径向跳动 $F_r$。它们可方便迅速地反映由于产品齿轮装夹等原因造成的偏差。

此外，对单个齿轮还需检验齿厚偏差，作为侧隙的评定指标。需要说明，齿厚偏差在 GB/T 10095.1 和 GB/T 10095.2 中均未作规定，指导性技术文件中也未推荐具体数值，由设计者按齿轮副的侧隙计算确定。

### 3. 常用精度等级及公差表

GB/T 10095.1 和 GB/T 10095.2 中规定了齿轮精度评定项目的精度等级和对应公差值，可根据齿轮分度圆直径、模数(或齿宽)与精度等级来确定公差值。分度圆直径、模数和齿宽参数的范围和分段的上、下界限值如下(单位为 mm)：

(1) 分度圆直径 $d$：5/20/50/125/280/560/1000/1600/2500/4000/6000/8000/10000；

(2) 模数 $m$(法向模数 $m_n$)：0.5/2/3.5/6/10/16/25/40/70；

(3) 齿宽 $b$：4/10/20/40/80/160/250/400/650/1000。

这里从国家标准中，选取的各齿轮精度评定项目部分公差(分度圆直径为 50～125 mm 尺寸段，精度等级为 5～9 级)如表 6-2 至表 6-7 所示。

表 6-2　单个齿距偏差 $\pm f_{pt}$(摘自 GB/T 10095.1—2008 部分)　单位：$\mu$m

| 分度圆直径 $d$/mm | 模数 $m$/mm | 精 度 等 级 | | | | |
| --- | --- | --- | --- | --- | --- | --- |
| | | 5 | 6 | 7 | 8 | 9 |
| (50, 125] | [0.5, 2] | 5.5 | 7.5 | 11.0 | 15.0 | 21.0 |
| | (2, 3.5] | 6.0 | 8.5 | 12.0 | 17.0 | 23.0 |
| | (3.5, 6] | 6.5 | 9.0 | 13.0 | 18.0 | 26.0 |
| | (6, 10] | 7.5 | 10.0 | 15.0 | 21.0 | 30.0 |
| | (10, 16] | 9.0 | 13.0 | 18.0 | 25.0 | 35.0 |
| | (16, 25] | 11.0 | 16.0 | 22.0 | 31.0 | 44.0 |

表 6-3　齿距累积总偏差 $F_p$(摘自 GB/T 10095.1—2008 部分)　单位：$\mu$m

| 分度圆直径 $d$/mm | 模数 $m$/mm | 精 度 等 级 | | | | |
| --- | --- | --- | --- | --- | --- | --- |
| | | 5 | 6 | 7 | 8 | 9 |
| (50, 125] | [0.5, 2] | 18.0 | 26.0 | 37.0 | 52.0 | 74.0 |
| | (2, 3.5] | 19.0 | 27.0 | 38.0 | 53.0 | 76.0 |
| | (3.5, 6] | 19.0 | 28.0 | 39.0 | 55.0 | 78.0 |
| | (6, 10] | 20.0 | 29.0 | 41.0 | 58.0 | 82.0 |
| | (10, 16] | 22.0 | 31.0 | 44.0 | 62.0 | 88.0 |
| | (16, 25] | 24.0 | 34.0 | 48.0 | 68.0 | 96.0 |

表 6-4　齿廓总偏差 $F_\alpha$(摘自 GB/T 10095.1—2008 部分)　单位：μm

| 分度圆直径 $d$/mm | 模数 $m$/mm | 精 度 等 级 | | | | |
|---|---|---|---|---|---|---|
| | | 5 | 6 | 7 | 8 | 9 |
| (50, 125] | [0.5, 2] | 6.0 | 8.5 | 12.0 | 17.0 | 23.0 |
| | (2, 3.5] | 8.0 | 11.0 | 16.0 | 22.0 | 31.0 |
| | (3.5, 6] | 9.5 | 13.0 | 19.0 | 27.0 | 38.0 |
| | (6, 10] | 12.0 | 16.0 | 23.0 | 33.0 | 46.0 |
| | (10, 16] | 14.0 | 20.0 | 28.0 | 40.0 | 56.0 |
| | (16, 25] | 17.0 | 24.0 | 34.0 | 48.0 | 68.0 |

表 6-5　螺旋线总偏差 $F_\beta$(摘自 GB/T 10095.1—2008 部分)　单位：μm

| 分度圆直径 $d$/mm | 齿宽 $b$/mm | 精 度 等 级 | | | | |
|---|---|---|---|---|---|---|
| | | 5 | 6 | 7 | 8 | 9 |
| (50, 125] | [4, 10] | 6.5 | 9.5 | 13.0 | 19.0 | 27.0 |
| | (10, 20] | 7.5 | 11.0 | 15.0 | 21.0 | 30.0 |
| | (20, 40] | 8.5 | 12.0 | 17.0 | 24.0 | 34.0 |
| | (40, 80] | 10.5 | 14.0 | 20.0 | 28.0 | 39.0 |
| | (80, 160] | 12.0 | 17.0 | 24.0 | 33.0 | 47.0 |
| | (160, 250] | 14.0 | 20.0 | 28.0 | 40.0 | 56.0 |
| | (250, 400] | 16.0 | 23.0 | 33.0 | 46.0 | 65.0 |

表 6-6　径向综合总偏差 $F_i''$(摘自 GB/T 10095.2—2008 部分)　单位：μm

| 分度圆直径 $d$/mm | 法向模数 $m_n$/mm | 精 度 等 级 | | | | |
|---|---|---|---|---|---|---|
| | | 5 | 6 | 7 | 8 | 9 |
| (50, 125] | [0.2, 0.5] | 16 | 23 | 33 | 46 | 66 |
| | (0.5, 0.8] | 17 | 25 | 35 | 49 | 70 |
| | (0.8, 1.0] | 18 | 26 | 36 | 52 | 73 |
| | (1.0, 1.5] | 19 | 27 | 39 | 55 | 77 |
| | (1.5, 2.5] | 22 | 31 | 43 | 61 | 86 |
| | (2.5, 4.0] | 25 | 36 | 51 | 72 | 102 |
| | (4.0, 6.0] | 31 | 44 | 62 | 88 | 124 |
| | (6.0, 10] | 40 | 57 | 80 | 114 | 161 |

表 6-7　一齿径向综合偏差 $f_i''$ (摘自 GB/T 10095.2—2008 部分) 单位：μm

| 分度圆直径 d/mm | 法向模数 $m_n$/mm | 精 度 等 级 | | | | |
|---|---|---|---|---|---|---|
| | | 5 | 6 | 7 | 8 | 9 |
| (50, 125] | [0.2, 0.5] | 2.0 | 2.5 | 3.5 | 5.0 | 7.5 |
| | (0.5, 0.8] | 3.0 | 4.0 | 5.5 | 8.0 | 11 |
| | (0.8, 1.0] | 3.5 | 5.0 | 7.0 | 10 | 14 |
| | (1.0, 1.5] | 4.5 | 6.5 | 9.0 | 13 | 18 |
| | (1.5, 2.5] | 6.5 | 9.5 | 13 | 19 | 26 |
| | (2.5, 4.0] | 10 | 14 | 20 | 2 | 41 |
| | (4.0, 6.0] | 15 | 22 | 31 | 44 | 62 |
| | (6.0, 10] | 24 | 34 | 48 | 67 | 95 |

#### 4. 齿轮精度等级在图样上的标注

在需要说明齿轮精度要求时，应注明标准代号，如 GB/T 10095.1—2008 或 GB/T 10095.2—2008。关于齿轮精度等级和齿厚偏差标注如下：

若齿轮的检验项目为同一等级，可标注精度等级和标准号。如齿轮检验项目同为 7 级，则标注为：7GB/T 10095.1—2008 或 7GB/T 10095.2—2008。

若齿轮检验项目的精度等级不同，如齿廓总偏差 $F_\alpha$ 为 6 级，而齿距累积总偏差 $F_p$ 和螺旋线总偏差 $F_\beta$ 均为 7 级，则标注为：6( $F_\alpha$ )、7( $F_p$ 、 $F_\beta$ )GB/T 10095.1—2008。

进行齿厚偏差标注时，在齿轮零件图右上角参数表中标出其公称值及极限偏差。

### 6.1.3　齿坯和齿轮副精度

#### 1. 齿坯精度

齿坯精度包括齿轮内孔、齿顶圆、齿轮轴的定位基准面和安装基准面的精度，以及各工作面的表面粗糙度要求。常用齿坯精度可参照表 6-8 选取。

表 6-8　常用齿坯精度

| 齿轮精度等级 | | 5 | 6 | 7 | 8 | 9 |
|---|---|---|---|---|---|---|
| 齿轮内孔 | 尺寸公差、几何公差 | IT5 | IT6 | IT7 | | IT8 |
| 齿轮轴 | | IT5 | | IT6 | | IT7 |
| 齿顶圆直径公差 | | IT7 | | IT8 | | IT9 |

#### 2. 齿轮副精度

齿轮副侧隙是两个齿轮啮合后才产生的，齿轮传动对侧隙的要求主要取决于侧隙的用途和工作条件。侧隙的选择是独立于齿轮精度选择的另一类问题，通常需要确定最小侧隙 $j_{bn\ min}$，保证齿轮正常存储润滑油和补偿各种变形。

补偿热变形所需的法向侧隙 $j_{bn1}$ 如式 6-1 所示。

$$j_{bn1} = A(\alpha_1 \Delta t_1 - \alpha_2 \Delta t_2) \cdot 2\sin\alpha \tag{6-1}$$

式中，$A$ 为齿轮副的中心距，$\alpha_1$ 和 $\alpha_2$ 分别为齿轮材料和箱体材料的线膨胀系数，$\Delta t_1$ 和 $\Delta t_2$ 分别为齿轮和箱体的工作温度与标准温度 20℃ 的差值，$\alpha$ 为齿轮法向压力角(其值为 20°)。

保证润滑条件所需的法向侧隙 $j_{bn2}$ 取决于齿轮副的润滑方式和齿轮转动的圆周速度，如表 6-9 所示。

**表 6-9　保证润滑条件所需的法向侧隙值**　　　　　　　(单位：mm)

| 润滑方式 | 圆周速度 $v$/(m/s) | | | |
|---|---|---|---|---|
| | ≤10 | 10~25 | 25~60 | >60 |
| 喷油润滑 | $0.01m_n$ | $0.02m_n$ | $0.03m_n$ | $0.03m_n$~$0.05m_n$ |
| 浸油润滑 | $0.05m_n$~$0.1m_n$ | | | |

表中，$m_n$ 为法向模数，单位为 mm。

齿轮副需要保证的最小侧隙 $j_{bn\,min}$ 如式 6-2 所示。

$$j_{bn\,min} = j_{bn1} + j_{bn2} \tag{6-2}$$

# 6.2　滚　动　轴　承

滚动轴承作为标准零件，是机器上广泛使用的支承件。滚动轴承的公差与配合涉及合理确定滚动轴承内圈与轴颈的配合、外圈与轴承座孔的配合，以及合理确定轴颈和轴承座孔的尺寸公差、几何公差和表面粗糙度，以保证滚动轴承的工作性能和使用寿命。

## 6.2.1　滚动轴承的公差

### 1. 滚动轴承公差等级

一般按滚动轴承的外形尺寸公差和旋转精度进行其精度分级。外形尺寸公差是指成套轴承的内径 $d$、外径 $D$ 和宽度尺寸 $B$ 的公差；旋转精度主要指轴承的内、外圈的径向跳动、端面对滚道的跳动和端面对内孔的跳动等。

国家标准 GB/T 307.3—2017 规定，圆锥滚子轴承公差等级分为 P0、P6X、P5、P4 和 P2 五级；向心轴承(圆锥滚子轴承除外)公差等级分为 P0、P6、P5、P4 和 P2 五级；推力轴承公差等级分为 P0、P6、P5 和 P4 四级。

滚动轴承各级精度的应用情况如下：

P0 级，通常称为普通级。在机械制造业中应用最为广泛，主要用在中等负荷、中等转速和旋转精度要求不高的一般机构中。例如普通机床、汽车和拖拉机的变速机构用轴承。

P6、P6X 级，为中等精度级。应用于旋转精度和转速较高的旋转机构中。例如普通机床的主轴轴承和比较精密的仪器旋转机构中的轴承。

P5、P4 级，为高精度级。应用于旋转精度高和转速高的旋转机构中。例如精密机床的主轴轴承、精密仪器和机械中的轴承。

P2 级，为超高精度级。应用于旋转精度和转速很高的旋转机构中。例如精密坐标镗床的主轴轴承、高精度仪器和高转速机构中的轴承。

**2. 滚动轴承公差带**

滚动轴承是标准零件，轴承内圈与轴颈采用基孔制配合，轴承外圈与轴承座孔采用基轴制配合。

滚动轴承的内圈和外圈都是薄壁零件，在制造和保管过程中容易变形，但当轴承内圈与轴、外圈与轴承座孔装配后，这种微量变形又能借助做得较圆的轴和孔的形状得到一些矫正。因此，国家标准对轴承内径和外径尺寸公差作了两种规定：

一是轴承套圈任意横截面内测得的最大直径与最小直径的平均值 $dm(Dm)$ 与公称直径 $d(D)$ 的差，即单一平面平均内(外)径偏差 $\Delta dmp(\Delta Dmp)$ 必须在极限偏差范围内，目的是控制轴承的配合，因为平均尺寸是配合时起作用的尺寸；

二是规定套圈任意横截面内最大直径、最小直径与公称直径的差，即单一内孔直径(外径)偏差 $\Delta ds(\Delta Ds)$ 必须在极限偏差范围内，主要目的是限制变形量。

对于高精度的 P2 和 P4 级轴承，国家标准对上述两个公差项目都作了规定，而对于其余公差等级的轴承，国家标准只规定了第一项。

如图 6-1 所示，标准中规定，轴承外圈单一平面平均直径 $Dmp$ 的公差带与一般基准轴的公差带位置相同，上偏差为零，下偏差为负。标准中规定，轴承内圈单一平面平均直径 $D$ 的公差带与一般基准孔的公差带位置不同，它置于零线下方，上偏差为零，下偏差为负。

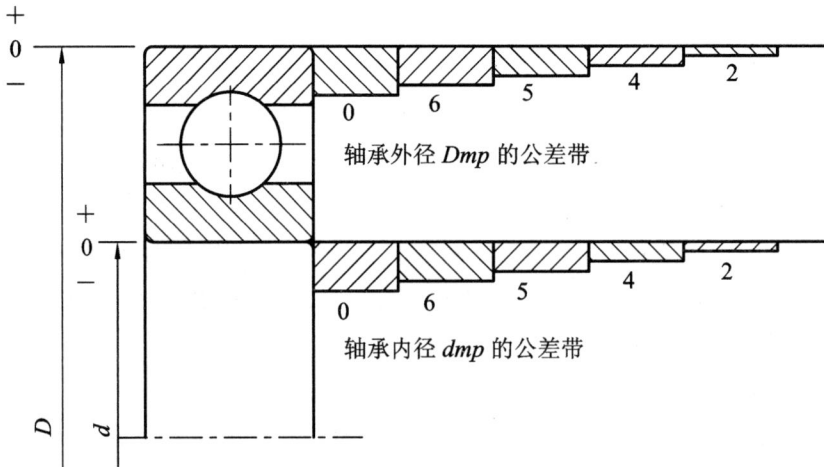

图 6-1　滚动轴承与轴颈、轴承座孔配合的公差带图

国家标准 GB/T275—2015 规定了 P0 级和 P6 级轴承配合的轴颈和轴承座孔的常用公差

带。对于轴颈，国家标准规定了 17 种公差带；对于轴承座孔，国家标准规定了 16 种公差带，如图 6-2 所示。

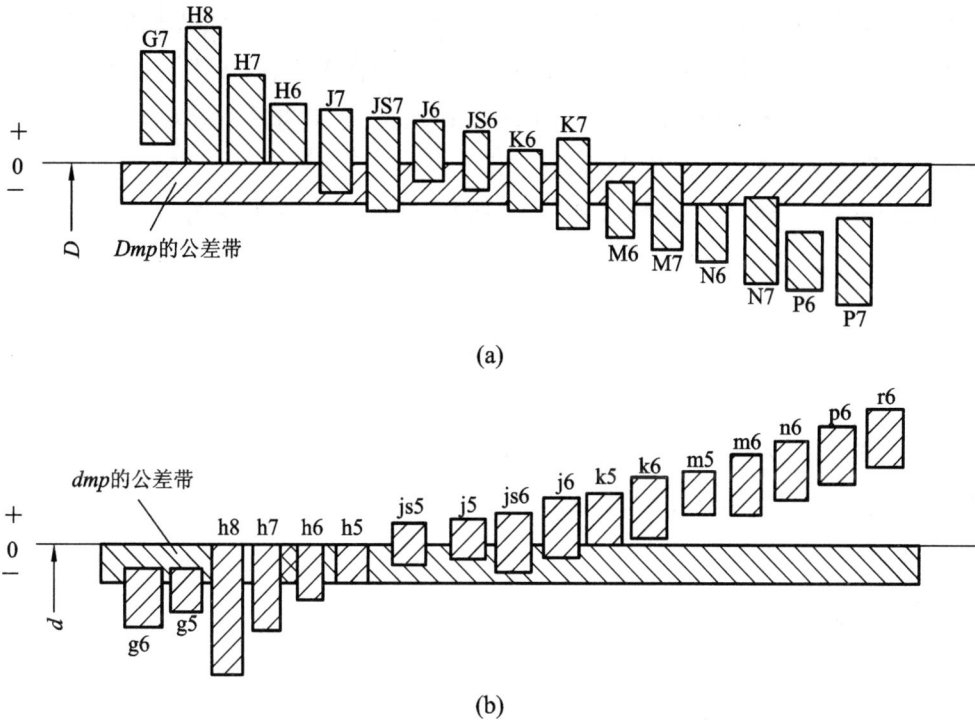

(a)

(b)

图 6-2　滚动轴承与轴颈、轴承座孔的配合公差带

## 6.2.2　滚动轴承的配合

滚动轴承与轴、轴承座孔(壳体孔)配合的选用主要考虑下列影响因素。

### 1. 轴承套圈承受负荷的状况

作用在轴承上的径向负荷，一般由定向负荷(如带拉力或齿轮的作用力)和一个较小的旋转负荷(如机件的离心力)合成，如图 6-3 所示。

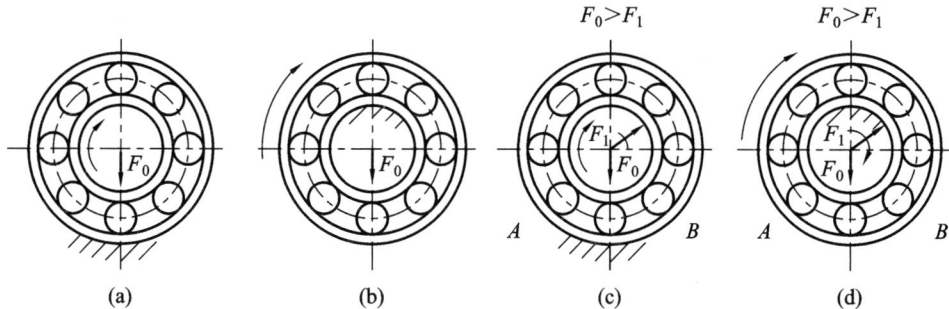

(a)　　　　　　(b)　　　　　　(c)　　　　　　(d)

图 6-3　轴承套圈承受的负荷类型

负荷的作用方向与套圈间存在以下三种关系:

(1) 套圈相对于负荷方向固定,即径向负荷始终作用在套圈滚道的局部区域内。如图 6-3(a)固定的外圈和图 6-3(b)固定的内圈均受到一个方向一定的径向负荷 $F_0$ 的作用。

(2) 套圈相对于负荷方向旋转,即作用于轴承上的合成径向负荷与套圈相对旋转,并依次作用在该套圈的整个圆周滚道上。如图 6-3(a)旋转的内圈和图 6-3(b)旋转的外圈均受到一个作用位置依次改变的径向负荷 $F_0$ 的作用。

(3) 套圈相对于负荷方向摆动,即大小和方向按一定规律变化的径向负荷作用在套圈的部分滚道上,此时套圈相对于负荷方向摆动。如图 6-3(c)和图 6-3(d)所示,轴承受到定向负荷 $F_0$ 和较小的旋转负荷 $F_1$ 的同时作用,二者的合成负荷 $F$ 将以由小到大、再由大到小的周期变化。固定的套圈相对于负荷方向摆动,旋转的套圈则相对于负荷方向旋转。

当套圈相对于负荷方向固定时,其配合应选得稍松些。当套圈相对于负荷方向旋转时,配合应选得紧些。当套圈相对于负荷方向摆动时,其配合的松紧程度一般与相对于负荷方向旋转时相同或比其稍松些。

### 2. 负荷的大小

负荷大小可用当量径向动负荷 $Fr$ 与轴承的额定动负荷 $Cr$ 的比值来区分。轻负荷: $Fr \leqslant 0.07Cr$; 正常负荷: $0.07Cr < Fr \leqslant 0.15Cr$; 重负荷: $Fr > 0.15Cr$。

### 3. 轴承的工作条件

一般来说,轴承的旋转精度要求越高、转速越高,配合应越紧些。

### 4. 其他因素

与整体式外壳相比,剖分式轴承座孔与轴承外圈配合应松些,以免外圈产生圆度误差;当轴承安装在薄壁外壳、轻合金外壳或薄壁空心轴上时,为保证在轴承工作时有足够的支承刚度和强度,所采用的配合应比装在厚壁外壳、铸铁外壳或实心轴上紧一些;考虑拆卸和安装方便,或需要轴向移动和调整套圈时,配合应松一些。

在选择轴承配合的同时,还应考虑公差等级的确定。轴颈和轴承座孔的公差等级与轴承的公差等级有关。与 P0、P6(P6X)级轴承配合的轴颈公差等级一般为 IT6 级,与其配合的轴承座孔公差等级一般为 IT7 级。对旋转精度和运转平稳性有较高要求的场合,在提高轴承公差等级的同时,与其相配的轴颈和轴承座孔的精度也要相应提高。滚动轴承的配合,一般用类比的方法选用。GB/T 275—2015 推荐了相关资料,可据此进行轴颈和轴承座孔的公差带选用。为了保证轴承的工作质量和使用寿命,GB/T 275—2015 规定了与轴承配合的轴颈和轴承座孔表面的圆柱度公差、轴肩及轴承座孔端面的轴向圆跳动公差、各表面的粗糙度要求等。

在图样标注时，因轴承是标准件，装配图上只需要标注出轴颈和轴承座孔的公差带代号。

# 6.3　单键与花键

键的类型可以分为单键和花键。单键与花键用于连接轴和轴上零件(如齿轮、带轮、联轴器等)，以达到轴向固定、传递转矩的目的。

## 6.3.1　单键连接的公差

单键包括平键、半圆键、楔键和切向键几种，应用最广的是平键。

### 1. 平键连接的公差与配合

平键连接：通过键的侧面与轴(键)槽和轮毂(键)槽的侧面相互接触来传递扭矩。键的上表面与轮毂键槽间留有一定的间隙，其结构如图 6-4 所示。

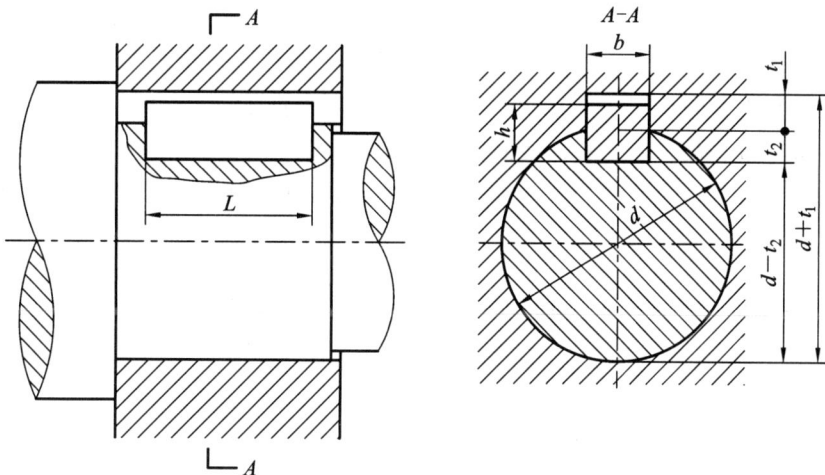

图 6-4　平键连接的几何参数

其中，$b$ 为键和键槽(包括轴槽和轮毂槽)的宽度，$t_1$ 和 $t_2$ 分别为轴槽和轮毂槽的深度，$h$ 为键的高度，$L$ 为键的长度，$d$ 为轴和轮毂孔直径(轴径)。设计平键连接时，轴径 $d$ 确定后，平键的规格参数也就根据轴径 $d$ 而确定。

在平键连接中，通过平键侧面与键槽的相互挤压来传递转矩，因此平键连接的主要参数是键宽和键槽宽 $b$，即配合尺寸。键与键槽的配合采用基轴制配合，平键相当于基准轴，与不同基本偏差代号的孔配合。

为了保证键与键槽侧面接触良好又便于拆卸，国家标准 GB/T 1096—2003 对键宽规定了一种公差带，公差带代号为 h8。国家标准 GB/T 1095—2003 对轴槽宽和轮毂槽宽各规定

三种公差带，轴槽宽的公差带代号为 H9、N9 和 P9，轮毂槽宽的公差带代号为 D10、JS9
和 P9，分别与键宽公差带构成松连接、正常连接、紧密连接三种不同性质的配合，如图 6-5
所示，以满足各种不同用途的需要。

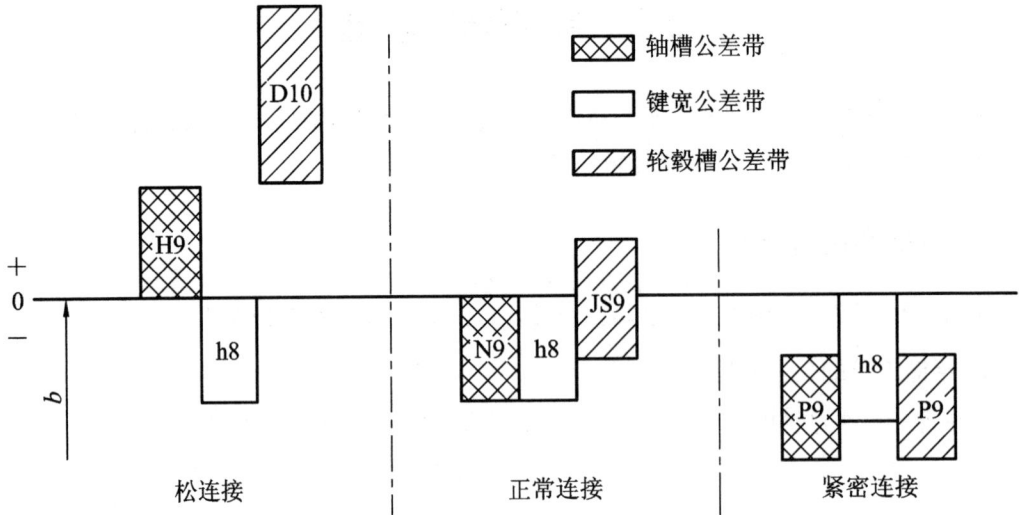

图 6-5　平键连接的配合类型

对于导向平键，应选用松连接。对于承受一般载荷的键，考虑拆装方便，应选用正常
连接。对于承受重载荷、冲击载荷或双向扭矩的键，应选用紧密连接。

国家标准 GB/T 1095—2003 规定了普通平键键槽的尺寸与公差、平键连接的非配合尺
寸轴槽深 $t_1$ 和轮毂槽深 $t_2$ 的公差。

### 2. 键与键槽配合的几何公差和表面粗糙度

键与键槽配合的松紧程度不仅取决于其配合尺寸的公差带，还与配合表面的几何误差
有关。国家标准对键和键槽的几何公差作了如下规定：

(1) 轴槽对轴的轴线、轮毂槽对孔的轴线的对称度，根据不同要求和键宽 $b$，按 GB/T
1184—1996 中对称度公差 7～9 级选取；

(2) 当键长 $L$ 与键宽 $b$ 之比大于等于 8 时，键槽两侧面对轴线的平行度，应符合 GB/T
1184—1996 的要求：当 $b \leqslant 6$ mm 时，公差等级取 7 级；当 8 mm $\leqslant b \leqslant 36$ mm 时，公差等级
取 6 级；当 $b \geqslant 40$ mm 时，公差等级取 5 级。

对于表面粗糙度，国家标准推荐键侧面的表面粗糙度 $Ra$ 值为 1.6 μm，轴槽和轮毂
槽侧面的表面粗糙度 $Ra$ 值为 1.6～3.2 μm，键与键槽非配合表面的表面粗糙度 $Ra$ 值为
6.3 μm。

### 3. 平键相关参数的标注

轴槽、轮毂槽的剖面尺寸、几何公差和表面粗糙度在图样上的标注如图 6-6 所示。

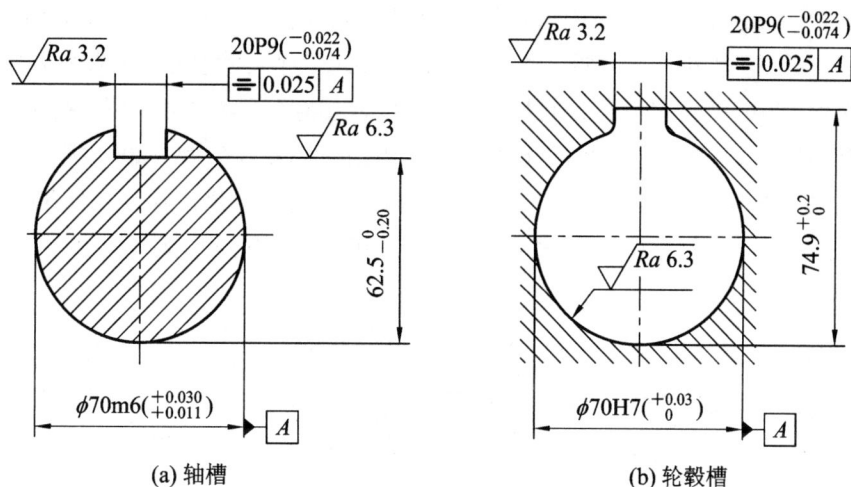

(a) 轴槽　　　　　　　　(b) 轮毂槽

图 6-6　键槽公差标注示意图

## 6.3.2　花键连接的公差

花键连接的两个连接件分别称为内花键和外花键。花键按照截面形状的不同，可以分为矩形花键、渐开线花键和三角形花键等。其中，矩形花键应用最广泛。

### 1. 花键连接的公差与配合

矩形花键连接的配合尺寸有大径 $D$、小径 $d$ 和键(或键槽)宽 $B$，如图 6-7 所示。

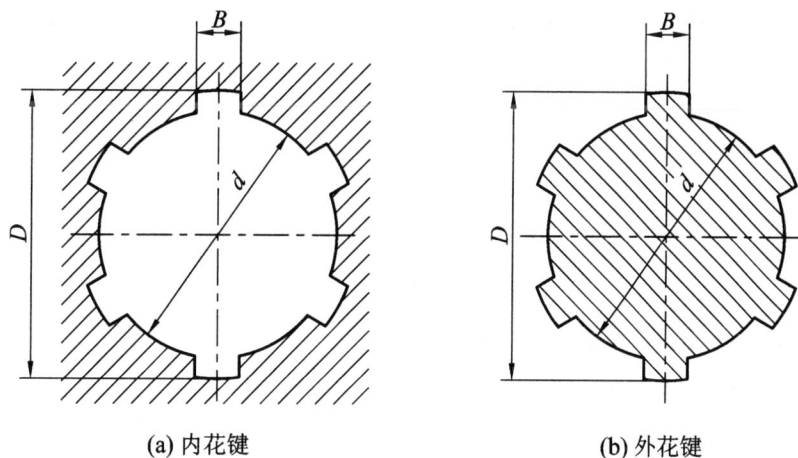

(a) 内花键　　　　　　　　(b) 外花键

图 6-7　矩形花键的主要尺寸

为便于加工和测量，矩形花键的键数为偶数，有 6、8、10 三种。按承载能力不同，矩形花键公称尺寸分为中系列和轻系列两种规格。同一小径尺寸，轻系列和中系列的花键键数相同、键宽(或键槽宽)也相同，仅大径尺寸不同。中系列键高尺寸较大，承载能力强；轻系列的键高尺寸较小，承载能力较弱。矩形花键的公称尺寸可查阅国家标准 GB/T 1144—2001。

花键连接主要保证内、外花键连接后具有较高的同轴度，并能传递转矩。花键有大径 $D$、小径 $d$ 和键宽(键槽宽)$B$ 三个主要尺寸参数，很难要求三个尺寸参数同时起配合定心作用。此时，仅选取其中一个参数，保证其加工精度，使其起配合定心作用，可以得到大径定心、小径定心和键宽定心三种形式，如图6-8所示。国家标准 GB/T 1144—2001 规定，矩形花键采用小径定心。采用小径定心，内花键的小径精度可通过内圆磨削保证，外花键的小径精度可通过成形磨削保证。因此，小径定心的定心精度高，定心稳定性好，使用寿命长，工艺措施容易得到保证。

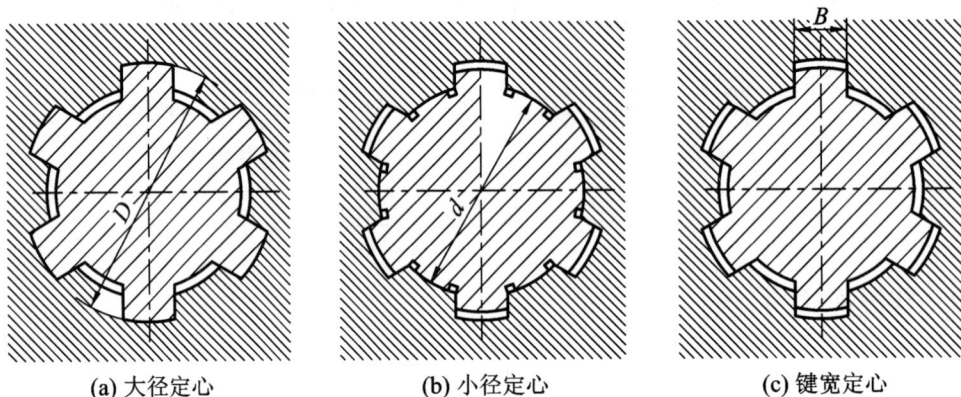

(a) 大径定心　　　　　　(b) 小径定心　　　　　　(c) 键宽定心

图 6-8　花键的定心方式

为了减少专用刀具和量具的数量，花键连接采用基孔制配合，即内花键尺寸的基本偏差不变，改变外花键尺寸的基本偏差，获得不同松紧程度的配合。

矩形花键公差与配合选用的关键是确定连接精度和装配精度。

国家标准 GB/T 1144—2001 规定了内、外花键的(尺寸)公差带，并分为一般用尺寸公差带和精密传动用尺寸公差带。根据定心精度要求和传递转矩大小选择连接精度，定心精度要求高或传递转矩大时，选用精密传动用尺寸公差带。

国家标准 GB/T 1144—2001 按照间隙量由大到小，规定了内、外花键的三种配合形式：滑动连接、紧滑动连接和固定连接。当内、外花键连接只传递转矩而无相对轴向移动时，选用固定连接。当内、外花键连接传递转矩且有相对轴向移动时，选用滑动连接或紧滑动连接，此时需要保证配合面之间有足够的润滑油层。

### 2. 键槽的几何公差和表面粗糙度

为保证定心表面的配合性质，应对矩形花键的几何公差和表面粗糙度进行误差控制。内、外花键定心直径的尺寸公差和几何公差遵守包容要求。当花键较长时，可根据产品性能要求，规定花键或花键槽侧面对定心表面轴线的平行度公差。同时，为保证花键或花键槽在圆周上分布均匀，应规定位置度公差，并采用最大实体要求。批量生产时，相关尺寸公差和几何公差在图样上的标注如图 6-9(a)所示；在单件、小批量生产时，应规定花键或花键槽两侧面的中心平面对定心表面轴线的对称度公差和花键等分度公差，相关尺寸公差和几何公差在图样上的标注如图 6-9(b)所示。矩形花键位置度公差和对称度公差数值可查阅国家标准 GB/T 1144—2001 中的规定。

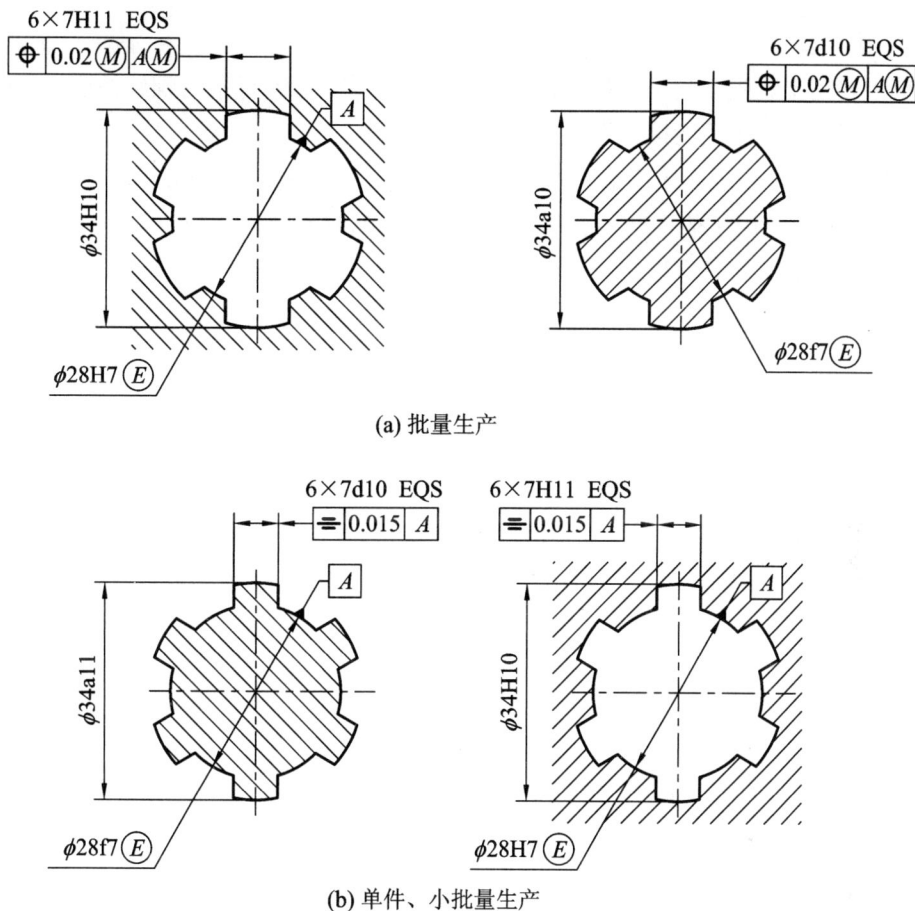

(a) 批量生产

(b) 单件、小批量生产

图 6-9　花键尺寸公差和几何公差标注

国家标准规定矩形花键的表面粗糙度 $Ra$ 值。内花键：小径表面不大于 0.8 μm，键槽侧面不大于 3.2 μm，大径表面不大于 6.3 μm。外花键：小径表面不大于 0.8 μm，键槽侧面不大于 1.6 μm，大径表面不大于 3.2 μm。

### 3. 花键相关参数的标注

矩形花键的规格按照"$N \times d \times D \times B$"即"键数 × 小径 × 大径 × 键宽(键槽宽)"的方式进行标注，其各自的公差带代号可标注在各自公称尺寸之后。

例如：矩形花键键数 $N$ 为 8，小径 $d$ 的配合为 23H7/f7，大径 $D$ 的配合为 26H10/a11，键宽 $B$ 的配合为 6H11/d10，该矩形花键的标注如下：

(1) 花键规格的标注：$N \times d \times D \times B$，即 $8 \times 23 \times 26 \times 6$；

(2) 花键副的标注：$8 \times 23$ H7/f7 $\times 26$ H10/a11 $\times 6$ H11/d10　GB/T 1144—2001

(3) 内花键的标注：$8 \times 23$ H7 $\times 26$ H10 $\times 6$ H11　GB/T 1144—2001

(4) 外花键的标注：$8 \times 23$ f7 $\times 26$ a11 $\times 6$ d10　GB/T 1144—2001

# 6.4 螺　纹

螺纹主要用于紧固、紧密连接，传递动力和运动等，国家标准对螺纹的牙型、公差与配合等都作了规定。螺纹连接分为以下三类：

(1) 普通螺纹，用于连接或紧固零件，分粗牙与细牙两种。用于可拆连接。

(2) 传动螺纹，用于传递动力、运动或位移。如丝杠和测微螺纹。对传动螺纹的主要要求是传动准确、可靠，螺牙接触良好且耐磨等。

(3) 紧密螺纹，用于密封的螺纹连接。对这类螺纹的主要要求是结合紧密，不漏水，不漏气，不漏油。

## 6.4.1　普通螺纹连接

### 1. 普通螺纹的主要几何参数

普通螺纹的主要几何参数如图 6-10 所示。

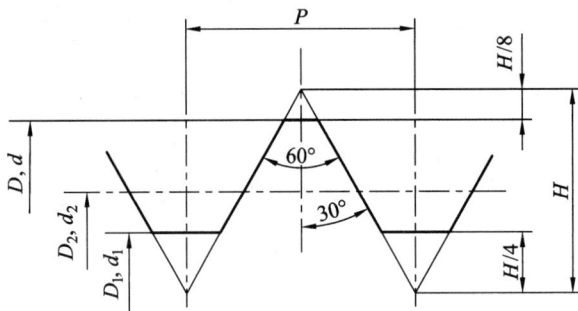

图 6-10　普通螺纹的主要几何参数(基本牙型)

(1) 大径($D$、$d$)。与外螺纹牙顶或内螺纹牙底重合的假想圆柱面的直径，称为大径。国家标准规定，将普通螺纹的大径看作螺纹的公称直径尺寸。

(2) 小径($D_1$、$d_1$)。与内螺纹牙顶或外螺纹牙底重合的假想圆柱面的直径，称为小径。为了应用方便，与牙顶重合的直径又被称为顶径，即外螺纹大径和内螺纹小径。与牙底重合的直径称为底径，即外螺纹小径和内螺纹大径。

(3) 中径($D_2$、$d_2$)。中径指一个假想圆柱的直径。该圆柱的母线通过牙型上沟槽宽度和凸起宽度相等的地方时，此直径称为中径。

(4) 螺距($P$)和导程($P_h$)。螺距是指相邻两牙在中径线上对应两点间的轴向距离。导程是指同一条螺旋线上的相邻两牙在中径线上对应两点间的轴向距离。

(5) 牙型角($\alpha$)与牙型半角($\alpha/2$)。牙型角是指在通过螺纹轴向剖面的，相邻两牙侧间的夹角。普通螺纹的理论牙型角为 60°。牙型半角是指某一牙侧与螺纹轴线的垂线之间的夹角。普通螺纹的理论牙型半角为 30°。

(6) 螺纹旋合长度。螺纹旋合长度是指两配合螺纹沿螺纹轴线方向相互旋合部分的长度。

### 2. 螺纹几何参数误差对互换性的影响

螺纹几何参数中，影响互换性的主要是螺距偏差、牙型半角偏差和中径偏差。

(1) 螺距偏差分为单个螺距偏差和螺距累积偏差两种。单个螺距偏差是指单个螺距的实际尺寸与其基本尺寸之代数差。螺距累积偏差是指旋合长度内，任意个螺距的实际尺寸与其基本尺寸之代数差。螺距累积偏差的影响更为明显。为保证可旋合性，必须对旋合长度范围内的任意两牙间螺距的最大累积偏差加以控制。

(2) 牙型半角偏差是指牙型半角的实际值与公称值的代数差。它是螺纹牙侧相对于螺纹轴线的位置误差。它对螺纹的旋合性和连接强度均有影响。

(3) 中径偏差是指中径实际尺寸与中径基本尺寸的代数差。

### 3. 螺纹作用中径及中径合格条件

#### 1) 作用中径与中径(综合)公差

实际上，螺距偏差和牙型半角偏差是同时存在的。为了保证旋合性，外螺纹应能与一个中径较大的内螺纹旋合，其效果相当于外螺纹的中径增大；内螺纹应能与一个中径较小的外螺纹旋合，其效果相当于内螺纹的中径减小。

外螺纹的作用中径 $d_{2m}$ 等于实际中径 $d_{2a}$、螺距偏差的中径当量值 $f_p$、牙型半角偏差的中径当量值 $f_{\frac{\alpha}{2}}$ 之和，即

$$d_{2m} = [d_{2a} + (f_p + f_{\frac{\alpha}{2}})]$$

内螺纹的作用中径 $D_{2m}$ 等于实际中径 $D_a$ 与螺距偏差的中径当量值 $f_p$、牙型半角偏差的中径当量值 $f_{\frac{\alpha}{2}}$ 之差。即

$$D_{2m} = [D_a - (f_p + f_{\frac{\alpha}{2}})]$$

实际中径 $D_{2a}(d_{2a})$ 可用螺纹的单一中径代替。母线通过的牙型上沟槽宽度等于基本螺距一半的地方的假想圆柱的直径为单一中径。单一中径是按三针量法测量螺纹中径而定义的。

#### 2) 中径的合格条件

(1) 对于外螺纹，中径的合格条件：作用中径不大于中径最大极限尺寸；任意位置的实际中径不小于中径最小极限尺寸。即

$$d_{2m} \leqslant d_{2max}, \quad d_{2a} \geqslant d_{2min}$$

(2) 对于内螺纹，中径的合格条件：作用中径不小于中径最小极限尺寸；任意位置的实际中径不大于中径最大极限尺寸。即

$$D_{2m} \geqslant D_{2min}, \quad D_{2a} \leqslant D_{2max}$$

## 6.4.2　普通螺纹的公差

螺纹公差带与尺寸公差带一样，由公差带大小(公差等级)和相对于基本牙型的位置(基本偏差)组成。国家标准 GB/T 197—2018 对其公差等级和基本偏差进行了标准化。

### 1. 普通螺纹的公差带

螺纹公差带的大小由标准公差确定。内螺纹中径和小径的公差等级分为4、5、6、7、8级；外螺纹中径的公差等级分为3、4、5、6、7、8、9级，外螺纹大径的公差等级分为4、6、8级。

螺纹公差带相对于基本牙型的位置由基本偏差确定。对于内螺纹，其基本偏差为下极限偏差 $EI$，基本偏差有两种，其代号分别为 G 和 H。对于外螺纹，其基本偏差为上极限偏差 $es$，基本偏差有 8 种，其代号分别为 a、b、c、d、e、f、g 和 h。

螺纹的旋合长度分为短组、中等组和长组，分别用代号 S、N、L 表示。

螺纹公差等级、基本偏差和旋合长度的具体数值，可查阅国家标准 GB/T 197—2018 中的相关规定。

### 2. 普通螺纹公差的选用

对于公差等级相同而旋合长度不同的螺纹，螺纹精度等级就不同，因此衡量螺纹精度等级时，需要考虑旋合长度。国家标准将普通螺纹精度分为精密级、中等级和粗糙级三个等级。精密级用于精密连接螺纹，其特点是：要求配合性质稳定，配合间隙变动较小，保证一定定心精度的螺纹连接。中等级用于一般的螺纹连接。粗糙级用于不重要的螺纹连接，以及制造比较困难的螺纹连接。

螺纹不同的公差等级和基本偏差可以组成各种不同的公差带。在生产中，为了减少螺纹刀具和螺纹量规的规格和数量，规定了内、外螺纹的选用公差带，可查阅国家标准 GB/T 197—2018 中的相关规定。

为了保证内、外螺纹间有足够的接触高度，国家标准推荐：加工完的螺纹零件能有限组成 H/g、H/h 或 G/h 配合。为了保证旋合性，内、外螺纹应具有较高的同轴度，并有足够的接触高度和结合强度。通常采用最小间隙等于零的配合(H/h)，即内螺纹为 H，外螺纹为 h。如需要容易拆卸，可选用较小间隙的配合(H/g 或 G/h)，即内螺纹用 H 或 G，外螺纹用 g 或 h。需要镀层的螺纹，其基本偏差按所需镀层厚度确定。高温工作的螺纹，可根据装配和工作时的温度，来确定适当的间隙和相应的基本偏差。

### 3. 普通螺纹连接的标注

完整的螺纹标注由螺纹特征代号、螺纹尺寸代号、螺纹公差带代号和螺纹旋合长度代号等组成。下面介绍单线螺纹、多线螺纹和螺纹配合的标注。

#### 1) 单线螺纹的标注

粗牙螺纹的螺距可不标注，细牙螺纹需要标注出螺距。左旋螺纹要注出"LH"字样。中径公差带代号和顶径公差带代号两者相同时，可只标注一个代号；两者不同时，应分别注出，前者表示中径公差带代号，后者表示顶径公差带代号。在螺纹旋合长度代号中，除了中等旋合长度的代号"N"不注出外，对于短或长旋合长度，应注出"S"或"L"的代号，也可直接用数值注出旋合长度。

M20 × 2-5g6g-LH，M 表示普通螺纹代号，20 表示公称直径为 20 mm，2 表示细牙螺纹螺距为 2 mm，5g 表示外螺纹中径公差带代号，6g 表示外螺纹顶径公差带代号，LH 表示左旋螺纹。

M20-5H-L，M 表示普通螺纹代号，20 表示公称直径为 20 mm，未标注螺距表明螺纹为粗牙螺纹，5H 表示内螺纹中径和顶径的公差带代号，L 表示长旋合长度代号。

2) 多线螺纹的标注

多线螺纹的尺寸代号为"公称直径 × Ph 导程 P 螺距"，如果要进一步表明螺纹的线数，可在螺距后面增加括号用英文说明。

M16 × Ph3P1.5(two starts)，M16 表示公称直径为 16 mm 的普通螺纹，Ph3 表示导程为 3 mm，P1.5 表示螺距为 1.5 mm，two starts 表示双线螺纹。

3) 螺纹配合的标注

标注螺纹配合时，内、外螺纹的公差带代号用斜线分开，内螺纹公差带代号在前，外螺纹公差带代号在后。

M20 × 2-5H/5g6g，M20 × 2 表示公称直径为 20 mm，螺距为 2 mm 的细牙普通螺纹；5H/5g6g 表示中径和顶径公差带都为 5H 的内螺纹，与中径公差带为 5g、顶径公差带为 6g 的外螺纹配合。

# 小　　结

本章主要介绍了齿轮加工误差，齿轮传动的四个方面基本功能要求(传递运动准确性、传动平稳性、载荷分布均匀性和侧隙合理性)，影响四个方面基本功能要求的误差及其评定指标，以及齿轮的精度等级及标注。

此外，本章首先介绍了滚动轴承的精度等级、滚动轴承内径与外径的公差带及其特点，滚动轴承与轴、轴承座孔的配合及其选择；然后介绍了键的类型、键连接的公差与配合、花键连接的公差与配合以及各项公差值在零件图上的标注；最后介绍了普通螺纹的公差与配合，及其在图纸上的标注。

# 习　　题

6-1　齿轮传动的使用要求有哪些？加工齿轮时会产生哪些加工误差？

6-2  齿轮精度评定项目有哪些？其中哪些是必检项目？

6-3  不同轴承的精度有哪几个公差等级？哪个公差等级应用得最广泛？

6-4  滚动轴承与轴、轴承座孔配合时，采用何种基准制？

6-5  滚动轴承承受载荷的类型与配合的选择有何关系？

6-6  平键连接的主要几何参数有哪些？

6-7  平键连接采用哪种基准制配合？花键连接采用哪种基准制配合？

6-8  矩形花键的定心方式和配合种类各有哪几种？

6-9  解释下列螺纹标记的含义：

(1)  M30-6H          (2)  M10 × 1-LH          (3)  M20 × 2-5g6g-S

(4)  M20 × Ph3P1.5(two starts)-6H-L-LH          (5)  M30 × 2-6H/5g6g-L

# 参 考 文 献

[1] 中国国家标准化管理委员会. 产品几何技术规范(GPS) 线性尺寸公差 ISO 代号体系 第 1 部分：公差、偏差和配合的基础 GB/T 1800.1—2020[S]. 北京：中国标准出版社，2020.

[2] 中国国家标准化管理委员会. 产品几何技术规范(GPS) 线性尺寸公差 ISO 代号体系 第 2 部分：标准公差带代号和孔、轴的极限偏差表 GB/T 1800.2—2020[S]. 北京：中国标准出版社，2020.

[3] 中国国家标准化管理委员会. 产品几何技术规范(GPS) 尺寸公差 第 1 部分：线性尺寸 GB/T 38762.1—2020[S]. 北京：中国标准出版社，2020.

[4] 中国国家标准化管理委员会. 产品几何技术规范(GPS) 尺寸公差 第 2 部分：除线性、角度尺寸外的尺寸 GB/T 38762.2—2020[S]. 北京：中国标准出版社，2020.

[5] 中国国家标准化管理委员会. 产品几何技术规范(GPS) 尺寸公差 第 3 部分：角度尺寸 GB/T 38762.3—2020[S]. 北京：中国标准出版社，2020.

[6] 中国国家标准化管理委员会. 产品几何技术规范(GPS) 极限与配合 公差带和配合的选择 GB/T 1801—2009[S]. 北京：中国标准出版社，2009.

[7] 中国国家标准化管理委员会. 产品几何技术规范(GPS) 通用概念 第 1 部分：几何规范和检验的模型 GB/T 24637.1—2020[S]. 北京：中国标准出版社，2020.

[8] 中国国家标准化管理委员会. 产品几何技术规范(GPS) 通用概念 第 2 部分：基本原则、规范、操作集和不确定度 GB/T 24637.2—2020[S]. 北京：中国标准出版社，2020.

[9] 中国国家标准化管理委员会. 产品几何技术规范(GPS) 通用概念 第 3 部分：被测要素 GB/T 24637.3—2020[S]. 北京：中国标准出版社，2020.

[10] 中国国家标准化管理委员会. 产品几何技术规范(GPS) 通用概念 第 4 部分：几何特征的 GPS 偏差量化 GB/T 24637.4—2020[S]. 北京：中国标准出版社，2020.

[11] 中国国家标准化管理委员会. 产品几何技术规范(GPS) 基础概念、原则和规则 GB/T 4249—2018[S]. 北京：中国标准出版社，2018.

[12] 中国国家标准化管理委员会. 产品几何技术规范(GPS) 几何公差 形状、方向、位置和跳动公差标注 GB/T 1182—2018[S]. 北京：中国标准出版社，2018.

[13] 中国国家标准化管理委员会. 产品几何技术规范(GPS) 几何公差 轮廓度公差标注 GB/T 17852—2018[S]. 北京：中国标准出版社，2018.

[14] 中国国家标准化管理委员会. 产品几何技术规范(GPS) 几何公差 基准与基准体系 GB/T 17851—2022[S]. 北京：中国标准出版社，2022.

[15] 中国国家标准化管理委员会. 产品几何技术规范(GPS) 几何公差 最大实体要求(MMR)、最小实体要求(LMR)和可逆要求(RPR) GB/T 16671—2018[S]. 北京：中国标

准出版社，2018.

[16] 中国国家标准化管理委员会. 产品几何技术规范(GPS) 几何公差 检测与验证 GB/T 1958—2017[S]. 北京：中国标准出版社，2017.

[17] 中国国家标准化管理委员会. 产品几何技术规范(GPS) 基于数字化模型的测量通用 要求 GB/T 38368—2019[S]. 北京：中国标准出版社，2019.

[18] 中国国家标准化管理委员会. 产品几何技术规范(GPS) 表面结构 区域法 第 1 部分： 表面结构的表示法 GB/T 33523.1—2020[S]. 北京：中国标准出版社，2020.

[19] 中国国家标准化管理委员会. 产品几何技术规范(GPS) 表面结构 区域法 第 2 部分： 术语、定义及表面结构参数 GB/T 33523.2—2017[S]. 北京：中国标准出版社，2017.

[20] 中国国家标准化管理委员会. 产品几何技术规范(GPS) 表面结构 区域法 第 6 部分： 表面结构测量方法的分类 GB/T 33523.6—2017[S]. 北京：中国标准出版社，2017.

[21] 中国国家标准化管理委员会. 产品几何技术规范(GPS) 统计公差 第 1 部分：术语、 定义和基本概念 GB/Z 24636.1—2009[S]. 北京：中国标准出版社，2009.

[22] 中国国家标准化管理委员会. 产品几何技术规范(GPS) 统计公差 第 2 部分：统计公 差值及其图样标注 GB/Z 24636.2—2009[S]. 北京：中国标准出版社，2009.

[23] 中国国家标准化管理委员会. 产品几何技术规范(GPS) 统计公差 第 3 部分：零件批 (过程)的统计质量指标 GB/Z 24636.3—2009[S]. 北京：中国标准出版社，2009.

[24] 中国国家标准化管理委员会. 产品几何技术规范(GPS) 统计公差 第 4 部分：基于给 定置信水平的统计公差设计 GB/Z 24636.4—2009[S]. 北京：中国标准出版社，2009.

[25] 中国国家标准化管理委员会. 产品几何技术规范(GPS) 统计公差 第 5 部分：装配批 (孔，轴配合)的统计质量指标 GB/Z 24636.5—2009[S]. 北京：中国标准出版社，2009.

[26] 张彦富，付求涯，王阿春，等. 几何量公差与测量技术基础(英文版)[M]. 北京：北京 航空航天大学出版社，2015.

[27] 宋绪丁，张帆，万一品. 互换性与几何量测量技术[M]. 3 版. 西安：西安电子科技大 学出版社，2019.

[28] 周兆元，李翔英. 互换性与测量技术基础[M]. 4 版. 北京：机械工业出版社，2019.

[29] 庄佃霞，解永辉. 公差配合与技术测量[M]. 北京：机械工业出版社，2020.